天下雜誌
觀念領先

Confessions of the Pricing Man

How Price Affects Everything

by Hermann Simon

精準訂價

在商戰中跳脫競爭的獲利策略

赫曼・西蒙——著

蒙卉薇、孫雨熙——譯

目錄

自序　訂價大師的告白　5

1 最被忽略的策略工具　9

2 拆解訂價背後的價值思考　27

3 消費者對價格的微妙心理因素　63

4 採取高價策略好，還是低價策略好？　109

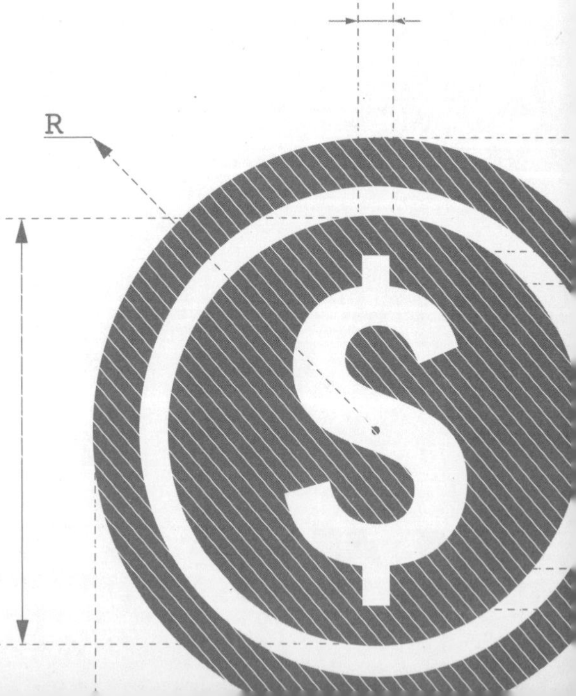

5 價格是最有效的獲利引擎 169
6 找出獲利最大的價格 199
7 價格差異化的藝術 247
8 創新的訂價手法 305
9 市場急凍時該如何訂價？ 351
10 執行長需要做什麼？ 381
致謝 413

自序

訂價大師的告白

價格無所不在。我們每天都會多次支付價格、收取價格，有時候會為價格苦惱不已，有時候又不假思索就付了帳。因此，了解價格真正動態的經理人可以將這些知識轉化為更豐厚的獲利，以及更強的競爭優勢。

這樣的挑戰在於，「訂價」賽局變得愈來愈複雜。激烈的競爭、成熟的網路環境，以及日益加劇的全球化，導致消費者對價值和價格的認知發生巨大、顛覆性的變化，訂定價格的方式也隨之改變。經理人必須與時俱進、不斷學習。

四十多年前，當我開始深入挖掘價格和訂價的奧祕時，我從來沒有想像過這個迷人的領域能夠激發出這麼多的好奇、謀略和創意。訂價成為我畢生的事業。在四十多年的光景中，我和夥伴們打造開創性的成果，為全球上千家企業持續提供價格策略和訂價指引。這些工作使我們累積豐富的經驗，發現訂價實務的智慧寶藏。

這本書就是打開寶藏的鑰匙。

在這本書裡，你可以找到所有應該要知道、與價格有關的答案，這些答案無論是對高階主管、經理人、銷售專家、行銷專家，還是消費者，都同樣重要。我會忠實的帶領大家一起了解這些技巧、策略，以及在實務上「最好」和「最差」的訂價策略。我們會透過革命性的行為研究（behavior research），探討價格理性和非理性的一面。偶爾也會用些簡單的數學，使某些觀點更清晰明瞭。

在開始這本書的探索旅程之前，我要先自我介紹，而且坦白的說些事情。

我和同事們為了幫助銷售人員找出最好的價格，對消費者行為進行深入研究，我第一次接觸這項工作是在擔任商學院教授和研究員的十六年時光中，接著我與兩位博士生在一九八五年共同成立西蒙顧和管理顧問公司（Simon-Kucher & Partners），繼續從事這份工作。現在這家公司已經成為訂價顧問服務的全球領導者，在全球主要國家有三十個辦公室，營收超過兩億五千萬美元。我們服務各行各業的高階經理人，包括醫療保健、汽車、電信、消費產品、服務業、網路和工業產品等產業。西蒙顧和為消費者或企業顧客所面臨的許多現代、複雜的訂價策略提供指引和分析。這些顧客幾乎都無法在第一時間意識到是誰創造這些複雜的價格結構。

我們對產品和服務提供價格建議，這些產品和服務的年營收總計高達兩兆五千億美元，世界上只有六個國家的國內生產總值大於這個數字。

是的，我承認，在賣家和消費者之間並不見得存在公平的競爭環境。這對於在價格談判中非常強勢的採購專家，也就是企業顧客來說，並不適用。但整體而言，我認為這場競爭是公平的，原因在於「價值」這個詞。顧客最終只願意為得到的價值付款。對所有賣家而言，挑戰在於找出顧客感受到的價值，然後藉此對產品和服務訂價。只有和賣家培養持續的公平感，消費者才會保持忠誠。讓長期獲利達到最大的唯一方式就是讓顧客滿意。

是的，我承認，我們偶爾會面臨道德問題，你會建議對一種挽救生命的藥物收取盡可能高的價格嗎？企業在貧窮國家訂出的價格應該與富裕國家相同嗎？企業如何將獨占的優勢地位推進到多遠？怎樣的訂價策略與反托拉斯法（antitrust law）有衝突，哪些做法又被允許？這些都是棘手，而且沒有明確答案的問題，最終我們的顧客需要做出決定。但我們身為顧問，仍然需要考慮這些法律和道德問題。

是的，我承認，我幫助上千家企業聰明訂價，讓獲利達到最大。有些人認為「獲利」（profit）是資本主義醜陋的一面，「獲利最大化」（maximize profit）是一個煽動性的詞，讓人脊背發涼。但顯而易見的事實是，獲利是生存之本。對每個民營企業來說，持續創造獲利攸關生死存亡，因為沒有獲利的企業將走向滅亡。而不管你喜不喜歡，價格是產生更多獲利最有效的途徑。我們嘗試向經理人灌輸正確的獲利導向觀念，但我並不支持追求短期獲利最大。我的使命是幫助企業訂出最好的價格，持續取得長期的獲利。

最後，我承認這本書談的全是我在訂價上的努力和冒險、成功和失敗。我到現在仍然很意外，因為幾乎每天都會看到全新、突破傳統和創新的訂價想法出現。我還是會繼續坦白地說出更多訂價的想法。

在探索浩瀚的價格世界時，我希望你會覺得充滿樂趣，也祝福你在這趟旅途中不斷有驚喜的感覺。

赫曼・西蒙
二〇一五年秋季

1
最被忽略的策略工具

第一次感受到價格的威力、重要性和影響的時候，我很感動，而且難以忘懷，但這個經歷並不在我當教授和顧問常出沒的大學校園或企業辦公室。

故事發生在人類最古老的一個交易場所：郊區的菜市場。

第二次世界大戰結束後不久，我在一個小牧場長大。當飼養的豬長到適合屠宰的時候，父親會運到當地的批發市場，賣給肉販或交易商。市場上賣豬的農夫非常多，加上有大量的肉販和交易商站在「買方」，這意味著買賣雙方沒有任何一個人能直接影響豬價。我們只能聽負責結算的當地合作社告訴父親價格，決定父親能帶多少錢回家。

我們賣給當地乳品店的牛奶也一樣，我們對價格完全沒有影響力，同樣是由合作社旗下的乳品店告訴我們價格。牛奶的價格會根據供需情況波動，如果供給過多，價格就會暴跌，但我們從來不知道供給和需求的真實數據，我們會根據自己的觀察得到一些想法，例如誰在賣牛奶？他們有多少牛奶？

在父親去過的每個市場，我們都是「價格接受者」（price takers）。無論喜不喜歡，我們都只能接受設定好的價格。處在這種情況特別讓人難受。有相同經歷的人都會告訴你，農場的營收非常吃緊，但這些交易是我們唯一的經濟來源。

小時候有著這些印象，我必須承認，我非常不喜歡這種感覺。多年後，我會在採訪時解釋，這些經歷教會我，無論是自己做生意還是幫助其他人改善經營狀況，都要記住，千萬不要經營一個對價格完全沒有影響力的生意。[1]

在一九五〇年代我還小的時候，我不敢說我已經精確表達出這個想法，但時至今日，每當想到豬價或購買牛奶的時候，還是有相同的感受。我很肯定，孩童時期的經歷形塑出我對商業運作的看法。直到今天，我都不會考慮去經營不會賺錢的生意。

價格會決定你能賺多少錢，這毫無疑問。然而，對價格有多大影響，才能賺到足夠的錢，一個月一個月的存活下來呢？如果你擁有這樣的影響力，怎樣運用才是最好的呢？孩童時期的經歷激發了我的熱情，用畢生去尋求這兩個問題的最佳答案。我被迷住了，訂價的學問伴隨我的一生。然而，從在農場生活的小孩到全球訂價專家的旅途絕非一帆風順。

學習訂價理論

在大學，我被訂價學的理論課程深深吸引，訂價學既有數學的簡潔，又非常複雜。這些充滿挑戰的課程給了我一套紮實的方法，去思考和架構價格問題，並找出解決方法，為理解訂價的運作機制奠定重要的基礎。

但身為農家的小孩的我很快意識到，教授和學生很少會談及如何將這些理論應用到實際生活中。那個時候我還不知道最終可以利用這些概念來解決生活中的難題。直到多年以後我才明白，原來數學也非常重要，當數學和訂價學的其他方面結合在一起，就能提供企業強大的競爭優勢。

我遇到萊茵哈德．澤爾騰（Reinhard Selten）教授的時候，訂價學又一次讓我感動。他在一九九四年因為賽局理論的傑出貢獻獲得諾貝爾經濟學獎。澤爾騰教授在課堂上進行一項訂價學實驗，以實際資金打賭。他提供一百美元的獎金，如果一個A參與者和四個B參與者能夠形成一個聯盟，並持續至少十分鐘，就可以隨意分配這筆錢。

想像一下你是A參與者，也就是我當時的角色，你會怎麼做？你會依據什麼樣的規則？你的動機是什麼？把想法放在心裡繼續讀下去，在這章的最後我會告訴你這個實驗的結果。現在我可以說的是，這個實驗加深我對「價值」這個詞的理解，讓我親身體驗到，「訂價」與人們如何分配價值有關。

回到一九七〇年代，在我拿到經濟學博士的時候，商業界裡沒有人認為訂價是一門專業，如果我想繼續投注熱情在訂價研究上，唯一可行的辦法就是留在學術界。我的博士論文〈新產品訂價策略〉（Pricing Strategies for New Products）成為重要的里程碑。在擔任助教的時候，我有機會接觸一些解答訂價政策問題的專家意見書，這些文章讓我第一次窺見大公司訂定產品價格的奧祕。回想起來，我確實強烈地感覺到這套流程和政策有很大的改善空間，但那時我並沒有具體的解決方法。

到了一九七九的一月，我在麻省理工學院（Massachusetts Institute of Technology）擔任博士後研究員，我認識了三位朋友，他們不僅影響我的職業生涯，更奠定訂價學的基礎，從幾個教授熱衷的學術話題，變成企業重要的工作，而且是強力的行銷工具。

首先我拜訪西北大學（Northwestern University）的菲利普・科特勒（Philip Kotler）教授。科特勒很年輕就成為行銷學大師，我急切地向他展現我的研究成果，告訴他買家對價格的敏感度如何隨著產品的生命週期改變。無論是在網路商店尋找一個高科技的小工具，還是在附近市場看到一籃熟透的水果，這是全世界消費者都會感受到的議題。隨著商品在市面上的時間不同，我們感受到的商品價值也在改變，我想知道如何藉由聰明的訂價方式，將這個觀察轉變成商機。

一九七八年，我在當時的權威期刊《管理科學》（*Management Science*）上發表一篇論文，提到科特勒產品生命週期的動態價格模型中隱含一個不合理的假設。我在產品生命週期中對動態價格彈性的實證研究也與流行的傳統觀點有衝突。

我充滿自信地告訴科特勒教授，我打算進行非傳統的訂價實驗，我希望跳脫複雜函數和簡潔的理論，真正創造出一些成果，讓一些經理人或銷售人員能夠理解，並且應用到商業決策中。

他很快打破了我的幻想。

「大部分的行銷學研究者都希望發現與日常商業相關的東西，」科特勒告訴我，「但成功的人很少。」

我知道科特勒是對的。大部分與訂價有關的科學發現來自個體經濟學。如果訂價研究仍然局限在個體經濟學的領域，那麼與真實世界相關的可能性簡直微乎其微。

儘管如此，科特勒還是給了我一些鼓勵。他認識一個自稱為「價格顧問」（price consultant）的人，這個人藉著幫助企業解決訂價問題，顯然過得還不錯。儘管「價格顧問」現在聽起來很容易理解，但是當我第一次聽到的時候，我覺得不可思議。他是怎麼做的？他提供顧客什麼建議？我把這個詞記錄下來，並發誓在這次旅程後一定要找到這個「價格顧問」，深入了解他的工作。

這次的西北之旅，我沿著密西根湖（Lake Michigan）往南幾英里到芝加哥大學

（University of Chicago）的南校區，我已經約好第二天跟助理教授羅伯特・道隆（Robert J. Dolan）和湯瑪斯・內格爾（Thomas T. Nagle）碰面。

我在晚上到達那裡，在刺骨的寒風中從伊利諾中央車站（Illinois Central train station）走到大學的住宿會館。隔天早上當我在商學院見到兩位教授，告訴他們我前一天晚上從火車站走到住宿會館時，他們都嚇壞了。

「你怎麼可以這麼大意！」他們說，「這裡治安不好，你沒有被搶真是太幸運了。」

如果不考慮惡劣氣候和治安問題，芝加哥大學對於我這個接受實證教育的經濟學家是再合適不過的地方，這種感覺有點像是在參觀梵蒂岡。在這個商學院裡有和我鑽研相同領域的年輕教授道隆和內格爾，而且當時已經有非常多讓人興奮的新想法了，像是對價格彈性（price elasticity）和需求曲線的實證測量、非線性訂價、組合訂價（price bundling）、動態模型建立（dynamic modeling）、價格對新產品擴散的影響等等。我則因為引發爭議而顯得突出，一個默默無名的德國人膽敢挑戰權威的菲利普・科特勒。儘管科特勒對這些批評並不在意（我們至今仍是好友），很多人還是把我的意見看作一種冒犯。但這些感覺都無關緊要，身為專注在訂價研究的年輕教授，我們有很多話題可以討論。幾年後，內格爾離開芝加哥大學，成立專注在訂價訓練的策略訂價集團

（Strategic Pricing Group），同時出版《訂價策略與戰術》（*Strategies and Tactics of Pricing*），這本書後來成為這個主題最暢銷的書籍。多年以來，每次我到波士頓都會與內格爾見面。

我和道隆則建立一輩子的友誼。他過不久轉到哈佛商學院（Harvard Business School），而我在一九八八／一九八九學年是馬文．鮑爾的研究員（Marvin Bower Fellow）。[2]我和道隆緊密合作，一起寫書，最後在一九九六年出版《定價聖經》（*Power Pricing*）。[3]

一九七九年晚些時候，我確實按照科特勒的推薦，聯繫自稱為「價格顧問」的丹．尼曼（Dan Nimer）。他把自己寫的文章寄來給我，與我在學術生涯中所閱讀和撰寫的論文有著天壤之別。學術界討論訂價的論文大部分都是理論，缺乏實務建議，但尼曼的文章恰恰相反，裡面充滿淺顯而實用的見解。他沒有探究過訂價的理論基礎，甚至不知道訂價理論，但他對訂價技巧和策略有非常好的直覺。比如，他很早就開始推薦組合訂價，幾年後，一位史丹福大學的教授才發表理論說明，為什麼組合訂價是最佳設計。

尼曼是實務導向的顧問，他有個工具箱，後來學術界證實這個工具箱很有效。他對價格顧問的工作熱情非常有感染力，深深影響了我，而且他對我們年輕人所做的事也很感興趣。一個年長、經驗更豐富、名氣更大的人對自己的研究感興趣，給了我很大的鼓舞。

在隨後的幾年裡，我不時會與尼曼見面。就算他已經九十歲，他的熱情仍然沒有消退，他仍然在教導如何訂價，並提供顧問服務。二〇一二年，這位傳奇人物九十歲生日的時候，訂價社團的成員獻上一本超過四百頁的巨著，慶祝他的生日。[4]我很榮幸寫了其中一章〈價格顧問如何變得更為完善〉（How Price Consulting is Coming of Age）。

一九七九年這些際遇和人脈是我理解訂價學的轉折點，也改變訂價學的未來。儘管如此，我仍然花六年的時間才找出方法，將其中的人類情緒、動機、理論、數學和研究串聯起來，提供我心中認為企業需要的幫助。在一九七九至一九八五年，我繼續在學術界想辦法提高大家對訂價重要性的認識，感受這個領域的研究魅力。

提出價格管理的概念

一九七九年秋天，我開始在多個大學和商學院教授企業管理，我的研究主要專注在訂價學，直到一九八二年出版第一本書《價格管理》（*Preismanagement*）達到高峰，英文版在一九八九年出版，書名是*Price Management*。[5]這個書名看起來似乎很簡單，但是我思考了很久。「價格管理」這個概念在當時並非主流，比較常用的詞是「價格理論」（price theory）或「價格政策」（price policy）。「價格理論」說的是我學經濟學時第一次接觸到的量化概念，價格最終必須被量化，用數字來表達；「價格政策」則描述企業家真正做的事，這是高度質化的作法，有點像一家企業裡一代一代透過口碑宣傳或書面記錄的歷史。

我希望透過「價格管理」這個詞，將這些看起來水火不容的世界整合在一起，幫助每天都需要做出價格決定的經理人、銷售人員和財務團隊。也就是說，我嘗試將這些量化、理論性的概念變得淺顯易懂和有幫助，使企業家做出更好的訂價決定。

在擔任大學教授期間，我定期向企業家演講，舉辦價格管理研討會。同時我也對這個主題的碩士論文提供贊助，其中很多文章在解答問題的同時，也提出很多新的問題。它們與其他研究結合，擴展和深化價格管理的知識，這也解釋為什麼一九九二年出版的《價格管理》第二版增加到七百四十頁。這些知識的發展，滿足訂價學需要更多深刻見解的需求。

實際應用訂價理論

從一九七五年開始，我持續為赫斯特公司（Hoechst）為期三周的「高潛力人才」（high potentials）管理研討會上講課，這是一家大型化學公司，也是當時世界上最大的製藥公司。我將教學活動擴展到世界各地的商學院，在歐洲工商管理學院（INSEAD）、倫敦商學院、日本慶應大學（東京校區）、史丹福大學和哈佛大學擔任客座教授，同時開始為企業提供建議。一開始這只是一份副業，為苦悶的學術生活帶來一些調劑。隨著時間經過，我認為該採取下一步的行動，採用丹·尼曼在一九七〇年代創造的頭銜，大膽稱呼自己是「價格顧問」。

我的第一個顧問計畫是服務化學巨頭巴斯夫公司（BASF）。巴斯夫公司的經營階層告訴我，他們需要重新考慮工業油漆業務的市場區隔，尋求我們協助。我們也接到來自赫斯特公司的計畫，後來赫斯特公司成為我們早期最大的顧客。到了一九八五年，我在德國和歐洲製造業界變得頗有名氣，並被德國管理協會（German Management Institute）任命為院長。幾乎所有大型德國公司都加入這個協會，因此在很短的時間內，我結交眾多德國產業的高階主管。

我們很快地發現，要把顧問服務做得專業，唯一的辦法就是成立顧問公司。因此在一九八五年，我和最早指導的兩位博士生艾克哈德・顧和（Eckhard Kucher）和卡爾漢斯・塞巴斯汀（Karl-Heinz Sebastian）共同成立一家公司。與撰寫《價格管理》的出發點一樣，我們希望將學術理論和方法應用到實際商業問題上。艾克哈德・顧和和卡爾漢斯・塞巴斯汀負責新公司的日常運作，他們在還沒有與產業建立起關係前，主要依靠我的產業關係來開拓業務。加上另外三位員工，我們在第一年的營收高達四十萬美元。到了一九八九年，公司有十三位員工，銷售金額達到兩百二十萬美元。公司穩定而緩慢的發展，我們愈來愈有自信開發出沒被滿足的商業需求。

正如談到丹・尼曼那樣，一個比較年長、經驗更豐富、名氣更大的人對你所做的事情感興趣，會帶來極大的鼓舞。大概就在這個時候，我們進一步得到了世界知名的管理學家彼得・杜拉克（Peter Drucker）的支持和啟發。我和他在訂價這個主題有很多有趣的討論，他一直鼓勵我追求一個目標：找出訂價理論和研究的實務應用。

「你把重點放在訂價上讓我印象深刻。」一次去加州克萊蒙特（Claremont）他家拜訪時他跟我說：「這是行銷最容易被忽視的部分。」杜拉克清楚地看出訂價和獲利之間的關係，同時也察覺到我的博士研究所發現到的改進潛力。

訂價背後反映的經濟和道德見解激起杜拉克的興趣。他了解獲利是企業賴以生存的根本，賺取足夠高的獲利是企業生存的一種手段。我對這兩點深有同感。在二十一世紀，「獲利」就像一塊磁鐵，與各類抗議和負面新聞同時出現。杜拉克總是嘗試在道德間達到明確的平衡。他警告大家不要濫用市場力量（market power），他對價格透明度做出評論，提倡公平的市場行為。同時，他了解賺錢的重要性，一九七五年還在《華爾街日報》（*The Wall Street Journal*）發表一篇非常有說服力的評論：

> 企業投入的資金成本需要獲利，應對明天潛在的風險需要獲利，支付未來的工資和退休金需要獲利。企業獲利不會「撕裂」社會，企業無法做到獲利才會。

二十一世紀初期他曾跟我說：「今天的訂價政策基本都是基於猜測，你正在做的事是項創舉。我認為要一段時間才會有競爭對手追上來。」[6] 二〇〇五年，在他去世前不久，他還為我和兩位同事合寫的《要獲利不要市占率》（*Manage for Profit, not for Market Share*）寫了一段話：「市占率和獲利必須平衡，但獲利的重要性一直被忽略了。因此，這本書非常重要的提出必要的修正想法。」[7]

到了一九九五年，我們的小顧問公司有三十五位員工，營收達到七百九十萬美元。這時，我決定不再同時做兩件事。我結束了學術生涯，全職投入公司經營，將重心放在價格管理工作。一九九五至二〇〇九年，我一直擔任西蒙顧和的執行長，之後轉任董事長。

二〇一五年，西蒙顧和的營收達到兩億三千五百萬美元。到了二〇一五年年底，公司有超過八百五十名員工，在全世界二十四個國家有三十個辦公室。現在，西蒙顧和在全球市場都被認為是價格顧問領域的領導者。

從第一次進入菜市場到最近在中國各地演講，我見過數千種價格形式。雖然這段用畢生努力去了解價格的旅程，不論是了解價格是怎麼設定、為什麼可行、又如何發揮作用，這個過程都充滿挑戰，但很多時候也充滿歡樂，尤其是當同事和我解開菲利普·科特勒教授認為難以捉摸、但與真實商業世界有關的祕密的時刻。你可以在這本書中讀到很多這樣的時刻。但我也經歷過挫折、迷惘以及無助的時候，接下來你同樣會讀到。

幫助公司制定並執行新的訂價方法，最終為消費者和公司帶來雙贏的結果，這對我們的訂價事業帶來最大的成功。一九九二年，我們為大型的德國鐵路公司（German

Railroad Corporation）引進預付折扣卡，消費者很喜歡，因為這讓旅遊安排變得更簡單，而且讓價格變得前所未有的透明；公司也很喜歡，因為卡費提供穩定的營收來源，而且隨著愈來愈多人把火車視為一種實用、可負擔的旅遊方式，公司的營收更高。

我也很自豪地幫助戴姆勒公司（Daimler）在革命性的賓士A系列車款（Mercedes A-Class）上市時，採用相對高的價格。我們還幫助保時捷（Porsche）推出的新車款訂價，幫助很多主要的網路公司制定更好的訂價策略，將它們把突破性的想法變為可持續、成功的事業。

這些成功的關鍵在於擁有對未來趨勢的預測能力，並要估計相關的影響。在某些產業，例如石油開採業，影響可能需要好幾年的時間才會逐漸顯露出來。然而，有時候世界在短短幾分鐘內就發生了改變。我們當時為世界上最大的旅行社途易（TUI）制定新的訂價方案，並打算在二〇〇一年十月一日推出。但九一一恐怖襲擊讓這套方案的每個假設、每項分析、每條建議都顯得過時。然而，讓人欣慰的是，一年之後我們收到一封途易高層的郵件，解釋制訂這套訂價方案的努力並沒有白費。它們說，如果公司當時繼續沿用原來的價格，那麼面臨的局勢會更為艱難。

你可以把澤爾騰教授設計的遊戲視為我人生中第一次的成功訂價，因為它讓我明白價值、誘因和溝通的重要性。不像之前在菜市場的經歷，這次我有機會透過談判影響得到的錢。如果你是A參與者，你會怎麼想？很久之前的那個下午，我和B參與者們進行多輪談判，在要求的十分鐘內最終結成了聯盟。兩名B參與者最後各拿走二十美元，而我拿走剩下的六十美元，比預期價值多二〇%，在當時這對學生來說可是一大筆錢。[8]訂價其實反映的是人們如何分配價值，這次實驗是我學習生涯中最精彩的一筆。

當然，身為訂價顧問，我也有一些失敗的例子，有些是因為顧客沒有執行我們的價格建議，有些是因為價格的變動並沒有在市場上產生預期的效果。幸運的是，失敗的例子很少。我也曾與反對我們建議的顧客展開過很多激烈的討論，但從後見之明來看，有時也很難斷定誰的看法是對的。業務團隊可能面臨多種選擇，但只能選擇其中一種執行。這些決定涉及多方面的考慮因素，還需要面對很多市場動態變化，所以明確說哪個比較好幾乎是不可能的。

每個人在創造價值的同時也在消費價值。生活中，我們總在不斷地判斷某樣東西值不值得我們花錢，或者是嘗試說服別人花錢，這就是訂價的本質。所以請跟著我一起遊歷書中描述的神奇世界。希望你能聽我這個訂價人娓娓道來。

註釋

1. "Hier ist meine Seele vergraben" (Here my soul is buried); interview with Hermann Simon *Welt am Sonntag*, November 9, 2008, p. 37.
2. 馬文・鮑爾（一九〇三－二〇〇三）是麥肯錫公司（McKinsey & Company）的共同創辦人，他對於我的訂價研究也非常有興趣。
3. Robert J. Dolan and Hermann Simon, *Power Pricing – How Managing Price Transforms the Bottom Line*, New York: Free Press 1996.
4. Gerald E. Smith (Ed.): *Visionary Pricing: Reflections and Advances in Honor of Dan Nimer*, Bingley (UK): Emerald Publishing Group.
5. Hermann Simon, *Price Management*, New York: Elsevier 1989.
6. 二〇〇三年七月七日彼得・杜拉克的私人信件。
7. 二〇〇五年十一月二日彼得・杜拉克的妻子桃莉絲・杜拉克（Doris Drucker）的私人信件，她寫到：「我很抱歉要告訴你，彼得病得很重。在他垮下來以前，他口述了一封信給你，祕書才剛拿過來給他簽名。」這封信就是這本書的推薦語。原本我們計畫二〇〇五年十一月十二日到他在加州克萊蒙特的家裡碰面，但碰面前一晚，我從墨西哥城（Mexico City）打電話確認時，杜拉克太太接了電話說：「彼得今天早上走了。」我很震驚。
8. 因為A參與者可以拿到B參與者兩倍的獎金，所以根據預期A參與者可以拿到五十美元，B參與者可以拿到二十五美元。但是任何結果都有可能發生，全看談判結果而定。

2
拆解訂價背後的價值思考

價格是市場經濟的中樞。試想一下，營收或獲利的每一分錢全都來自企業直接或間接的價格決定。個人預算中所支出的每筆消費都以得到某個東西作為回報，這就意味著每一次消費都支付了一個價格。一切圍繞價格打轉。儘管價格無處不在，成千上萬的書和無數的文章都在剖析訂價，仍然有很多人對價格的重要性幾乎一無所知。價格是如何產生的？又有哪些影響？二〇一四年，微軟前執行長史蒂夫・鮑爾默（Steve Ballmer）在一次與企業家的對話中強調這點：

> 這個被稱為「價格」的東西真的很重要，我覺得還有很多人沒有想清楚這一點。你可以看到很多人成立新公司。成功公司和失敗公司唯一的區別就在於是否清楚知道該如何賺錢，因為它們對營收、價格和商業模式有深刻的思考。我認為這一點沒有得到足夠的關注。[1]

當你在腦海中出現「價格」這個詞的時候，你會想到什麼？當然，你可以打開維基百科輸入「價格」，得到的解釋大概和很多人在大學時所學到的定義相差不大。快速打開任何一本經濟學教科書，你會看到價格是由供需均衡產生。在高度競爭的市場，價格是經理人可以選擇的武器，是搶占市場最常用的方式。經理人間有個共識，那就是：想要迅速有效地提高銷售量，沒有比降價更有效的市場工具了。這就是為什麼在很多市場，價格戰成為常態，而不是例外情況，雖然這往往會嚴重影響獲利。

經理人往往對價格懷有恐懼，尤其是想要提高價格的時候。這種恐懼有個合理的源頭：沒有人能絕對確定消費者對價格變動的反應。如果我們提高價格，消費者還會維持忠誠嗎？還是會奔向競爭對手？如果產品降價，他們真的會買更多嗎？

打折和特價促銷這兩種典型的降價方式在零售業是常見的現象，但它們無論在頻率還是折扣程度均有愈演愈烈的趨勢。最近幾年，世界上最大啤酒市場的促銷銷量占啤酒總銷量的五〇%。[2]僅兩年之後，有大約七〇%的啤酒零售銷量來自特價促銷活動，折扣高達五〇%。[3]不管是出於商機，還是自認為是必要手段，都清楚地表明經理人認為，激進的價格策略能夠幫助銷售，但這真的對嗎？

要了解這個不確定因素，只需要聽聽百思買（Best Buy）執行長休伯特・喬利（Hubert Joly）在二〇一二年美國聖誕節假期銷售不如預期之後說的話：「濃烈的促銷氛圍並沒有帶來更旺盛的商業需求。」實際上，《華爾街日報》（*The Wall Street Journal*）報導百思買激進的折扣「並沒有說服消費者購買更多的電子產品，相反地，只是降低產品的銷售價格。」

調整價格是高風險的決定，當這個決定是錯的時候，伴隨而來的是激烈的後果。在聖誕假期銷售慘澹的新聞曝光之後，第二天百思買的股價就下跌近三〇％。因為價格變動會對消費者和股東的評價有如此災難性、全國性的影響，所以經理人有疑慮的時候都不會考慮調整產品價格，他們一般會把注意力轉至更具體、更確定的事情上，那就是成本控管。成本控管涉及內部管理和供應商關係管理，經理人一般認為這兩方面相對沒那麼敏感，而且比顧客關係更容易處理。

是的，訂價充滿不確定性，而且神祕。如同其他學科，我們挖得愈深，就了解得愈多，就會發現更多問題。在過去的三十多年裡，我們在了解和應用訂價手段、策略、戰術和技巧上有顯著的進步。古典經濟學已經發展出全新的價格結構，如非線性訂價（nonlinear pricing）、組合訂價和多人訂價（multi-person pricing）。到了二十一世紀初，人們對行為經濟學（behavioral economics）的興趣與研究突然增加，揭露很多古典經濟學無法解釋的現象。我們會在第3章提到更多與人類行為相關的有趣發現，但首先來進一步研究價格，它們從何而來，又有哪些影響。

表 2-1　價格的多個面向

- 底標價格
- 折扣、獎金、現金回饋、適用條件、特價
- 根據包裹大小或產品種類訂定不同的價格
- 根據消費者區隔（如：小孩、長者）、不同時間、地點，或產品週期的不同階段，訂定不同的價格
- 互補產品的價格（刮鬍刀和刀片、智慧型手機和手機資費）
- 特殊或額外服務的價格
- 兩個或多個面向的價格（例如：預付費和使用費）
- 組合銷售的價格
- 基於個人談判而得出的價格
- 批發價、零售價和製造商建議的零售價格

「價格」究竟是什麼？

許多人很可能會第一時間想到「價格」的最基本形式：就是必須支付某個商品或服務的貨幣數量。簡單來說，一加侖的汽油大概要四美元，一杯咖啡大約要兩美元，而一張電影票可能要十美元。我們日常生活中看到的很多產品和服務都有這些特性（見表2-1）。然而真的是這樣嗎？

如果你加滿油，就可能享有一次洗車優惠；同時購買咖啡和甜甜圈或貝果，你可能會有優惠價；停在電影院販賣部的前面，還沒來得及看各種商品的價格，很可能就被各種套餐組合（大杯飲料、大杯爆米花）吸引住了。

情況甚至可以更複雜。試著快速回答以下的問題：你的手機一分鐘的通話費是多少？一度電要多少錢？日常的通勤費用會花多少錢？一般人很難立刻回答，因為對於很多商品或服務來說，價格有很多面向，這讓你很難整理出真正確切的數字。即使當價格只有一個面向的時候，「多少錢」這個問題還是會因多種不同的變數而改變，正如表2-1所示。

從實際支付的角度來說，價格其實是這個複雜系統的副產品。很少人可以清楚電信公司、銀行、航空公司或公共事業的訂價結構。網路使價格的透明度增加，但是各式各樣的資訊，加上大量的產品和零售商將這樣的優勢抵銷。價格常常以分鐘或小時為單位在改變，這使得任何優勢快速消逝。你還是一頭霧水，甚至更搞不清楚情況。

銀行的價目表通常有許多項目。批發商批發成千上萬種商品，每個訂價都有奇妙之處。汽車製造商和重型機械製造商生產多種零組件，意味著要訂出無數個不同的價格。如果在這方面也有大獎的話，那麼大獎得主很可能是各大航空公司，因為它們的產品價格每年有數百萬次的變動。

那麼顧客要如何應對這些雜亂的價格、價格變數和價格改變呢？在杜拜的一場討論會，我請世界大型航空公司阿聯酋國際航空的經理人解釋，如何制定紐約到杜拜航線的價格。

他報以一個無可奈何的微笑說：「這是一個大難題。」

「是沒錯，」我同意，「但是數百萬旅客每天都要思考類似的問題。」

依靠人工來做這件事幾乎是不可能的。比價網站 kayak.com 在一定程度上讓這項任務變得簡單，但仍然必須要相信價格的透明程度和比較的品質。但如果連經理人自己都很難解釋清楚他們的訂價方式，就很難想像訂價在公司內部是如何運作的了。他們究竟有多了解他們的決定對銷量、營收和獲利的影響？

我並不是要針對阿聯酋或航空業，很多產業都面臨同樣的挑戰。如果做了正確的決定，訂價的複雜性和多面向可以創造商機；但如果做錯決定，複雜性同樣會增加虧錢的風險。「正確的」價格或價格結構往往只有一種，但「錯誤的」價格或價格結構卻有很多種。俄羅斯有句話形容得很貼切：「市場上有兩種傻瓜，一種開價過高，另一種開價太低。」消費者面臨類似的挑戰。每個人應該都有過事先研究和努力而省下一大筆錢的愉快經歷，但我們應該也都有過捶胸頓足的時候。不管你是經理人或消費者，是銷售商或買家，你都要在價值和價格之間取得平衡。

身為銷售商或買家，你做的決定不可能永遠完美，但幾十年的經驗讓我明白：擁有適當的「訂價智慧」（pricing wisdom）會有更大的成就。我們對價格和價格機制如何運作的了解愈多，就愈有可能利用訂價發展更成功的生意，或者從鋪天蓋地的價格資訊中找到更好的交易。

「價格」有各式各樣的化名

正常財（normal good）都有「價格」或「標價」，但這個詞對其他產業的人來說太生硬了。保險公司從來不說價格，他們稱之為「保費」，聽上去更文雅，更沒有惡意。律師、顧問和建築師收取專業服務費或者紅包，私立學校收取學費，政府部門和公共事業部門收取服務費、稅款，有時還有附加費和附加稅來支付垃圾清理、學校運作、駕照發放和汽車檢查等費用。高速公路、橋樑、隧道往往收取通行費，租屋族每月繳租金，經紀人抽佣金，英國的民營銀行不會提供服務價目表，只是愉快地制定有效的「收費標準」（schedule of charges）。

然而，在價目表或標籤上看到的價格往往不是最終價格。在實際商業交易中，很多價格都有談判空間，供應商和經銷商把「價格」視為不同戰場。價目表上的價格充其量只是作為參考或起點，它們會就相關條款進行激烈的談判，如折扣、支付條件、最少訂購量、發票外折扣和發票上直接折扣等。有些地方，無論是商業或是私人交易，至今還採用實物交易。

「薪水」（compensation）是另一個讓交易本質和其中的價格變得更難以理解的術語。在上一次的績效評估中，你可能從不會想到要向公司收取與你的貢獻相符合的價格。反之，你使用的詞是薪水、工資、獎金或津貼。

無論你怎麼稱呼它，價格就是價格。我們一直在做決定，判斷某個東西值不值得我們花錢，或者嘗試說服其他人花錢。這就是訂價的精髓所在，不管我們怎麼稱呼那些價格，或者買賣雙方透過什麼方式來完成交易，每樣事物都有價格。

價格＝價值

很多人問我，訂價最重要的部分是什麼，我只回答一個詞：「價值。」

如果要我進一步解釋，我會說：「對顧客的價值。」顧客願意支付的價格，就是公司能取得的價格，這反映出顧客眼中對商品或服務的價值認知。如果顧客認為有更高的價值，那願意付出的價格就更高。反過來也是一樣的道理：如果顧客認為比競爭產品的價值還低，那麼願意付出的價格就會下降。

「認為」是關鍵詞。一家公司嘗試去計算產品能賣什麼價格的時候，只有顧客主觀感受到的價值才重要。產品的客觀價值或其他的價值衡量方式，例如馬克思理論認為價值是根據工作時間來決定，並沒有本質上的影響。某種程度只是影響消費者對某種事物價值的判斷和是否願意付出相應的價格。

羅馬人了解這樣的關係，因此把這個道理透過語言表達出來。拉丁字「pretium」既指價格又指價值。照字義來說，價格和價值是同樣的詞。這是企業家在做價格決定的時候應該要遵循的有效準則，這意味著經理人有三項任務：

- **創造價值**：材料的品質、性能表現和設計都會激發顧客的認知價值。這也是創新可以發揮作用的地方。
- **傳遞價值**：這影響顧客認知的方法，包括描述產品、銷售主張，最後同樣重要的是品牌。價值的傳遞還包含產品包裝、產品性能表現、實體或網路陳列。
- **保有價值**：售後服務是形塑持續正向的價值認知的決定性因素。對價值可否持續的預期是影響顧客是否願意購買奢侈品、耐用消費產品和汽車的決定性因素。

設定價格的流程其實在產品理念的構思之初就開始了。一家公司肯定在研發階段就盡早且盡可能頻繁地思考價格，不可能在產品準備上市之後才去想。顧客和消費者有同樣的功課要做。古老的諺語「買家要當心」和「一分錢一分貨」就是最恰當的提醒。身為顧客，你必須確保自己很清楚某個商品或服務帶給你的價值，然後決定願意花多少錢購買。為了避免做出後悔的決定，這種對價值的認識是購買前最好的保護傘。

我必須坦承，我吃了一些苦頭才學到教訓，我家鄉的農場都很小，所以兩三戶農家共用一台割捆機，這就意味著在收割季節要相互幫忙。當我十六歲的時候，我受夠這種耗時的常規工作，決定要做些改變，希望我們家可以獨立。沒有得到父親的同意，我就花六百美元買了一台二手割捆機。價格看起來非常合理，我很高興可以買到如此便宜的機器。然而到第二年的收割季使用的時候，很快就發現結果讓人沮喪。這台機器使用的是一套不熟悉的新系統，證明在實務上並不可靠，這台破機器不斷地出現各種故障。這就是我的好交易！挫敗感困擾了我們兩年，直到我們永遠將這台機器報廢。我受到了教訓。正如法國人所說：「價格終將被遺忘，只有產品的品質還在。」（le prix s'oublie, la qualité reste）

西班牙著名哲學家巴爾塔沙・葛拉西安（Baltasar Gracian）有句名言講了相同的道

理，可惜我在割捆機事件之後很多年才讀到，「這是最糟糕也是最容易犯的錯誤。寧可在價格上受騙，也不能在品質上受騙。」[4]我有時很好奇公家機關或企業選擇最低標的廠商有沒有考慮過這一點。

是的，付出的錢比應該花的錢多的時候確實讓人沮喪，但是，如果買的產品能滿足工作需要，這種被人敲竹槓的憤怒感就會淡去。更糟糕的情況是產品有缺點，在這種情況下，沮喪的感覺會一直跟隨你，直到產品用完，或是決定要丟掉的時候。這件事的寓意是，在追求便宜的同時，不能放鬆對品質的要求。不可否認地，說比做還容易。

這讓我想起和一位國際稅務顧問初次打交道的事。我第一次遇到複雜稅務問題的時候，他大概花了三十分鐘來解答我的疑惑。後來他給我一張一千五百美元的帳單。這個費用實在太貴，我想一定是搞錯了，所以我打了電話給他。

「您不覺得半小時收這麼多錢太高了嗎？」我問。

「這樣說吧，西蒙先生，」他解釋，「你本來可以問一般的稅務顧問，他們很可能會花三天去回答你的問題，而且他們的建議可能不是最好的。我不到十五分鐘就了解你的問題，然後只花十五分鐘就提出最好的解決方案。」

他是對的。現在回頭來看，對我來說，他的建議確實是最好的。我學到好建議不貴的道理。如果你能認識到它的價值，這是相當實惠的價格。當然，挑戰在於，往往要看到事後的好處之後，才能認識到好建議的價值。在支付這類費用的時候需要信任，有時還需要冒險一試。在解決方案上所花的時間和它的品質幾乎沒有關係。

價格常常很短暫，而且很快會被遺忘。消費者研究和行為研究顯示，就算是剛買的東西，有時也想不起它的價格。但是產品的品質，不管是好還是壞，都會伴隨著我們。每個人可能有過很快決定買一件產品，然後發現這件產品連最低預期都達不到。很多人可能也有花大錢後，驚喜地發現產品的性能遠遠超出預期。我的母親在一九六四年決定買洗衣機的時候，她選擇美諾（Miele）洗衣機。對於當時一個貧窮的農夫家庭來說，這台洗衣機的價格貴得離譜，但她從沒後悔。而這台洗衣機直到二〇〇三年她去世的時候依然運作良好。

創造價值與傳遞價值

提供真正的價值是成功的必要條件，但並不是充分條件。我常常聽到很多經理人宣稱：只要做出好產品，自然就賣得出去。這最常在工程或科學背景的經理人身上看到。一位大型汽車製造公司的董事真心相信這個看法：「如果我們生產好的車，就沒必要擔心銷量數字。」他在一九八〇年代中期這麼跟我說，但今天這家公司正面臨著很大的困境。

這是多麼嚴重的錯誤！

幸運的是，現在的經理人有了不同的論調。二〇一四年，世界上最大的汽車製造商福斯汽車（Volkswagan Group）執行長馬丁．文德恩（Martin Winterkorn），在最近的一場討論會上說：「我們需要製造性能卓越的汽車，但品牌和產品一樣重要。」[5]這番話出於工程師出身的經理人，令人印象深刻。類似的言論在幾十年前是不可能聽到的。

同時還有什麼改變了？經理人敏銳地意識到，除非你能成功地把價值傳遞出去，否則價值本身不會帶來多少好處。這就意味著顧客要懂得欣賞自己購買的產品。記住，最根本的購買動力源自顧客眼中的**認知**價值。

然而，困難尚未解決。理解顧客所關注的價值會如此複雜的原因，出在經理人無法真正了解與顧客利益緊密相連的價值，並進行量化：經理人並不了解二次效應（second-order effects）和無形效益。

為了理解二次效應的影響力，先設想你做的是空調業務。你的公司為物流公司長途運輸的大卡車設計專門的空調。如果我問你產品的品質有什麼優點，你可以拿出一張規格表，告訴我產品冷得多快，操作很簡單直接，還有多安靜。但如果問什麼才是真正決定卡車公司這個顧客看待產品的價值，以及價值是多少，你會如何回答？

如果你只能搖搖頭或聳聳肩，不用太擔心。當我向一家真的生產這些產品的公司提出同樣的問題時，我得到一樣的答案。為了找出這個問題的答案，這家公司進行一項職業安全衛生調查，而且證實兩個決定空調設備價值的東西，分別是減少事故發生的次數和司機病假的天數。這就是二次效應的一個典型例子。讓司機涼快和舒服（一次效應）展現出產品的價值，使得司機能更安全地行駛，身體更健康並執行工作（二次效應）。留意司機主觀感受到舒適度改善是一件容易的事，但這類軟性因素很難量化。然而，物流公司能衡量的是更少的意外事故和病假，因為這樣可以節省很多費用。這些確切的利益遠大於為卡車安裝空調設備的成本。這家製造商在與顧客談判的過程中，使用這個調查數據來達到傳遞產品價值的目的。

第1章提到的鐵路預付折扣卡顯示出無形效益的力量。你可能想起來了，我的團隊曾為德國鐵路公司推出過一種預付折扣卡。每張車票有五折的優惠，吸引數百萬人註冊，並變得更常搭火車。但公司發現很多持卡人儘管每年會續卡，卻沒有充分使用這張卡。換句話說，他們省下來的錢其實比卡費還少。

除非考慮無形效益，不然這並不符合經濟概念。我們之所以願意付錢，是因為有兩個最有影響力的無形效益：每天的便利和安心。鐵路乘客節省大量時間，而且避免很多麻煩，因為他們可以在任何時間以五折的優惠價購買車票，並清楚知道這是到目的地最划算的選擇。因為有這種無形效益，鐵路公司把顧客腦海中的卡費合理化，就算有時有些顧客並沒有搭乘足夠的次數來抵銷卡費。

現代研究方法使市場研究者得以將品牌、設計和服務等無形因素以貨幣價值呈現出來。因為有這樣的知識，公司可以設計高品質但又不過度設計的產品，並以更能讓顧客產生共鳴的價格推出市場。

對於很多產品，尤其是工業產品來說，最有效的價值傳遞方式就是透過金錢來體現。請看在產品訂價上一直處於領先的奇異（General Electric）在二〇一二年的財報。表2-2以美元為單位，顯示省電所帶來的顯著影響。表中的時間橫跨十五年，因為購買奇異的產品是一筆很大的投資，所以產品的預期壽命至少要這麼長。

只要有可能，你就應該試著透過確切的數據來傳遞價值，尤其是給企業的產品。對消費產品而言無疑是更大的挑戰。正如廣告大師大衛・奧格威（David Ogilvy）曾經寫

表 2-2　奇異所傳遞的價值

1%的力量 1%的改變能為顧客提供無限的價值		15 年下來節省的費用
航空業	燃料節省 1%	300 億美元
電力業	燃料節省 1%	660 億美元
鐵路	系統效率改善 1%	270 億美元
醫療保健	系統效率改善 1%	630 億美元
石油和天然氣	資金支出減少 1%	900 億美元

道，可口可樂從來不會說在配方中多放了多少可樂漿果來擊敗百事可樂。[6] 口碑、品質和設計更難提供數字證明。儘管如此，德國電器製造商美諾（Miele）還是持續向大眾溝通產品擁有二十年的壽命，藉此解決這個問題。我的母親買下的洗衣機確實使用將近四十年。一個商品怎樣才能算得上是可靠、讓人放心和方便，每個消費者有自己的理解。但起碼美諾的保證是真的，而顧客知道。這解釋為什麼產品價格很高，這個企業仍有接近一〇〇%的回購率：只有讓顧客感受到價值，才能創造購買的意願。

倫敦奧運的精準訂價策略

二〇一二年倫敦奧運會的驚人成就，訂

價扮演決定性的角色。負責管理票務的保羅・威廉森（Paul Williamson）不僅利用價格有效帶起營收和獲利，價格更成為一個強而有力的溝通工具。[7]價格數字本身只設計來告訴大家票價是多少，並沒有額外的註解。當年奧運會最低票價設定為二十・一二英鎊，最高為兩千零一十二英鎊。「二〇一二」這個數字一遍又一遍地重複出現在價格上，每個人一看到這個價格就會馬上聯想到奧運會。

對於十八歲以下的兒童，購票的口號是「按年齡付費」：六歲兒童的票價是六英鎊，十六歲兒童則是十六英鎊。這個價格結構引起異常積極的迴響，媒體對這個做法進行多次報導，甚至英國女王和首相都公開稱讚這個「按年齡付費」的策略。這些價格不僅成為有效的溝通工具，更被認為是非常公平的作法。年長者同樣可以用更低的價格買票。

這個價格結構的另一個重要特點是絕對沒有折扣。即使某些賽事的門票沒有售完，倫敦奧運會的經營階層仍然堅持這個政策。這傳遞清晰的價值訊號：賽事和門票的價值符合它們的價格。管理團隊也決定不提供體育界常見的組合銷售產品，將一個代表隊熱門和冷門的門票合在一起銷售。不過還是有提供門票搭配車票的產品。

奧運委員會主要靠網路宣傳和銷售，大約有九九%的門票在網路上賣出。在奧運會賽事正式開始之前，門票營收的目標是三億七千六百萬英鎊。在巧妙的價格結構和宣傳活動下，威廉森和他的團隊遠遠超過目標，創造六億六千萬英鎊的門票營收，這超出預期七五％，比前三屆奧運會（北京、雅典和雪梨）的門票營收加起來還要多。倫敦票務團隊的成功證明，強烈讓顧客感受到價值與出色的傳達價值會讓人更願意付錢購買。下面這個例子更是精彩。

德國鐵路卡的精準訂價

一個嶄新的價格結構能帶來革命性的影響。在一九九〇年代初，德國聯邦鐵路公司（German Railroad Corporation Deutsche Bahn，簡稱德國鐵路公司）陷入嚴重的經營危機。愈來愈多人選擇開車，而不搭火車。昂貴的火車票是其中一個重要的原因：同樣的距離，火車票將近油錢的兩倍。

一九九一年秋天，德國鐵路負責乘客運輸的執行長漢墨・克萊（Hemjö Klein）給我們一個難題：找到讓火車出遊比開車出遊更有價格優勢的方法。我們的研究發現，在比較鐵路和開車出遊的成本時，大家會只考慮油錢，也就是所謂的現金支出成本（out-of-pocket cost）。在當時，德國鐵路二等車廂（second-class）的票價大約是每公里〇・一六美元，而駕駛諸如 Volkswagen Golf 這類市場常見的汽車每公里只要〇・一美元，這意味著如果要去五百公里遠的地方，搭火車要付八十美元，同樣的距離開車只要五十美元。在如此大的價格劣勢下，德國鐵路看起來機會渺茫。不可能為了與開車出遊競爭，大幅把車票降到每公里低於〇・一美元。

如果大幅降價不可行，那能做什麼？當發現開車出遊的實際成本有兩個要素的時候，我們找到突破點。這兩個要素分別是每天感受到的變動成本（如汽油）和難以在日常察覺的固定成本（如保險、折舊、消費稅等）。那把火車出遊的成本拆成固定成本和變動成本兩部分是不是可行呢？

應該可以，於是 BahnCard（德國鐵路卡）就此誕生。

取代以往火車單程票的做法，現在價格包括兩個要素：車票（變動成本）和 BahnCard（固定成本）。第一張適用於二等車廂優惠的 BahnCard 在一九九二年十月一日上市，年費大約是一百四十美元。一等車廂優惠的 BahnCard 在幾個星期後上市，年費大約是兩百八十美元。老人和學生則是半價。擁有卡片的人，平日購票有五折優惠。這使搭火車出遊的變動成本因此降至每公里〇・〇八美元，明顯低於開車出遊每公里〇・一美元的成本。

BahnCard 50（因為折扣率而有這個名字）馬上熱賣。接下來四個月，德國鐵路賣出一百多萬張卡。銷量逐年攀升，在二〇〇〇年哈特穆特．梅多恩（Hartmut Mehdorn）接任德國鐵路執行長的時候，銷量達到四百萬張。梅多恩對航空業有強烈的熱愛，被認為是德國最強勢的經理人之一。他聘請的航空業顧問在二〇〇二年取消 BahnCard 50，引進一個與航空旅行類似、需要乘客預訂的新體系。但是梅多恩的計畫既沒有考慮消費者的需求，也沒有考慮社會大眾的需求。在二〇〇三年的春天，因為德國鐵路取消深受喜愛的 BahnCard 50，引起德國消費者群起抗議。五月初，我在法蘭克福的一個會議上遇到梅多恩，我問他為什麼廢除 BahnCard。

「它已經不再適用於我們的體系，」他告訴我，「而且我不打算讓消費者在週五中午或週日晚上享受五折優惠，那是尖峰時段！」

「你不了解，」我回答，「這些人在還沒享受任何折扣前就已經付了幾百歐元。他們每次出遊實際享受到的折扣沒有到五〇％。」我必須坦承，當時我不知道 BahnCard 的使用者平均能享受多少折扣，這個數字很難計算。

沒過多久梅多恩就打電話給我。二〇〇三年五月十八日星期天，我和他在柏林最著名的阿德隆飯店（Adlon）見面，同行的還有喬治．泰克（Georg Tacke），他的博士論文研究的是二維價格結構（two-dimensional price schemes），在十年前 BahnCard 50 首次推出時也扮演重要角色。僅僅在見面的兩天後，我們就設計一個全新版本的鐵路價格系統。我們日夜趕工，徹底推翻「航空」價格結構。每週二下午六點，我們會向德國鐵路的董事會簡報。我仍然記得當時的討論熱烈，尤其是和強硬無比的哈特穆特·梅多恩討論的時候（哈特穆特在德語的意思剛好是堅定的勇氣）。最終我們說服他們。二〇〇三年七月二日，僅在開始這個計畫六周之後，德國鐵路在一個大型記者會上宣布八月一日要重新引進 BahnCard 50，同時還增加 BahnCard 25（有二五%的折扣），以及全新的 BahnCard 100（有一〇〇%折扣），只要支付（高額）預付費，持有者就可以整年不用付錢。不久，德國鐵路把造成這次票價災難的「航空業」經理人掃地出門。

現在大約有五百萬人擁有 BahnCard。年費從最低的二等車廂 BahnCard 25 的六十一歐元，到最高的一等車廂 BahnCard 100 的八千九百美元。使用 BahnCard 50 乘坐二等車廂一年的費用為兩百四十九歐元，乘坐一等車廂則為四百九十八歐元。同時還有商務版的優惠卡，它們提供更多的附加服務。正如表2-3所示，對比正常的票價，不同版本的 BahnCard 提供不同程度的優惠。以下是二等車廂 BahnCard 的數據。一等車廂 BahnCard 的優惠大致相同。

表 2-3　二等車廂 BahnCard 的優惠

正常票價（歐元）	不同版本的 BahnCard	使用BahnCard後的總票價（歐元）	省下的成本	
			金額（歐元）	比例（%）
500	BahnCard 25	436	64	12.8
750	BahnCard 25	624	126	16.9
1,000	BahnCard 50	749	251	25.1
2,500	BahnCard 50	1,499	1,001	40.0
5,000	BahnCard 50	2,749	2,251	45.0
10,000	BahnCard 100	4,090	5,910	60.1
20,000	BahnCard 100	4,090	15,910	79.6

無論是哪個版本的 BahnCard，使用的頻率愈高，折扣就愈高，這給持卡人很強的誘因讓卡片投資「回本」。透過這種方式，BahnCard 成為一種有效留住顧客的工具。

二〇〇三年的研究顯示出一個有趣的事實：使用 BahnCard 50 的顧客平均只省下不到三〇%的票價。但在顧客認為每一張票都省下五〇%的成本。換句話說，德國鐵路的顧客覺得賺到五〇%的優惠，但公司只用了不到三〇%的成本就塑造這種印象。這筆生意還蠻划算的！

BahnCard 給德國鐵路帶來機會，但不是沒有風險。其中的一個關鍵點是，有多少購買優惠卡的顧客由開車改為搭火車。一個著名的經濟學家告訴我，他買 BahnCard 100 來迫使自己搭火車出遊，完全放棄開車。如果購買優惠卡的顧客全是頻繁的使用者，那德國鐵路會犧牲巨額的營收。對於這些顧客，BahnCard 的出現大幅減少了他們的支出。相反的情況是，公司會從過去較少搭火車的持卡人身上賺到更多的錢。只有極少數的顧客了解不同版本 BahnCard 間的損益兩平點。少部分 BahnCard 50 的持卡人儘管不太可能達到損益兩平點，但每次購票能夠享受五〇%的折扣，他們仍然樂在其中。

BahnCard 100 特別值得介紹。德國鐵路過去專門為老年人設計一個「通行證」（network pass），但是用一種非常尷尬的方式。顧客需要填寫申請表。德國鐵路並沒有積極地推廣通行證，很少有人知道它的存在，每年的銷量不超過一千張。把 BahnCard 100 納入 BahnCard 體系後，銷量成倍數成長，儘管價格有稍微增加，但今天大約有四萬兩千人擁有 BahnCard 100。這種卡在方便性上有個無可比擬的優勢：持卡人不需要買票就可以搭任何車，想走多遠就走多遠。

現在，優惠卡與相關的票務營收就有數十億。BahnCard 持卡人因為搭乘長途火車，為德國鐵路的營收帶來很大的貢獻。BahnCard 是德國鐵路到目前為止最受歡迎的產品，也是維持顧客忠誠最有效的工具。

類似 BahnCard 的二維價格體系在市場上仍然非常少見。我們曾為大型航空公司設計一個類似的系統，名稱是「Fly & Save」（飛得愈多，省得愈多）。這張卡片提供各大洲內（並非全球）的機票折扣，卡費大約七千美元。這種卡的風險更高，因為有相當多常客可以透過這張卡節省大量支出。但最終航空公司因為反托拉斯法而沒有讓這張卡上市。由於每個購買這張卡的乘客都會盡可能搭乘這個航空公司，這會使持卡人有非常強烈的選擇偏好。律師的推斷也許是對的：反托拉斯法部門可能會禁止這個方案。這個「Fly & Save」卡被束之高閣，不過我很好奇有一天會不會捲土重來。這裡的兩難是，一個高市占率的航空公司可能會有反托拉斯法的問題，而對於一個市占率低、航線少的航空公司，這種卡不太好用，人們購買它的意願很可能大幅降低。

是的，我承認，無論是一九九二年首次推出BahnCard，還是二〇〇三年重新引進市場的BahnCard，我仍然很驕傲參與這個計畫。我確信會看到更多二維價格方案的出現。BahnCard與亞馬遜Prime會員計畫這些二維價格結構的成功，讓我相信這個概念會在更多產業全面發展。但是想要引進這個做法，需要對經濟學和心理學有深刻的理解，有些情況甚至要考量法律因素，這並不是零風險的作法。

供給與需求

在經濟術語中，價格扮演最重要的角色就是在供給和需求間創造平衡。價格上漲意味著供給會隨之增加，供給曲線呈上升（正斜率）形態。價格上漲同樣意味著需求的減少，因此需求曲線呈下降（斜率為負）形態。兩條曲線相交之處就是市場供需均衡的唯一價格，被稱為市場結算價格（market-clearing price）。

均衡意味著每個願意以這個價格出售的供給者都能夠賣出期望的數量；同樣，每個買家都能以同樣的價格找到需要的數量。在供給與需求自由的市場，市場結算價格常常出現。如果政府透過法規、稅收或其他阻礙，那麼供需就會一直處於失衡的狀態。

供不應求和景氣循環

價格是商品稀少最有力的指標。價格上漲意味著商品供給即將增加。更高的價格會帶給製造商更高的獲利，使他們擴大產量。產量的增加會將資源從充足的產品處移開，幫助公司更快生產出更多不足的商品。價格下降時的情況則相反。低價顯示出供給過多，甚至產能過剩，供應商會削減產量。降價最終會吸引更多消費者購買，因此創造供需均衡。

我在大學第一次上經濟學的課堂上，我問教授為什麼人們看起來總是可以找出符合市場需求、合理的商品數量。他盯著我，對於有人提出這麼愚蠢、與黑板上的公式和理論毫無關聯的問題感到吃驚。然而這個問題是所有運作中的市場經濟最核心的問題。每當在廣告或商店櫥窗出現「商品出清」的時候，市場都以一種可控制、短期的方式來調整。有時候這樣的循環需要很多年才能完成，而且這樣做對國家經濟和政策制定帶來非常強烈的影響。

價格的變化通常會有延遲效應，有時會稱這是「景氣循環」（boom-and-burst cycle）或是「毛豬週期」（hog cycle）。當毛豬的供給短缺時，豬肉的價格會上漲，這會刺激農夫在下一季養更多的豬。幾個月後更多的毛豬供給衝擊市場，造成肉價下跌，這又會刺激農夫接下來減少養殖……這樣的循環週而復始地發生。

在諸如石油開採市場，這樣的循環也許需要十至十五年。一九九七年，我的團隊為德國石油供應公司（Deminex）進行一次全球調查，這是一家大型的石油和天然氣公司。我們採訪世界上所有大型的石油公司，當時油價大約是一桶二十美元，我們希望蒐集油價的長期預期。大部分的預期集中在每桶十五美元，但到了一九九九年年初，價格實際上跌到了每桶十二美元。

對於價格下跌趨勢的預期早已經在投資決策中顯現。不久，它們成為近年來油價高漲的元凶，最高飆升至超過一九九九年價格的十倍。這聽起來有點矛盾，但當你了解到「毛豬週期」是怎麼出現的時候就不會覺得奇怪了。在油價低迷的時期，所有對新開採計畫的投資銳減。只有那些前景很好的計畫才能夠獲得資助。當新油田投入生產、老油田成熟時，新計畫的減少意味著石油生產減少。這個因素，連同中國和新興市場對石油的需求增加，導致供需之間產生巨大而持久的鴻溝。

價格變化反映了這個差距。二〇〇八年七月，油價達到歷史上的高峰：每桶一百四十七．九美元。一個開發計畫從最初探勘到全面生產的時間剛好十年，這不是巧合。這十年不斷上漲的價格刺激公司投入更多資金探勘，同時增加新的生產來源和生產方法，這樣的做法所需要的投資顯然一桶已經超過十二美元，但每桶油同樣能夠帶來超過一百美元的可觀獲利。來自新興市場的需求、對環境影響的高度敏感，以及燃料使用效率的提升，都是不可預知的因素，這使得準確預測變得不可能。供給的增加不可避免，即使需要幾年的時間才能看到成效。

無論是石油還是毛豬，我們得到的教訓就是：價格循環會自然發生，而且比價格一直上升或下降的趨勢更有可能出現。美國北達科他州（North Dakota）正在經歷「繁榮」（boom）。新的探勘和提煉技術使油田生產更加快速，已經成為德州之外美國石油產量最大的州。[8]它的附帶效果是北達科他州其他產業的急速發展。美國二〇一四年年初房租最貴的地方（看，又是價格！）不是曼哈頓或矽谷，而是北達科他州的威利斯頓（Williston）。[9]但這個繁榮景象並沒有持續很久，石油價格在二〇一五年跌到每桶低於五十美元。

價格與政府

當價格調節機制遭到破壞時，供需失衡就會發生。縱觀歷史和全球的發展，最大的破壞者就是政府，它從不同的面向干擾價格。價格干擾會導致過度供給，可能會導致奶油或牛奶過剩等等。價格干擾同樣也會造成供給不足，你可能聽過的租金控制或社會主義國家與共產主義國家實行的政策。

當你了解政府是如何訂價的時候，你會更能理解我的觀點。政府透過過路費、服務費或稅收來做很多價格設定，而非透過價格。辦護照、登記公司和搭捷運等公共服務設施的費用都直接在政府授權或監管下產生。問題在於政府很少依據市場訊號設定這些價格。這些「價格」是政治決策，而非經濟決策。

美國讀者對於目前美國鐵路公司（Amtrak）和郵局的財政狀況不會陌生，而老一輩的讀者仍然會記得美國電話電報公司（AT&T）一九八四年獨占電話服務，以及直到一九七〇年代才廢止的航空和鐵路法規所帶來的影響。在第二次世界大戰後的幾十年間，歐洲的情況甚至更為嚴重。西歐大部分的經濟都處在政府資助的獨占巨頭或主導市場的公司控制之下。從電話、電視、公用事業、郵政服務，到鐵路和航空都是如此。很多獨占企業延續到今天。

這裡的教訓是：應該盡最可能讓市場調整價格，讓事情順著市場規律發展。我明白這個立場具有爭議，尤其是對那些認為政府應該出手防止哄抬價格的人，或是從更廣的角度來看，有些人會感覺，更嚴厲的監管也許能避免二〇〇八年經濟大蕭條發生。

儘管如此，政府某些參與市場的方式確實會幫助商業競爭，而且使價格機制更順暢和公平地運行。在美國，司法部和聯邦貿易委員會扮演監督的角色；在歐洲，類似的職責由全國反托拉斯法的機構和歐洲委員會承擔。過去十年來，這些機構和部門都變得更為嚴格而警覺。這些機構被授權要打破獨占。公司明確同意或默許在價格、條款或數量上瓜分市場就屬於獨占。當這些機構破獲一宗獨占例子時，通常會開出數十億美元的罰款。二〇一二年十二月，歐洲委員會對七家電視及面板製造商處以總計十九億美元的罰款；二〇一三年十二月，歐洲委員會再次出手，對六家涉嫌操縱市場拆借利率的金融機構罰款二十三億美元。

針對歐洲民營企業最大宗的罰款發生在二〇〇八年。歐盟對聖戈班（St. Gobain）獨占汽車玻璃市場處以約十二億美元的罰款。在美國，「史上最大型的價格獨占調查」瞄準汽車供應商，最終造成十二個經理人鋃鐺入獄，並處以超過十億美元的罰款。[10]嚴格的反托拉斯法規有助於價格的良性競爭。在政府干預下，這是極少數能幫助價格機制在市場上運作得更為自由的例子。

價格與權力

「評估一家企業唯一重要的決定因素是訂價能力（pricing power），」投資大師華倫・巴菲特（Warren Buffett）說，「如果在漲價前還要祈禱，那就是不好的公司。」[11]這裡有個訂價能力的真實例子。有一次《財星》雜誌（*Fortune*）訪問媒體大亨魯伯特・梅鐸（Rupert Murdoch）時談到麥克・彭博（Michael Bloomberg）的事業。梅鐸說彭博創辦一個了不起的公司，而且「他還在不斷進步。如今，那些花大錢購買的人已經離不開它了。公司的成本略有上升，他就漲價，沒有用戶會因此取消服務。」[12]難道有公司不喜歡擁有類似的訂價能力嗎？

訂價能力確實非常重要。訂價能力決定供應商能否獲得想要的價格，也決定公司能賺取多少溢價。訂價能力的反面是購買力（buying power）：買方能在多大程度上從供應商那裡得到想要的價格。在汽車製造這樣的產業，購買力高，買方就會利用購買力對供應商施壓。同樣，當市場高度集中的時候，零售商可以利用購買力對供應商施壓。

回頭來看，法國著名的社會學家蓋博・塔德（Gabriel Tarde）對於訂價與權力的關係有個與眾不同的看法，他認為所有關於價格、工資和利率的協議都相當於軍事停戰協議。[13]價格談判和戰爭一樣，最後會以停戰協議告終。通常在工會和員工進行勞資協商後就會有這種感覺。你只會在下一輪戰鬥來臨前感受到片刻的和平。在一次企業對企業的談判當中，價格協議反映出供應商和顧客之間的權力鬥爭。幸運的是，這並不是一場零和賽局。但供應商和顧客之間的資金分配，價格扮演重要的角色。

實際上，多數公司的訂價能力都不大。西蒙顧和為了〈全球訂價研究〉（Global Pricing Study）[14]採訪五十個國家超過兩千七百位經理人，發現只有三三%的受訪者認為公司有很高的訂價能力；剩下的三分之二受訪者承認公司無法在市場上開出想要的價格，這使公司的獲利情況面臨風險。

尋找競爭優勢的企業可以從這個訂價能力的研究中得到啟發。如果高階經理人參與訂價決策，而不是交給專家，那麼企業的訂價能力將會提高三五％。設立專門訂價部門的公司比沒有設立的公司，訂價能力高出二四％。關鍵教訓是：高階經理人為了讓訂價決策更好，做出堅定而嚴肅的承諾，並投入時間和精力，會因此得到回報。因為訂價能力愈高，就會持續地帶來更高的價格和更豐厚的獲利，產生良性循環。

當所有東西都有價格的時候

幾個世紀以來，有些特定的商品和服務是沒有價格的。街道是免費使用的，上學不用任何費用，很多服務是一起訂價。政府、教堂或者慈善機構所提供的商品和服務是免費的，因為這能幫助別人，或者收費會被認為是不道德的或禁忌。但是世界變化日新月異。

哈佛大學哲學家邁可・桑德爾（Michael J. Sandel）在《錢買不到的東西：金錢與正義的攻防》（*What Money Can't Buy: The Moral Limits of Markets*）中提出價格正在滲透到

生活的各個領域。[15]對於想要最先登機的乘客，易捷航空（Easy Jet）收取十六美元的費用；外國人入境美國要付十四美元，這是登入旅遊許可電子系統（Electronic System for Travel Authorization，ESTA）收取的費用。在一些國家，你可以透過支付額外的費用在尖峰時段使用專用車道，費用根據當時的交通情況而定。在美國，只要一年支付一千五百美元就可以得到一些醫生的手機號碼，獲得二十四小時的服務。在阿富汗和其他有戰爭的地方，私人企業根據資質、經驗和國籍，一天付出兩百五十至一千美元還雇用傭兵。在伊拉克和阿富汗，這些私人保鏢和軍事企業的人數比美國武裝部隊的人數還要多。[16]

更進一步從道德層面來看。在印度，花六千兩百五十美元就可以找到一個代理孕母。如果你想移民美國，可以用五十萬美元買到這個權利。

總有一天，更多東西會標出價格，因為會有愈來愈多的日常生活將會納入市場和價格機制。道德和倫理界線的蔓延將是這個時代經濟發展的最顯著趨勢。

桑德爾曾經這樣評論這種發展：「當我們決定某個物品能購買或出售時，我們就決定（至少是默許）以商品來看待它們，將他們視為獲利和使用的工具，但並不是所有物品都能以這種方式合理地評估，最明顯的例子就是人類。」[17]

我在農場的童年時光是一個完全不一樣的經歷。儘管我曾經提到過價格對於毛豬和牛奶的重要性，但金錢在我們的生活中只是其次，自給自足是優先考量。鄰里之間守望相助並沒有任何正式的「價格」機制去維繫。我們的經濟中以金錢為基礎的部分很少。今天，價格充斥，不可避免。有時會以你意想不到的形式出現，有時候也會給你帶來困擾。我們都在思考的難題是：這股市場的力量會在多大程度上主導我們的生活？這使得了解價格和訂價機制的運作方式對我們來說變得更為重要。

註釋

1. "Be all-in, or all-out: Steve Ballmer's advice for startups", The Next Web, March 4, 2014.
2. Christoph Kapalschinski, "Bierbrauer kämpfen um höhere Preise", *Handelsblatt*, January 23, 2013, p. 18. 這裡指的啤酒市場是德國。
3. "Brauereien beklagen Rabattschlachten im Handel", *Frankfurter Allgemeine Zeitung*, April 20, 2013, p. 12.
4. Baltasar Gracian, *The Art of Worldly Wisdom*, New York: Doubleday, 1991, p. 68.
5. Workshop on the implementation of multibrand strategies within pricing, Wolfsburg, Germany, March 5, 2009.
6. David Ogilvy, *Ogilvy on Advertising*, New York: Vintage Books 1985.
7. Vgl. Paul Williamson, Pricing for the London Olympics 2012, Vortrag beim World Meeting von Simon-Kucher & Partners, Bonn, 14. Dezember 2012.

8. 資料來自 the US Energy Information Administration for January 2014 .
9. "North Dakota wants you: Seeks to fill 20,000 jobs" , *CNN Money*, March 14, 2014.
10. "Probe Pops Car-Part Keiretsu", *The Wall Street Journal Europe*, February 18, 2013, p. 22.
11. Interview with Warren Buffett before the Financial Crisis Inquiry Commission (FCIC) on May 26, 2010.
12. Patricia Sellers, "Rupert Murdoch, The *Fortune* Interview", Fortune April 28, 2014, p. 52-58.
13. Gabriel Tarde, *Psychologie économique*, 2 Bände, Paris: Alcan 1902.
14. 這項研究在二〇一二年進行。
15. Michael J. Sandel, *What Money Can't Buy: The Moral Limits of Markets*, New York: Farrar, Straus and Giroux 2012.
16. T. Christian Miller, "Contractors Outnumber Troops in Iraq", *Los Angeles Times*, July 4, 2007 and James Glanz, "Contractors Outnumber U.S. Troops in Afghanistan", *New York Times*, 2, 2009.
17. Michael J. Sandel, *What Money Can't Buy: The Moral Limits of Markets*, New York: Farrar, Straus and Giroux 2012; 也可見 John Kay, "Low-Cost Flights and the Limits of what Money Can Buy", *Financial Times*, January 23, 2013, p. 9.

3
消費者對價格的微妙心理因素

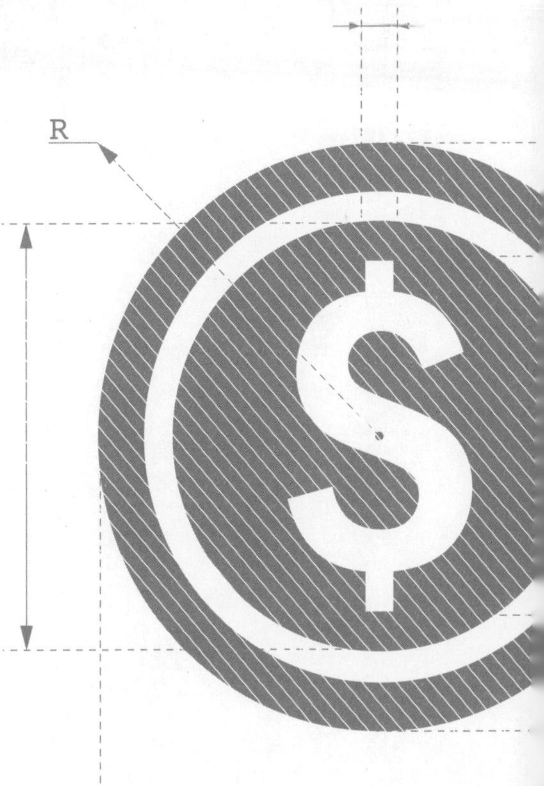

古典經濟學的原理假定買方和賣方的行為都是理性的。賣方設法將獲利最大化，買方設法把價值最大化，或者用經濟學家的話來說，是要效用最大化。在這些原理中，雙方都掌握全面的資訊。賣方知道，開出不同的價格買方會有什麼反應，這意味著他們了解買方的需求曲線；買方知道所有替代產品與價格，而且可以不受價格的影響，對每個替代商品的效用做出合理的判斷。

諾貝爾獎得主保羅·薩繆爾森（Paul Samuelson）和米爾頓·傅利曼（Milton Friedman）是這個觀點的著名擁護者。傅利曼說消費者的行為是理性的，即使他們並沒有明顯地使用精妙的數學方法和高深的經濟學理論來做決定。一九九二年諾貝爾經濟學獎得主蓋瑞·貝克（Gary Becker）將效用最適或最大化的理念延伸至生活其他層面，如犯罪、藥品交易和家庭關係。在他的模型中，為了將獲利與效用最大化，雙方都會理性行動。

對於理性和資訊掌握的假設在一九七八年諾貝爾經濟學獎得主司馬賀（Herbert A. Simon）[1]的研究中首次遭到質疑。在他看來，人們只有有限的能力去獲取和處理資訊。因此，他們不會努力將獲利和效用最大化，而是用一個「滿意」的結果來安慰自己。他用「令人滿意」（satisficing）這種詞描述這種行為。

懷著同樣的疑問，心理學家丹尼爾・康納曼（Daniel Kahneman）和阿莫斯・特維斯基（Amos Tversky）在一九七九年發表突破性的「展望理論」（prospect theory），開啟行為經濟學。[2]康納曼在二〇〇二年獲得諾貝爾獎，[3]從此，大量的文章和作者開始探討行為經濟學，這個方向的研究可能永久地改變經濟學理論。其中值得注意的是，大多數的相關研究都不是經濟學家發起的。價格之所以在行為經濟學中扮演核心角色，是因為它在實際中引發出人意料、往往與直覺相反的結果，因此這是價格管理的結果。行為經濟學的內容十分複雜和寬泛，這裡很難全面說明。現在，我們專注討論行為訂價的基本因素。如果你希望更深入了解行為經濟學，我會推薦你去看丹尼爾・康納曼的暢銷書《快思慢想》（*Thinking Fast and Slow*）。

聲望效應

在古典經濟學中，價格在購買決策中會扮演角色只有影響顧客的預算。需求曲線呈現負斜率，這意味著價格愈高，購買的顧客愈少。然而，也有例外的情況，它們很明顯地引發非理性的後果。

早在一八九八年，美國經濟學和社會學家托斯丹・范伯倫（Thorstein Veblen）就已經在經典著作《有閒階級論》（*The Theory of the Leisure Class*）中指出價格是身分和社會威望的標誌，因此會為消費者提供另一個層面的社會心理效用，這就是有名的范伯倫效應（Veblen effect）或「虛榮效應」（snob effect）。價格本身成為奢侈品的品質和排他性的指標。如果一輛法拉利只要十萬美元，那麼它就不叫作法拉利了。這類商品的需求曲線至少在一定的範圍內呈現上升（斜率為正）形態，而不是向下（斜率為負）形態，這意味著隨著價格的增加，銷量也跟著增加。獲利的增加不僅來自於毛利的提高，還因為有更多的銷量。如果這類商品漲價，那麼這個強勁組合會帶來真正巨額的獲利。

這樣的例子確實在現實生活中存在。比利時奢侈手提包製造商 Delvaux 在將品牌重新定位的同時大幅提升價格。由於現在消費者視其為 LV 手提包的替代產品，銷量大幅上升。在一九七〇年代，著名威士忌品牌起瓦士（Chivas Regal）的銷售陷入低迷。為了將品牌重新定位，公司設計一個外表更為高檔的商標，並漲價二〇%，瓶子裡的威士忌仍然和原來一樣。結果不僅僅是價格上漲，銷量也顯著增加。[4]

歐洲領先的電視購物頻道 MediaShop 集團曾以二十九・九歐元引進一款新的化妝

品。一開始銷售很疲弱，為了讓寶貴的廣告時間留給更好賣的商品，經營階層拉下這個商品。幾個星期後，他們開始新一輪的銷售宣傳，重新上市，把價格訂在三十九．九歐元，比之前提高三三%。這一次，經營階層顯然找到價格的甜蜜點，銷量在短短幾天大幅飆升，造成短期的缺貨。這個商品成為 MediaShop 最暢銷的一項產品，漲價並沒有對銷售造成影響，反而正是因為漲價大力拉動銷售。

對於高價商品和奢侈品，人們必須知道類似的聲望效應（prestige effect）是否存在，需求曲線是不是有一部分呈現上升態勢。如果是，那麼最好的價格從來不會出現在這部分的需求曲線中。它通常會出現在更高的地方，在曲線已經開始向下傾斜的部分。這進一步印證本書強調的一項關鍵：你需要清楚了解產品需求曲線長什麼樣子，了解得愈精準愈好。當企業不了解產品的需求曲線時，尤其是高價商品和奢侈品公司，它們就會像在黑暗中四處搜尋最好的價格一樣，找不到方向。

如果仍然覺得沒有把握，我建議你在更高的價格區間中逐步地提升價格，慢慢感受和摸索。正如 Delvaux 和起瓦士所顯示的，更高的價格定位結合設計或包裝的升級，往往是明智的選擇。

價格是品質的指標

當消費者把價格看作品質的指標時，一個類似聲望效應的作用就會發生。較低的價格會促使消費者放棄購買，因為低價引起人們對品質的擔憂。很多顧客遵循「一分錢一分貨」這句格言，不去購買低價商品。但這句話的反面同樣對很多顧客有效，對他們而言，「高價格＝高品質」這個簡單的式子變成便利的經驗法則。在這樣的例子中，價格的提升可以帶來更高的銷售量。價格是怎樣成為品質的指標？我可以舉幾個合理的解釋：

- **經驗：**如果曾經對一個高價商品有良好的體驗，那麼較高的價格看起來會比低價更能保證品質。
- **便於比較：**消費者能夠透過價格馬上對商品進行客觀評價。在商品價格固定、不能討價還價的情況下尤其如此，大部分消費產品都屬於這類商品。如果價格可以協商，比如工業用品或是在市集上交易，那價格就很少會成為品質的指標。
- **「成本加成」心理：**大部分消費者認為，價格和銷售者的成本密切相關。換句話說，消費者有一個「成本加成」（cost-plus）的心態。他們認為銷售者會根據原料、生產和運輸費用等成本為基礎訂價。

消費者什麼時候會把價格作為主要或唯一的標準來評估商品呢？當買家對商品的真正品質感到不確定時，價格就很可能成為品質的指標。當他們面對一個完全不了解或很少購買的商品時，這種情形就會發生。當這個商品的絕對價格不是很高、替代商品的價格不夠透明，或是有時間壓力時，他們都會傾向於以價格作為判斷的基礎。

有數不清的實證觀察探究價格作為品質指標的角色，以及相關的需求曲線呈現向上形態的部分。對於家具、地毯、洗髮精、牙膏、咖啡、果醬和果凍，以及收音機等產品都有類似的研究。研究者發現，當鼻噴劑、絲襪、墨水和電器產品的價格提高時，銷量也會增加。為了使價格更接近市場領先品牌百靈（Braun）的產品價格，一個電動刮鬍刀公司將產品價格大幅上漲，結果銷量增加四倍。但這個價差對消費者依然有足夠的吸引力，但又不至於和過去的價差大到讓人懷疑刮鬍刀的品質。

我在服務業也觀察到同樣的效應，尤其是在餐飲業和飯店業，它同樣發生在企業對企業的交易中。有一家軟體公司為企業提供商業雲端軟體，價格低至每個工作站每個月只要十九・九美元。同類競爭產品的價格超過一百美元。在上市後幾個月，這家公司的執行長告訴我：「小企業對我們的價格非常興奮。這是它們第一次能負擔得起這類軟體。但是大公司認為我們的價格太低，擔心我們的品質。我們的超低價沒有成為一個優勢，反而變成一個阻礙。」

解決方法是將產品和價格差異化。這家公司將產品重新配置，加上新的功能，然後以每月明顯更高的價格提供套裝軟體給大公司。這個套裝軟體的價格仍然不貴，但更符合價格等於價值的傳統觀念。透過這個調整，這家公司成功擺脫過去低價所形成的負面形象。

安慰劑效應

價格作為品質指標的作用有時不僅僅停留在感受層面，還會創造真正的安慰劑效應（placebo effect）。安慰劑效應是指病人在接受沒有真正療效的治療後，病情反而得到改善。在一項研究中，參與者收到不同價格的止痛藥。一組人看到標價很高，另一組人看到標價很低。無一例外地，看到高價的那組人聲稱止痛藥非常有效，而看到低價的那組人只有一半的人認為藥物有效。[5]然而，這兩組看到的止痛藥其實是維生素C的安慰劑，對減輕病痛沒有任何客觀作用。這兩組人唯一的差異只在於看到的價格。

另一個研究發現，一組運動員在飲用標價二・八九美元的能量飲料後，訓練效果明顯比另一組飲用同樣的飲料，但標價是〇・八九美元的運動員更好。然而，最讓人驚訝的結果來自於一個兩組人的智力技能研究：「一組參與者在飲用以特價購買的能量飲料後，在猜謎遊戲中的表現比飲用以原價購買飲料的參與者要差。」[6]價格的差異確實會引起明顯的安慰劑效應。

被削弱的競爭武器

如果市場上存在聲望效應、品質效應和安慰劑效應，這會對價格的定位和傳遞產生巨大的影響。價格如果是個競爭的武器，這些效應等於削弱這個武器的威力。如果一個供應商希望透過侵略式訂價（aggressive pricing）來增加市占率反而會失敗。沒有人能確保銷量和市占率確實會增加，而不是減少。在已經存在這些現象的市場，這些效應會導致不知名的廠商或品牌很難進入，透過低價吸引顧客的方法不會奏效。這些效應同樣解釋為什麼降價對於不知名的商品和小品牌沒有用處：消費者會把降價和低品質、沒名氣聯想在一起。汽車專家認為，與BMW、賓士和Audi的同系列車款客觀對比，Volkswagen Phaeton是一款不錯的豪華轎車。然而Volkswagen Phaeton在德國賣得並不好，原因是缺少足夠的名氣。Volkswagen是國民車的強勢品牌，但並沒有能力將產品引進高級車或豪華車市場。因此，即使提供低廉的價格和租車費率，對Volkswagen Phaeton的銷量也影響不大。但如果一個非常強勢的品牌提供類似的低價，其銷量卻會暴增，因為高價早已為這個強勢品牌建立高品質的形象。

當價格不能成為有力的競爭武器時該怎麼辦？最好的方式也許是將商品的價格定位在與真實品質相當的價格區間，一開始接受比較低的銷量。這也許需要耐心等待相當長的一段時間，才能讓顧客們真正了解商品的品質，認可品質與價格成正比的客觀事實。Audi在一九八〇年代遇到同樣的問題，它花了二十年才讓品牌的價格提高到應有的聲望水準。

定錨效應

當買家既沒有評估產品品質的知識或工具，又沒有這類產品的價格資訊時，他們會怎麼做？其中一個方法就是在網路上搜尋、閱讀測試報告或詢問朋友，來進行全面的研究，減少資訊落差。這種非常耗時的方法對於購買汽車這樣的重大交易是有必要的。但是當買家買得是價值低很多的東西，不值得投入這麼多精力來調查的時候會怎麼做呢？這時候買家會尋找一個參考點或者「錨點」（anchors）。

有一個古老的故事談到價格的定錨效應（anchor effect）。[7]在一九三〇年代，希德（Sid）和哈利（Harry）兩兄弟在紐約經營一家服裝店。希德負責銷售，哈利負責裁縫。每當希德發現有顧客喜歡某件衣服的時候，他就會裝作聽不懂。當客人詢問價格的時候，他就會高聲問在裁縫店後面的哈利。

「哈利，這件西裝多少錢？」

「那件精美的西裝嗎？四十二美元。」哈利大聲地回答。

希德假裝沒聽清楚。

「你說多少錢？」

「四十二美元！」哈利重複一遍。

這時希德會轉過來對顧客說這件西裝是二十二美元，然後顧客會毫不猶豫地掏出二十二美元放在櫃檯上，拎起西裝走出商店。這對兄弟成功的完成定錨價格計畫。

這個方法對昂貴商品同樣有效，特別是與溢價（premium）或聲望效應結合的時候。兩個年輕的建築工人在嘗試加入加州當地工會失敗後，決定建立自己的公司。他們沒有稱自己是水泥工人，而是稱「歐洲建築工匠、建材專家」（European bricklayer. Experts in marble and stones）。為了突出這個定位，其中一個人會在顧客的施工現場仔細測量，然後把結果給同事看。接下來他們會用德語爭論，直到顧客走過來問發生了什麼事。

「我不明白為什麼他會認為這個院子要花八千美元，」負責測量的人把顧客拉到一邊解釋說，「偷偷告訴你，我覺得花七千美元就可以建好。」在和顧客討論一下，又和同伴用德語爭論一下後，顧客最終同意七千美元的出價。

這兩個移民用這種方法建立一門穩定的生意，直到後來其中一個人換工作，那個在施工現場負責測量的澳洲年輕健身愛好者叫作阿諾史瓦辛格（Arnold Schwarzenegger）。[8]

各種來源的資訊最終都可能發揮定錨價格的作用，定錨的過程甚至不需要意識的參與。作為消費者和買家，我們常常在無意中就使用定錨價格。定錨價格不僅對普通消費者有效，專業人士也有效。在一個研究中，汽車專家被邀請評估一輛二手車的價值。有一個人碰巧站在車的旁邊，他在沒有任何提示的情況下評論這輛車的價值。當中立人士給出三千八百美元作為定錨價格以後，參與研究的汽車專家評估這輛車的價值是三千五百六十三美元。但是當中立人士給出兩千八百美元作為定錨價格以後，專家估這輛車的平均價值降至兩千五百二十美元。[9] 一個隨機者給出的隨意評價形成一個定錨價格，影響專家們對同一輛車的價格估計出現一千零四十三美元的價差。這兩個研究的平均定錨價格是三千三百美元，以這個價格為基準計算，價差高達三二%。許多研究也發現類似的定錨效應。研究人員做出結論：「定錨是一種根深蒂固的本能反應，難以避免。」[10]

中間價格的魔力

另一個有趣的定錨效應是「中間價格的魔力」（magic of the middle）。某個事物的價格和另一個價格的對比對消費者行為有很大的影響。價格同樣是十美元，可能會引發完全不一樣的行為反應，這取決於在產品組合裡是最高、最低還是中間價格。同樣地，在產品組合裡，替代產品的數量也會對顧客選擇產生很大的影響。

我家農場（一九五〇年代飼養毛豬的那個農場）的穀倉大門需要一個掛鎖。上一次什麼時候買掛鎖我已經不記得了，我也不知道一個掛鎖需要多少錢。因此我到五金行，發現很多不同的鎖，價格從四美元到十二美元都有。我應該怎麼選擇呢？一方面，我不需要一個安全性能很高的鎖，安全性很高意味著價格很貴；另一方面，我不相信便宜鎖的品質。因此我選擇價位中等的鎖，花了八美元。

這告訴我們什麼？當買家既不知道產品的價格區間，也沒有什麼特殊要求（例如，高品質，低價）時，他們會把注意力集中到中等價位的產品上。這對銷售者有什麼意義？很簡單，這意味著銷售者可以利用產品組合的價格區間引導顧客購買特定價格的商品，而不去關注其他商品。如果那家五金行的掛鎖價格從四美元至十六美元都有，我很可能會花十美元買一個新的鎖。這會給那家店多帶來二五%的營收，獲利也會隨之增加。

不點最貴的酒，也不點最便宜的酒

我們發現顧客在餐廳選擇酒的時候也有同樣的行為。在看完酒單後，大部分的顧客選擇中間價位的酒。只有很少的顧客會選擇最貴或最便宜的酒。中間價位有著神奇的吸引力。在點菜的時候也有類似的效應。假設一家餐廳的主菜價格在十至二十美元之間，那二〇％的需求會落在十八美元的主菜上。如果餐廳增加一份二十五美元的主菜，那麼選擇十八美元主菜的比例很可能會增加。類似地，如果餐廳在最便宜的主菜下面增加便宜的主菜，那麼之前最便宜的主菜銷量就會增加，即使很少有顧客在之前嘗過這道菜。道理很簡單。之前最便宜的主菜價格現在向中間價格靠攏了。[11]

買家對產品的客觀品質和價格組合資訊知道得愈少，「中間價格的魔力」作用就愈強。人們甚至認為這樣的購買行為是理性的，因為買家希望用有限的資訊做出最好的選擇。透過選擇中間價位的商品，買家同時降低買到低品質商品和花費過高的風險。然而，賣方不應該過分地利用這個效應，他們在設定特別高或特別低的價格時應該非常謹慎。一個特別高的價格可能會把那些不想花那麼多錢的顧客嚇跑，而一個特別低的價格則可能使顧客開始懷疑產品的品質，嚇跑消費者。

沒有人買的商品卻能創造獲利

價格的定錨效應告訴我們，在一系列產品中一件沒有人購買的商品還是有價值的。下面這個例子就說明這點。一位顧客走進一家行李箱店，打算買一個行李箱。女銷售員問他預算多少。

「大概是兩百美元吧。」顧客說。

「這個價格您可以買到不錯的行李箱。」女銷售員回答。

「但在仔細了解這個價格的行李箱以前，我先向您介紹我們最好的行李箱，好嗎？」女銷售員問，「我並不是要推銷更貴的行李箱，我只是希望讓您全面了解我們的產品。」

然後女銷售員拿出一款九百美元的行李箱。她強調在品質、設計和品牌上，這真的是最頂尖的產品。然後她回過頭來介紹顧客預期價位的產品，但同時讓顧客了解一些價格稍高，介於兩百五十至三百美元的產品。這個顧客會怎麼反應呢？他很可能會買一個兩百五十至三百美元的行李箱，而不是接近兩百美元的商品。九百美元的行李箱所創造的定錨效應讓買家願意支付更高的價格。即使這家店從來沒有賣出過九百美元的行李箱，但僅僅因為它能創造定錨效應，把它保留在產品目錄中都是明智的決定。

營造稀少性

提高銷量最高明的一個手段就是營造稀少性。給消費者限量供應的印象能更有效地促進消費。美國有家店做個測試，有組顧客看到金寶湯（Campbell's Soup）罐頭「每人限購十二罐」的牌子，另一組顧客則看到「購買數量沒有限制」的牌子。第一組顧客平均購買七罐，第二組顧客的購買數量只有第一組的一半。這裡不僅僅是定錨效應在起作用，儲藏效應（hoarding effect）也發生作用，這個牌子暗示正常的購買數量是十二罐。買家把這個牌子理解為一種產品即將缺貨的訊號。加油站或電影院外排著長長的隊伍也會引起類似的反應。在以前的社會經濟中，每天都有東西缺乏，到處都排著長長的隊伍，人們把能到手的東西全部買下來，沒有人知道明天會發生什麼事。

透過提供額外的選擇提升銷售

在西蒙顧和，我們多次發現引入額外的選擇可以明顯提高銷量，並將需求轉移到價格更高的產品上。這是行為訂價研究中最令人震驚的一項發現。[12]圖3-1是兩組不同產品選擇的研究結果。在A測試中，調查對象看到兩個選擇：一個是每月一歐元的活期帳戶，另一個是每月二・五歐元的活期帳戶與信用卡組合。[13]結果五九%的調查對象選擇

圖 3-1 銀行提供不同的產品組合，可以帶來更多營收

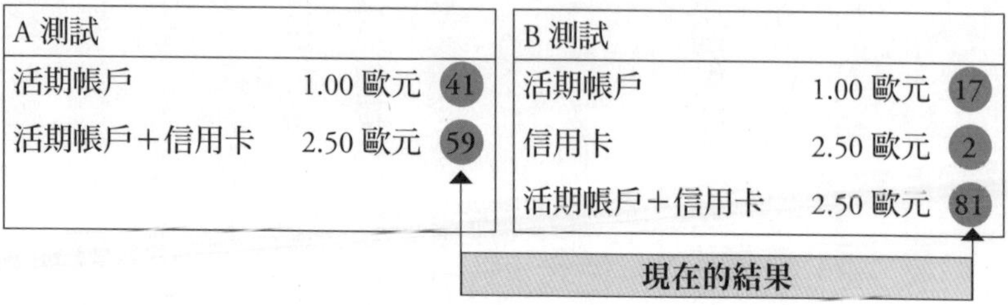

A 測試		
活期帳戶	1.00 歐元	41
活期帳戶＋信用卡	2.50 歐元	59

B 測試		
活期帳戶	1.00 歐元	17
信用卡	2.50 歐元	2
活期帳戶＋信用卡	2.50 歐元	81

現在的結果

活期帳戶與信用卡，四一％選擇活期帳戶。

在B測試中，信用卡是獨立的品項，價格和活期帳戶加上信用卡的組合一樣。結果只有二％的調查對象選擇信用卡這個獨立的品項，選擇組合套餐的人一下從五九％增加到八一％。在沒有加價的情況下，平均每月每個顧客貢獻的營收從一．八九歐元增加到二．四二歐元，增加二八％！唯一改變的只是提供的產品品項。銀行服務大量的顧客，如果圖3-1的銀行有一百萬個顧客，那麼一個月會多出五十三萬歐元的營收，等於一年增加六百三十六萬歐元，銀行憑空增加大筆的營收。

根據理性的古典經濟學，這個結果沒有任何意義。這個幾乎沒有人想要的額外產品使選擇組合套餐的調查對象大幅增加。怎樣解釋這個購買行為的改變呢？其中一個可能的解釋是「零的魔力」。將信用卡和組合套餐設定為相同價格，這意味著消費者不需要支付額外的費用就可以享受組合套餐帶來的附加價值。很多顧客無法拒絕這麼大的誘惑，因此他們選擇了組合套餐。定錨效應在這裡同樣發生作用。B測試中的三個選擇有兩個價格是二・五美元，這將整體的定錨價格提高，從而創造更高的消費意願。

接下來這個例子來自電信產業。[14]在第一個測試中，調查對象有兩個選項，一個是每月二十五美元的基本費用，另一個是六十美元。七八%的調查對象選擇便宜的方案，其他選擇更貴的方案。在這個測試中，客戶平均貢獻度（average revenue per user，ARPU）是三十二・八美元。在第二個測試中，調查對象有三個選項，分別二十五美元、五十美元和六十美元。最高和最低的價格不變，唯一的變化是加入五十美元的方案。你可以預期和銀行例子相似的選擇轉移發生了。與第一個測試中，七八%的調查對象選擇最便宜的方案相比，在第二個測試中，只有四四%的人選擇這個方案。大概有同樣多的人（四二%）轉而選擇五十美元的方案，剩下一四%的人選擇最貴的方案。客戶平均貢獻度提升至四十・五美元，比第一個測試多二三%，額外的營收大幅增加。怎麼解釋這個例子中選擇中間產品的現象呢？以下有四個假設：

- **不確定性**：顧客不能準確估算每個月的使用量，所以求助於「中間價格的魔力」。

- **品質期望：**顧客認為：「如果基本費用那麼低，服務可能沒那麼好」。
- **讓人放心／風險趨避：**「如果我最後打了很多電話，那麼便宜的基本費用外加高價的變動費用，整體成本會很高。」
- **經濟地位：**「我承擔得起。」

在現實中，這些動機並不會單獨出現，它們會互相作用。這兩個例子清楚地表明心理學效應極端重要，而且與訂價和產品組合高度相關。在無需增加任何成本的情況下，產品組合或價格結構的微小改變可以對營收和獲利帶來巨大的影響。

價格門檻和奇怪的價格

在訂價心理學裡，怎麼能不談談價格門檻和尾數九的訂價策略。價格門檻指的是會引發銷量明顯變化的價格點。你可以將價格門檻看作需求曲線上的一個轉折點。價格門檻效應通常發生在整數價位上，例如一美元、五美元、十美元或一百美元。這就是為什麼很多價格都設在這些門檻以下，通常以九當作尾數。

西蒙顧和的共同創辦人艾克哈德・顧和曾經調查過一萬八千零九十六件快速消費產品（fast-moving consumer goods）的價格，發現有四三・五%的價格以九結尾，[15]沒有一個以零結尾。另一個研究發現二五・九%的價格以九結尾。[16]在加油站，幾乎所有的價格都是以九結尾，但它們的價格會細到〇・一分，而不是一分。如果你加了每加侖三・五九九美元的油二十加侖，那要付七十一・九八美元。但如果價格是三・六美元，那你要付七十二美元，就這樣出現〇・〇二美元荒誕的細小差異。

關於奇怪價格的存在，最重要的論證是，由於顧客是從左向右閱讀，因此他們對數字的感受會按順序逐漸減弱。價格的第一個數字感受到影響最大，也就是說，九・九九美元給人的印象是九美元加上一點錢，而不是十美元。神經心理學家發現，數字愈右邊，對價格的感受愈小。根據這個假設，顧客低估整數後面數字的價格。

另一個假設認為，顧客傾向將以九結尾的價格聯想成促銷或特價。將價格由一美元降到〇・九九美元有時能夠引起銷量的大幅增加。這是因為這個價格看起來像特價，而不是因為價格下降了一%才讓銷量增加嗎？這個問題的因果關係仍然沒有定論。

價格門檻存在這個事實，或該說這個信念，導致到處都看得到不是以零為結尾的奇怪價格。當顧客愈來愈習慣於看到這些奇怪價格時，他們會對價格和漲價愈來愈敏

表 3-1　三個氣泡酒品牌的漲價效應

	夢香檳		酷富堡		約翰山堡	
	漲價前	漲價後	漲價前	漲價後	漲價前	漲價後
價格（歐元）	4.99	5.49	3.45	3.90	7.75	8.50
數量（以指數表示）	100	63.7	100	64	100	94
價格彈性	3.64		2.77		0.62	

感，這將破壞相似產品的價格門檻。正如表3-1所顯示的，夢香檳（Mumm）、酷富堡（Kupferberg）和約翰山堡（Fürst von Metternich）三個氣泡酒品牌的漲價對比，說明價格門檻效應的存在。[17]

夢香檳的價格超過五歐元，是唯一跨過價格門檻的品牌。從價格彈性的角度來看，夢香檳的需求下降幅度比酷富堡和約翰山堡大很多。價格彈性的定義是需求變動率除以價格變動率。[18]我們會在第5章和第6章深入探討這個概念。夢香檳的價格彈性為三．六四，遠高於酷富堡。這意味著夢香檳的價格提高一%會使需求量下降三．六四%。很難說需求量的下降有多少源自於價格門檻效應，又有多少是因為漲價後的正常效應。如果我們估算比例大概為五〇：五〇，那麼價格門檻的價格彈性則為一．八二。

儘管類似的例子常常出現，但是仍然缺乏有說服力的科學證據證明價格門檻效應普遍存在。哥倫比亞大學的伊萊．

金斯伯格（Eli Ginzberg）教授早在一九三六年就開始研究價格門檻效應。[19]在一九五一年，商業經濟學家喬爾・迪恩（Joel Dean）提出一家郵購公司系統地圍繞不同的門檻改變價格的經驗，「結果的變化讓人吃驚……將價格從二・九八調整到三美元有時候會大幅提升銷量，有時又會降低銷量。沒有明確的證據證明銷量會因為產品的價格訂在哪個具體的數字而有明顯的提升。」[20]在價格跨過門檻後，艾克哈德・顧和也沒有辦法單獨列出系統性的效應。[21]

在另外一個針對女裝的研究中，一家商店對同一件貨品測試三個不同價格：三十四美元、三十九美元和四十四美元。結果令人驚訝：銷售金額最高的是三十九美元；三十四美元和四十四美元的銷售金額都少了二〇%。[22]正如前面提到的，這說明以九為尾數的價格是一個特別受歡迎的價格。這些難以解釋清楚的現象都支持經濟學家克萊夫・格蘭傑（Clive Granger，二〇〇三年諾貝爾獎得主）和安德烈・賈伯教授（Andre Gabor）在一九六四年提出的假設：因為行銷實務的主導，使人相信有價格門檻效應。[23]換句話說，這一定很有效，因為很多人都這樣做。

價格門檻無論是真的，還是只是理論，都會在通貨膨脹出現的時候引發問題。有些時候，企業需要跨過一道價格門檻，這可能會帶來銷量大幅下滑。另一種迴避漲價的方法是改變包裝的大小，以此維持在價格門檻有利的一邊，這種方法有時確實會引發問題。這個原理是，只要價格不變，如果新包裝和以前的包裝相比只少了一點，普通消費者並不會察覺。這種方法在二〇〇八年金融危機的時候引起騷動。吉比（Skippy）花生醬的製造商引進一種底部有凹口的新包裝，這個舉動引起美國人關注。從外觀上，消費者看不出貨架上的商品有任何變化，但瓶子裡的花生醬少了。[24]在二〇〇九年，哈根達斯（Häagen-Dazs）將標準的冰淇淋盒由十六盎司（約四百五十四克）減少到十四盎司（約三百九十七克），但仍然稱容量為「一品脫」。這種做法促使主要的競爭對手 Ben & Jerry's 發表聲明：

> 我們的競爭對手（它有一個很滑稽的歐洲名字）最近公布，為了因應原料及生產成本的增加，改善獲利，把一品脫的容量由十六盎司減少為十四盎司。我們理解在今天艱難的經濟形勢下經營變得非常困難。我們也理解許多人有同樣的感受，並且認為應該享有完整的一品脫冰淇淋。[25]

如某些現代經濟學與心理學研究的文章所示，價格門檻效應同樣會導致機會錯失。

有研究顯示，如果沒有證據證明價格門檻存在，那麼堅持以九為尾數的價格可能引起巨額的獲利損失。[26]其他研究者認為，對價格門檻的錯誤理解可能導致負面後果。[27]中間商（零售商、經銷商、批發商）的獲利往往只有一％。假定需求量沒有變化，那麼將價格從〇．九九美元全面提升至一美元將會讓獲利翻倍。[28]即使需求量大幅下降（比如一〇％），價格的提升還是會對獲利有正面影響。我的調查結果顯示，將價格定為九．九美元或九．九五美元沒有意義。如果想低於價格門檻，那麼把價格訂在愈接近價格門檻愈好，在這個例子是九．九九美元。

展望理論

邊際效用遞減定律（the law of declining marginal utility）在一八五四年首次被推導出來，後來成為廣為人知的經濟學原理，它顯示消費者的邊際效用隨著商品增加而遞減。然而，這個理論對於正負邊際效用之間沒有區隔。康納曼和特沃斯基提出正負邊際效用可能是不對稱的。圖3-2顯示這個基本概念，他們稱為「展望理論」。在第一象限，我們看到效用曲線的正向部分，這和一八五四年提出的傳統定律相符。效用穩定

圖 3-2　康納曼和特沃斯基的展望理論

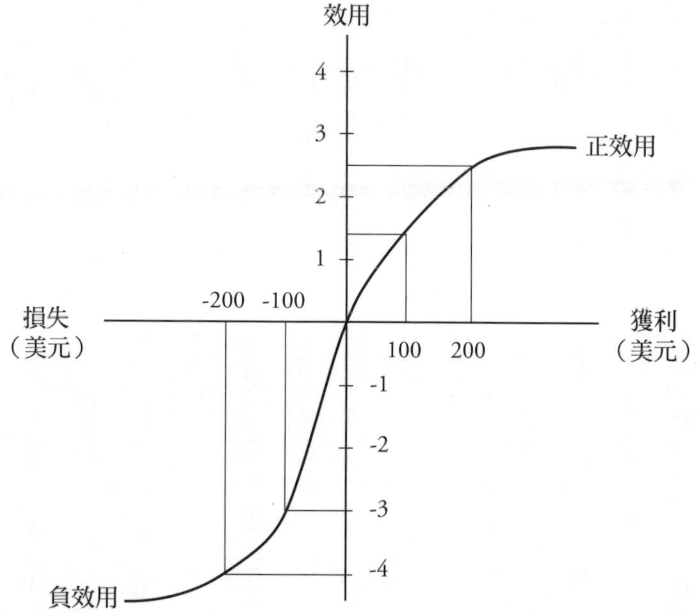

地增加，但增加幅度遞減。也就是說，你贏取或賺到的第一個一百美元的效用比你後增加的一百美元的效用要大。

展望理論把（來自獲利的）正邊際效用和（來自損失的）負邊際效用做出區隔。也許用「邊際損害」（marginal harm）來形容負邊際效用更為合適。邊際損害的曲線出現在第三象限。與獲利的圖形類似，隨著整體損失量的增加，邊際損害變得愈來愈小。這並不奇怪。展望理論真正有突破性的資訊是：同樣數量的絕對獲利或損失，損失所帶來的負效用必然大於獲利帶來相應的正效用。換句話說，我們從損失中感受到的痛苦大於從獲利中感受到的快樂，即使損失和獲利相同。這在應用到真實生活時帶來一些令人驚訝的結果。其中一個結果是：展望理論顯示，對一個人來說，他關注的不僅僅是淨效用，還包括這個淨效用的來源。

怎樣用最簡單的方式來解釋這個現象呢？想像一個人簽樂透。主辦人打電話通知他剛中了一百萬。一個小時之後，主辦人回電說：「抱歉，今晚的結果無效，你沒有中獎。」突然間，這位「得獎者」經歷巨大的損失。他原以為的獲利被拿走了。從結果來看，什麼都沒有改變。在第一個電話之前，他不是百萬富翁，在第二個電話之後，他也不是百萬富翁。但我們可以確定在整個過程中得到的淨效用是非常負面的，需要幾天、甚至幾周的時間來平復這份失落。

展望理論與價格的關係

展望理論和價格有什麼關係呢？儘管「訂價」這個詞在康納曼的重要著作中只出現了兩次，但展望理論對訂價至關重要。付費會產生負效用，對個人來說是一種犧牲、一筆損失。相反，購買商品或享受服務代表一種獲利，會產生正效用。獲利和損失所產生的效用不對稱性會引起一些異常的效應，其中一個廣為人知的就是稟賦效應（endowment effect），你可以在康納曼和學生一起進行的實驗中了解這個效應。在實驗中，一組學生收到刻著校徽的杯子，每個價值約六美元；另一組學生什麼也沒收到，但他們可以從另一組學生那裡買杯子。你猜這些潛在的買方和賣方會怎麼做？

杯子的平均開價是七．一二美元，打算購買杯子的同學平均出價二．八七美元，兩者的差異很大。由於學生隨機分配到這兩組，所以可以推測每組都有同樣的價格預期。古典經濟學無法解釋這兩個價格之間的巨大差異，但展望理論可以。放棄我們已經擁有的東西所帶來的負效用，比得到一個我們想要買的商品所帶來的正效用要大得多，我們都不願意失去已經擁有的東西。

要搭商務艙還是經濟艙？

展望理論同樣可以解釋偶爾發生的奇怪行為。二〇一一年十月二十七日，我計畫從廣州飛回法蘭克福。當我來到漢莎航空的商務櫃檯辦理登機手續時，代理告訴我商務艙超賣，問我是否願意「降級」到經濟艙，並補償給我五百歐元，我說不要，然後他馬上把補償提高到一千五百歐元。這讓我思考，我身高一百九十五公分，我非常不樂意擠進長途航班的經濟艙，同時還要放棄能在商務艙完成很多工作的機會，但我必須承認，花十二小時賺一千五百歐元是相當不錯的報酬。類似的事情早些年在波士頓也發生過，當時我從商務艙改為經濟艙的補償是一千美元。

「這對於一趟六個半小時的航班來說是個不錯的條件。」我和太太談論，她和我搭同班飛機，但是她更為理性看待這個情況，她的反應也更為恰當。

「你正是為了坐商務艙，所以在買機票的時候願意多掏錢，」她說，「為什麼你不一開始就訂經濟艙，省下那一千美元呢？」當然，她是對的。最開始預訂航班的時候，我沒有想過要預訂這趟紅眼航班的經濟艙。為什麼突然之間我願意接受把艙位降至經濟艙的條件呢？展望理論的解釋似乎比較合理：最初我透過信用卡預定航班所產生的負效用比漢莎航空代理提供給我的現金賠償所產生的正效用來得更少。

免費還是付費的差異

展望理論同樣能夠解釋另外一種現象。假設你收到一張露天音樂會的門票，到了演唱會那天下雨了。如果你是花錢買票，那麼無論天氣如何，與別人贈送門票相比，你前往觀看演唱會的機率會更高。這兩種情形都和「沉沒成本」（sunk costs）相關。錢已經花了，無論天氣如何，你都要參加演唱會。但如果是花錢買門票，那麼要「賺回」票價的想法會更加強烈。在展望理論的原理中，當你為了得到這張門票付出一些東西時，負效用會更大。

付現金更好

現在你幾乎可以在任何地方用信用卡消費，這很方便和快速，而且不需要隨身攜帶現金。然而，仍然有些人喜歡付現。為什麼人們會這樣做呢？經濟學家之前認為是交易成本的差異決定人們使用的付款形式，但是透過現金支付還有另一個被證明對消費者有利的特性。展望理論告訴我們，對我們來說，透過現金支付比透過信用卡支付更為困難，因為現金支付帶來的負效用更強烈。如果你想控制開銷，抵擋購物的誘惑，那麼盡可能用現金支付更能達到目的。

兩位經濟學家發現另一個效應。在對兩萬五千五百個人的交易調查中發現，希望大概了解開銷的人傾向於不使用信用卡。他們描述這是現金的「提醒效應」（reminder effect）。[29]當你打開錢包或皮夾時，馬上會看到自己花了多少錢，還剩下多少錢。對於經濟條件有限的人們，特別建議使用現金支付來控制開銷。研究者發現，人們確實是這樣做的：他們有三分之二的交易透過現金支付。研究者明確建議深陷債務或希望控制生活預算的人：經常使用現金！

信用卡的誘惑

有很多原因導致使用信用卡充滿誘惑。這可以讓我們在帳單寄來前幾周消費，也就是說，使用信用卡是一種晚點讓錢離開的方法。我們不會那麼強烈地「感覺」到正在付錢，因為不需要伸手到錢包裡，把真實的錢給收銀員，然後看著他們把它拿走，我們需要做的只是簽個名或輸入交易密碼。因此使用信用卡的時候，負效用會更少。

當我們每個月收到帳單，看到長長的交易明細時，每個單獨交易的負效應都被淡化了，這同樣讓人們沒那麼心痛。有些卡透過提供正效用（例如地位）來進一步抵銷負效用，這很重要。比如在飯店登記入住時，或者在其他地方付款時，把這張卡露出來給其他人看到。美國運通有一種 Centurion 頂級卡，通常稱為「黑卡」。只有極少數的富豪能夠擁有這種卡，同時需要繳交巨額的年費。為了更好地服務這些持卡人，美國運通開設 Centurion 候機室，提供「免費的設施使他們與眾不同」。位於達拉斯／沃斯堡國際機場（Dallas-Fort-Worth airport）的候機室包含一個spa，提供達拉斯的麗思卡爾頓飯店主廚製作的自助餐，以及一個全尺寸、頂級的淋浴房。[30]

消費者還可以利用信用卡獲得些微折扣。在一些零售商店，當你「威脅」說要用信用卡付款時，你可以獲取某些彈性，當你拿到折扣後同意用現金付款。零售商通常更喜歡現金，因為他們可以馬上收到錢，同時不用付出交易手續費。

「現金回饋」和其他荒謬的做法

展望理論同樣可以解釋一些從古典經濟學角度看似乎荒謬的價格結構。「現金回饋」在汽車交易中是常用的銷售手法：你買一輛三萬美元的車，然後獲得兩千美元的現金回饋。這有什麼作用呢？展望理論告訴我們答案。支付三萬美元產生巨大的負效用，透過獲得一輛新車的正效用得到抵銷。除此之外，兩千美元的現金收入又帶來額外的正效用。與直接以兩萬八千美元購買車輛相比，這樣的組合顯然讓很多買家感受到更高的淨效用。如果代理商接受以支票、轉帳或者信用卡支付，那麼正效用會更大。這些支付方式是無形的，而「現金回饋」得到的是有形的貨幣。另外，對一些負債累累的消費者而言，這些現金也許是他們直接接觸到真實貨幣的難得機會。在展望理論的解釋下，這種獲取現金的途徑有助於使「現金回饋」成為有效的策略。

很多打折策略使用相似的思路。年長的讀者也許還記得蒐集過S&H綠色集點貼紙（S&H Green Stamp）。這個理念在很多國家受到歡迎，我曾經在童年時有過類似的經歷。小時候我們蒐集集點貼紙，並貼到集郵簿中。每購買一美元的東西，就會收到三張集點貼紙，一張價值一便士，這意味著三%的折扣。把集郵簿貼滿一百五十張集點貼紙，我們就可以換回一．五美元。當零售商或商店老闆可以直接給三%折扣的時候，為什麼要操作發出和回收集點貼紙這麼繁複的手續呢？因為回收集點貼紙創造非常高的正效用，尤其是對小孩子。如果店主給了三%的折扣，只會產生一點正效用來抵銷在櫃檯支付現金的負效用，但回收集點貼紙讓我們感覺到更大的獲利。同時，蒐集集點貼紙的快樂也算是一種積極的回報，尤其是對於小孩子而言。當孩子和父母為了獲得更多集點貼紙而買得更多的時候，商店也從這種忠誠效應中獲利。

月亮價格

在日常生活當中，我們經常會碰到一些價目表上從來沒有人付過的價格，我們稱為月亮價格（moon price）。賣家提供一個價格一百美元、折扣為二五%的商品，和簡單地開價七十五美元，哪個比較好呢？古典經濟學無法回答這個問題，因為它只關注最後的結果：顧客最終付了七十五美元。

但展望理論有解答，這個折扣給人們提供一個額外的正效用。這意味著，看到一百美元的價格，然後獲得二五％的折扣，比支付七十五美元所獲得的淨效用更大。這種手段在汽車銷售商尤為常用。他們有價目表，但很少會按上面的價格出售汽車。那麼為什麼月亮價格有效呢？有兩個答案。第一，高價格可以提供價格差異化的機會，並不是所有的買家都享受同樣的折扣。銷售員的其中一個角色就是在不失去顧客的前提下，提供盡可能少的折扣。第二個答案來自展望理論。上一次我買車的時候，就親身經歷過類似的情形。一開始我對新車非常滿意（正效用），但我同時透過談判爭取到非常大的折扣，這讓我從交易當中感受到更大的淨利。沒有人會否認，一次成功的價格談判得來的折扣，即使只是減少一點金額，都會喚起類似的正面情緒。大多數人都或多或少有過類似的經歷。

訂閱雜誌也是類似的情況。只有我們更新訂單，雜誌才會繼續被訂閱。當訂閱期即將屆滿的時候，強行推銷就開始了。當打開郵筒或點擊電子郵件的時候，他們會收到一封和下面類似的郵件，這種郵件我也收到過：「只要您續訂，每期只要〇．八一美元，您可以享受高達八二%的折扣。」誰能夠抗拒八二%的折扣？而且除了這個很大的折扣以外，出版商還提供一個「神祕禮物」或「寶貴的商業工具」，或對電子版「不受限的閱讀權利」。這種報價的弊端在於，久而久之，這個誇大的標價會失去信用。當這種情況發生的時候，就不再適合當成定錨價格。

價格結構

展望理論為設計價格結構提供具體的指導，其中一個需要解決的問題是價格的衡量方式，這是銷售者用來表示價格的單位。讓我們來看汽車保險的例子。車險是以年保費計價，例如一年六百美元。如果以每季甚至每月來計算，是不是更明智？這樣的話，顧客看到的數字很小，每一季一百五十美元或者每個月五十美元，而且可能會營造一個更加誘人的價格印象。[31]

然而，當顧客真正付保費，讓他一次付六百美元比分十二個月、每期付五十美元更合理。當你按月付款時，一年會「傷害自己」十二次，累計的負效用會比一次性付款更大。另一方面，現金獎勵或分期付款會更好，因為它們每次都會帶來正向的情緒。展望理論認為，與一次給一千兩百美元的獎金相比，一年分十二個月，每個月提供一百美元會帶來更多的正效用。然而，我推測，在這種情形中，我們需要對小額支付特別謹慎，因為展望理論指出的效應會減少。一次還十美元，也許會比分十次，每次還一美元的效果更好。一份報紙如果一次收到一年的訂閱費（比如三百六十美元），會比分十二次，每次收到三十美元更為合理，每一次付款都需要處理的手續。

同樣，在這裡我們要避免把這個原則當成通則，我們不應該急著判斷在一個情境中適用的方法是否適用於其他情境，有一個研究探討健身房要求一次性付年費還是按十二個月分期付款更好？[32]展望理論會假定一次性付款更好，因為顧客只會感受到一次「傷害」。一次性付款對健身房同樣有兩個好處：馬上可以收到款項和更低的交易手續費。但健身房是個特殊的例子，這個研究發現其他效應。完成付款後，顧客希望年費「回本」，開始定期前往健身房。儘管如此，他們前往健身房的頻率開始慢慢減少，漸漸地，最近的消費成了過去。透過鼓勵每月付款，健身房恢復顧客們想要「回本」的熱情。隨著時間的過去，顧客們使用的頻率依然很高，更重要的是，對於健身房而言，續費的比例也非常高。因此，對健身房的建議非常明確，那就是鼓勵每月付款，與展望理論的結論相反。

心理帳戶

芝加哥大學教授理查・塞勒（Richard Thaler）提出心理帳戶理論（the theory of mental accounting），認為消費者將交易分配到不同的心理帳戶中。他們花錢的心情是很輕鬆、還是很謹慎，取決於用的是哪個帳戶的錢。[33]這些帳戶也許是根據不同的標準或需求設定，比如食物、度假、愛好、汽車或送禮。這樣的分類幫助消費者制訂預算、計畫和監控開銷。每個帳戶受到不同消費行為和價格敏感度的影響。根據展望理論，每個帳戶都有獨立的負效用曲線。

我也將我對汽車和其他商品的花費明顯地分配在不同的帳戶，每個帳戶都有各自的價格敏感度和限制。有一次我打算購買新辦公椅的時候，在選定喜歡的款式之前，我四處尋找並仔細比價。大約同個時間我也選購新車，我花了幾乎是辦公椅三倍的價格來買一張特別舒適的汽車座椅，連眼睛都不眨一下。因為可能除了飛機以外，我坐在辦公室和汽車裡的時間比其他地方都要多。但我買它們的時候，我的行為和心理帳戶非常不同。

康納曼和特沃斯基有個著名的實驗，顯示錯誤心理帳戶所帶來的荒誕效果。參與者沒有區隔哪些成本和他們的決定相關，哪些不相關（比如沉沒成本）。假設一張電影票需要十美元。參與者被分為兩組。第一組參與者被告知他們正站在電影院門口，門票遺失了；第二組參與者被告知他們需要到售票窗口購買門票，而且他們剛剛遺失了十美元。

遺失門票的那組成員有五四%決定購買一張新的門票，遺失十美元的那組成員有八八%的人決定購買門票。心理帳戶理論幫助解釋這當中的差異。遺失門票的人將遺失的門票和新門票的價格都登記在「看電影」的帳戶裡，他們的心理價格為二十美元。對於四六%的參與者來說，這個成本太高了。然而，遺失十美元的人把損失登記在「現金」帳戶。由於他們對電影票的心理價格沒有受到影響，仍然維持在十美元，因此大部分的人決定購買十美元的電影票。也就是說，參與者將獲利和損失分配在不同的心理帳戶中。損失趨避（loss aversion）是很強的人類特徵，這是指避免損失和推遲損失的需求，它有助於解釋為什麼那麼多人在股價下跌的時候，總是等待過長時間才願意離場。[34]

腦神經訂價

腦神經訂價（neuro-pricing）領域的新研究建立在行為訂價的基礎上，透過測量對價格刺激物的生理反應，使用類似核磁共振（MRI）等現代科技，進一步擴展行為訂價理論。

「對價格的感受和對其他刺激物的感受並沒有什麼不同。」一位研究人員說。[35]這個簡單的啟示意味著價格感受觸發大腦的反應，而現在科學家們對這些反應的精確測量達到前所未有的程度。在訂價的研究中，重要的情感是信任、價值和渴求。研究人員跟蹤這些情感變化，希望能夠找到行銷活動成功的原因。到目前為止，腦神經訂價研究最為有趣的發現是，價格資訊刺激大腦的疼痛中樞。這並不意外，將價格和快樂聯繫起來恐怕很罕見。

腦神經訂價是行為研究的一種形式，它能發現有效的資訊來補充現有的知識體系。核磁共振和其他掃瞄工具能讓研究者客觀測量影響消費者決定的下意識過程，無需勸誘參與者提供口頭或書面的答案。這樣做的目的是更好地了解這些下意識的思維過程，給銷售者提供影響他們的新方法。「我知道你在想什麼，你的想法是對的」，這種研究有道德敏感的爭議。但這只是腦神經訂價的一個問題，研究結果的有效性同樣是個問題。這種方法的問題從一開始的抽樣環節就存在。這類調查的抽樣遵循古典市場研究的原理。然而，很多潛在的參與者都不願意為了行銷的目的，將大腦貢獻給生理學研究。就我而言，我是拒絕的。腦神經行銷研究要求參與者來到一個特殊的實驗室，這樣會讓結果的代表性更有限。由於這些因素，這些研究的結果在多大程度上能反映出現實生活的情形？它們能很好地類推至更多的人身上嗎？這些問題仍有爭議。

到目前為止，這項研究所得到的發現和認識相對較少，人們難以從中獲得實用的價格建議。腦神經訂價的研究者穆勒（Kai-markus Müller）曾報告針對星巴克咖啡的一份大腦研究。他總結：「……人們購買星巴克咖啡的意願遠比公司設想的高……星巴克正讓數百萬獲利從指間溜走，因為它並沒有考慮顧客的購買意願。」[36] 即使大概知道星巴克的人都知道它的價格已經非常高了。我十分尊敬穆勒先生，但恕我直言，我不認為他的發現是有效的。

但是，大腦研究為價格的呈現和宣傳提供一些實用的見解。呈現價格的標準方式，比如$16.7，會引起大腦疼痛中樞的顯著反應。而只讓受訪者看到16.7，而沒有看到「$」時，受訪者的反應變弱。很明顯，大腦沒有馬上辨識出這個數字是一個價格。如果是一個整數，比如17，疼痛中樞的刺激反應甚至會更弱。

這種價格傳達的方式在餐廳中愈來愈常見，以單純的數字來標價是真正能帶給顧客最少痛苦、最小負效用的表達形式，在這個例子裡就是「17」。菜單和價目單是否會逐步用這種形式呈現仍然有待觀察。

這項研究同樣挖掘顏色所產生的影響，例如，紅色的標籤表示正在特價。正如前面指出的，與信用卡支付相比，現金支付會讓大腦的疼痛中樞刺激加大。行銷人員應該避免在廣告中使用貨幣符號，除非推廣的商品能夠提升顧客的個人形象或地位。

大腦研究在行銷和訂價中的應用仍處於起步階段，這個領域的很多主張仍有問題，但學者仍在學習，我們可以預期在適當的時候會看到一些進展和新發現。然而大腦研究的發現將會給訂價帶來怎樣實用而持續的影響，現在推斷還太早。

謹慎看待訂價研究

行為經濟學和腦神經經濟學的研究有令人驚訝和可喜的結果，讓人興奮。這些領域的研究已經改變我們對經濟學的理解，而且這些改變會一直持續下去。這個全新的方法能夠解釋古典經濟學無法解釋的許多現象。

儘管如此，我仍然要提醒你，對於本章強調的理論和見解，你應該非常謹慎地解釋和應用。我相信大部分的交易仍然遵循經濟學的基本原理。的確，在某些情況下，高價會帶來高銷量，但這仍然只是個例外，並非定律，這也許有五%的例子適用。然而更讓人擔心的是試著廣泛運用這個發現。什麼時候一年付一次款比較好，什麼時候分四期或十二期付款比較好？這沒有固定的解答，也沒有一套明確的回答指引。聖母大學（University of Notre Dame）的經濟歷史學家和哲學家菲利普·米勞斯基（Philip Mirowski）的觀點是正確的。他說，行為經濟學也許正在「破壞理性行為的基礎，但卻沒有什麼特殊的建樹」。[37]行為經濟學還沒有提供一個完整、統一的理論。

支持行為經濟學的測試結果開始面臨愈來愈多的批評。大部分發現來自實驗室，讓人懷疑這些發現有多大程度能應用在實際生活。有些刺激因子的呈現形式會引導參與者給出某個特定的答案。一位商業書作者得出結論：「行為經濟學的理論和實證研究應該警告大家把『人類是理性的』（rational human）的概念完全丟棄。」[38]人類並不像古典經濟學家聲稱的那麼理性，也沒有一些行為經濟學家所認為的那麼不理性。這對於訂價來說意味著什麼？這意味著你應該把兩種研究傳統都當作參考，而且謹慎行事。

註釋

1. 司馬賀跟我沒有親戚關係。
2. Daniel Kahneman and Amos Tversky, *Prospect Theory: An Analysis of Decision under Risk*, Econometrica, 1979, S. 263-291.
3. 特維斯基當時已經去世。
4. Kai-Markus Müller, *NeuroPricing*, Freiburg: Haufe-Lexware 2012.
5. Dan Ariely, *Predictably Irrational*, New York: Harper Perennial Edition 2010.
6. Baba Shiv, Ziv Carmon and Dan Ariely, "Placebo Effects of Marketing Actions: Consumer May Get What They Pay For", *Journal of Marketing Research*, November 2005, pp. 383-393, here p. 391.
7. Robert B. Cialdini, *Influence: Science and Practice*, New York: Harper Collins 1993.
8. Arnold Schwarzenegger, *Total Recall: My Unbelievably True Life Story* New York: Simon & Schuster 2013, p. 119.
9. Thomas Mussweiler, Fritz Strack and Tim Pfeiffer, "Overcoming the inevitable anchoring effect: Considering the opposite compensates for selective accessibility", *Personality and Social Psychology Bulletin*, 2000, pp.1142-1150.
10. 同上, p.1143.
11. Joel Huber and Christopher Puto, "Market Boundaries and Product Choice: Illustrating Attraction and Substitution Effects", *Journal of Consumer Research* 1983, No. 10, pp. 31-44.
12. Trevisan, Enrico, *The Irrational Consumer: Applying Behavioural Economics to Your Business Strategy*, Farnham Surrey (UK): Gower Publishing 2013.

13. Enrico Trevisan, “The Impact of Behavioral Pricing,” Bonn: Presentation at the Simon-Kucher University, August 14, 2012.
14. 西蒙顧和二〇一一年開始的計畫，由菲利普・比爾曼（Dr. Philip Biermann）教授主導。
15. Eckhard Kucher, *Scannerdaten und Preissensitivität bei Konsumgütern*, Wiesbaden: Gabler-Verlag 1985.
16. Hermann Diller and G. Brambach, “Die Entwicklung der Preise und Preisfiguren nach der Euro-Einführung im Konsumgüter-Einzelhandel”, in: *Handel im Fokus: Mitteilungen des Instituts für Handelsforschung an der Universität zu Köln*, 54. Jg., Nr. 2, S. 228-238.
17. “Rotkäppchen-Mumm steigert Absatz”, *LZnet*, April 26, 2005; “Rotkäppchen will nach Rekordjahr Preise erhöhen; Jeder dritte Sekt stammt aus dem ostdeutschen Konzern; Neuer Rosé; Mumm verliert weiter”, *Frankfurter Allgemeine Zeitung*, April 26, 2006, p. 23; and “Sekt löst Turbulenzen aus”, *LZnet*, November 29, 2007.
18. 價格彈性通常是負數，因為在正常情況下，價格下降時，數量會上升，反之亦然。為了簡化，我們通常會去掉負號，只保留絕對值。
19. Eli Ginzberg, “Customary Prices” *American Economic Review*, 1936, Nr. 2, S. 296.
20. Joel Dean, *Managerial Economics*, Englewood Cliffs (New Jersey): Prentice Hall 1951, S. 490 f.
21. Eckhard Kucher, *Scannerdaten und Preissensitivität bei Konsumgütern*, Wiesbaden: Gabler 1985, S. 40.
22. Eric T. Anderson and Duncan I. Simester, “Effects of $9 Price Endings on Retail Sales, Evidence from Field Experiments”, *Quantitative Marketing and Economics* 2003, Nr. 1, S. 93-110.
23. André Gabor and Clive William John Granger, “Price Sensitivity of the Consumer”, *Journal of Advertising Research*, 1964, Nr. 4, S. 40-44.

24. Jerry Hirsch, "Objects in Store Are Smaller Than They Appear", *Los Angeles Times*, November 9, 2008.
25. "Ben and Jerry's Calls Out Haagen-Dazs on Shrinkage", *Advertising Age*, March 9, 2009.
26. Hermann Diller and Andreas Brielmaier, "Die Wirkung gebrochener und runder Preise: Ergebnisse eines Feldexperiments im Drogeriewarensektor", *Schmalenbachs Zeitschrift für betriebswirtschaftliche Forschung*, 1996, July/August, pp. 695-710.
27. Karen Gedenk and Henrik Sattler, "Preisschwellen und Deckungsbeitrag – Verschenkt der Handel große Potentiale?", *Schmalenbachs Zeitschrift für betriebswirtschaftliche Forschung*, 1999, Januar, pp. 33-59.
28. Lothar Müller-Hagedorn and Ralf Wierich, "Preisschwellen bei auf 9-endenden Preisen? Eine Analyse des Preisgünstigkeitsurteils", Arbeitspapier Nr. 15, Köln: Universtität zu Köln, Seminar für Allgemeine Betriebswirtschaftslehre, Handel und Distribution 2005, p. 5.
29. Ulf von Kalckreuth, Tobias Schmidt and Helmut Stix, "Using Cash to Monitor Liquidity-Implications for Payments, Currency Demand and Withdrawal Behavior", Discussion Paper Nr. 22/2011, Frankfurt: Deutsche Bundesbank, October 2011.
30. Scott McCartney, "The Airport Lounge Arms Race", *The Wall Street Journal*, March 5, 2014.
31. Dirk Schmidt-Gallas and Lasma Orlovska, "Pricing Psychology: Findings from the Insurance Industry", *The Journal of Professional Pricing*, 2012, No. 4, pp. 10-14.
32. John T. Gourville and Dilik Soman, "Payment Depreciation: The Behavioral Effects of Temporally Separating Payments from Consumption", *Journal of Consumer Research* 1998, No. 2, pp. 160-174.
33. Richard H. Thaler, "Mental Accounting Matters", *Journal of Behavioral Decision Making*, 1999, Nr. 3, p. 119, and Richard H. Thaler, *Quasi-Rational Economics*, New York: Russell Sage 1994; see also Richard H. Thaler

and Cass R. Sunstein, *Nudge: Improving Decisions about Health, Wealth and Happiness*, London: Penguin 2009.

34. Amos Tversky and Daniel Kahneman, "The Framing of Decisions and the Psychology of Choice", *Science*, Vol. 211, 4481, pp. 453-458.
35. Kai-Markus Müller, *NeuroPricing*, Freiburg: Haufe-Lexware 2012.
36. 同上。
37. "Die Ökonomen haben ihre Erzählung widerrufen", *Frankfurter Allgemeine Zeitung*, February 16, 2013, p. 40.
38. Hanno Beck, "Der Mensch ist kein kognitiver Versager", *Frankfurter Allgemeine Zeitung*, February 11, 2013, p. 18.

4
採取高價策略好，還是低價策略好？

高價和低價，哪個能創造更多獲利，幫助企業存活下來呢？你應該避免成為俄國諺語裡開價太高和開價太低的傻瓜，這兩種傻瓜都沒必要犧牲利益。話雖如此，問題仍然存在：對於企業來說，最適價格（optimal price）在哪裡？企業應該對價格定位有清楚的認知。事實上，無論是選擇以高價定位還是低價定位，都是企業最根本的戰略決策。通常這是由企業創辦人決定。我們會在這一章裡讀到，出於多種原因，一家企業之後要改變定位的機會很有限。

價格定位的選擇影響企業整體的商業模式、產品品質、品牌定位和企業的創新行為，還決定企業的市場區隔，以及透過哪些管道贏得市場。

成功的低價策略

低價定位或高價定位都能取得商業上的成功，然而，這兩個定位的成功因素大不相同。讓我們從最讓人驚訝的選擇說起，先談低價定位的驚人成功故事。

阿爾迪

這家擁有 Trader Joe's 超市的廉價連鎖超市是世界上最成功的零售商之一，近年來不斷在國際上擴張版圖。到二〇一四年年底，阿爾迪（Aldi）在全世界經營超過一萬零五百家超市，包括美國三十二個州的一千三百家超市，而且計畫到二〇一八年將美國的超市數量擴增五〇%。[1]

Trader Joe's 擊敗全食超市（Whole Foods）等高檔食品雜貨零售商，而且受到粉絲的狂熱推崇，阿爾迪的核心戰略其實很簡單：以非常有競爭力的價格供應品質不錯的商品。它的商品幾乎全是自有品牌，與市場上受歡迎品牌相比，價格低了二〇%至四〇%。儘管這樣，阿爾迪還是比其他高價定位的食品雜貨零售商有更高的獲利。為什麼會這樣呢？有三個理由解釋為什麼阿爾迪的銷售獲利是其他傳統超市的兩倍之上：高效率、低成本和資金管理。[2]阿爾迪的坪效比普通超市高出三〇．三%。僅人力成本就節省相當於銷售金額八．二%的錢。阿爾迪在包裝的每一面都印上條碼，這樣收銀員在掃描時就不需要尋找條碼。阿爾迪也在採購上省下成本，因為採購量很大，加上運用談判技巧，所以能從供應商那裡取得有利的價格。

阿爾迪的存貨周轉比傳統超市快幾乎三倍。換句話說，產品在倉庫和貨架上的時間短很多。阿爾迪可以很快得到資金，但晚很多才付款給供應商，所以可以投資所謂的浮存金（float，編註：這是巴菲特的用語，指的是先預收的錢，這些錢因為不用馬上付出去，所以可以用來投資），賺取短期利息。

在這些因素的考量下，阿爾迪採取極具侵略性的低價策略，持續贏得比其他同業更高的獲利。最近的數據顯示，南阿爾迪（Aldi Sud，阿爾迪經營的兩大超市品牌之一）的稅前獲利是銷售額的五%，稅後獲利是三．七%。而它的同伴北阿爾迪（Aldi Nord）的獲利數字分別是三．五%和三．〇%。[3]阿爾迪的獲利讓兩位創辦人成為超級富翁，幾年後，卡爾．阿爾布雷希特（Karl Albrecht）和弟弟西奧．阿爾布雷希特（Theo Albrecht）名列世界上最有錢的人，他們與其後代子孫的財富估計超過四百四十億美元。

IKEA

這家瑞士企業是世界上最成功的零售商之一。二〇一一年，IKEA把原本就低廉的產品價格再降二．六%。二〇一三年，它「繼續下調部分暢銷產品的價格」，[4]並把整體的產品價格下降〇．二%。[5]儘管持續進行降價的策略，IKEA在二〇一三年的總營收依然成長三．一%，達到三百六十二億美元，淨利同樣上升三．一%，達四十二億美元。這相當於一一．六%的銷貨報酬率（Return on sales），對零售商來說，這是非常高的數字。一位分析師評論說：「其中一個關鍵是對暢銷產品進行激進的價格調整（低價格的新戰略）。」IKEA主要聚焦在達到最大限度的成本效益。公司之所以能提供如此低的價格是因為有巨額的採購量、更低的原料成本，以及DIY的銷售模式，這種模式鼓勵顧客自己選擇、自行組裝家具。

H&M和ZARA

時尚界的零售商H&M和ZARA採取和IKEA相似的成本戰略。H&M擁有大約有三千家店，而ZARA有五千五百家。H&M年營收大約一百九十三億美元，稅後獲利是三十六億美元，就此推算，銷售報酬率大約是一三．三%。[6] ZARA的毛利幾乎一樣。如同IKEA、阿爾迪和沃爾瑪，H&M和ZARA所遵循的遊戲規則都是「效率」。這些公司不會做任何與顧客需求無關的事，所有的行動和流程都盡可能精簡壓縮，以求達到最高效率。尤其是在物流程序上會確保公司能夠根據當季的風潮安排新產品線的生產時間；當市場的品味又開始轉變時，它能下達合理的訂單數量，避免產生庫存。儘管這兩家公司走的是低價路線，但由於內部流程極其精準、快速和有效，它們依然具備很強的獲利能力。

瑞安航空

愛爾蘭廉價航空瑞安航空（Ryanair）二〇一一至二〇一二會計年度的營收增加二一%，達五十八．五億美元，但獲利大幅躍升五〇%，達到七．五億美元。這意味著銷售報酬率為一二．八%，對於航空公司來說是非常高的數字。相比之下，歐洲最大的航空公司漢莎航空（Luftharsa）二〇一一年的營收三百八十三億美元，獲利不到六億美元，銷售報酬率為一．六%。瑞安航空遠比美國西南航空（Southwest Airlines）這個美國廉價航空界的標竿還要賺錢。美國西南航空二〇一二年的營收是一百七十一億美元，稅前獲利為六．八五億美元，銷售報酬率四%，遠遠低於瑞安航空。

儘管以低價著稱，瑞安航空是如何有如此高的獲利？故事要從載客率說起。瑞安航空最讓人稱道的是將近八〇%的載客率，當然這也和瑞安航空一直在成本控制所做的努力不無關係。瑞安航空是廉價航空商業模式的縮影。空服員盡最大可能提醒乘客不要在機艙留下任何東西，即使是報紙或雜誌，這種做法讓飛機在落地後空出更多時間。其他傳統航空公司的飛機落地後需要十五至二十分鐘的時間打掃機艙，而瑞安航空的航班則利用這段時間來完成下一班乘客登機的流程。

西南航空公司自一九七三年開始經營，它和瑞安航空一樣是航空業中的模範。它採用相似的做法，是地面停留時間最短航班的紀錄保持者。它的航班從乘客離機到新乘客登機最短只要二十二分鐘，這樣飛機就可以更快地回到空中，而飛機只有在飛航時才有營收。傳統航空公司的飛機每天在空中的平均飛行時間是八小時，廉價航空公司則可以達到十一至十二小時，資本生產力幾乎是前者的一．五倍，差異很顯著。瑞安航空另一種降低成本的做法就是常常在一些坐落於市中心外的機場起飛和降落，這樣可以降低機場服務費用。

瑞安航空同時還是發明和收取各種附加費的高手，這個話題會在第8章進行更詳細的探討。瑞安航空向大眾宣傳的票價往往極低，有時甚至推出基本票價〇元或低至〇．九九歐元的機票，這種推廣方式是瑞安航空吸引乘客的重要手段。乘客最後往往要支付更高的價格，遠比推廣的基本票價要高，因為機票常常包含其他各種附加費。

瑞安航空顯然在採購方面也能成功拿到很低的價格。幾年前，瑞安航空向波音公司訂購大批飛機，據稱一般可以拿到五折的優惠。而根據市場傳聞，二〇一三年瑞安航空向波音公司訂購一百七十五架波音737飛機的時候還拿到相似的折扣。[7]

戴爾電腦

一九八八年十一月，我在哈佛商學院聽了一場由二十三歲企業家發表的演講，他的名字叫麥克・戴爾（Michael Dell）。就在四年前，他在德州大學奧斯汀分校（University of Texas at Austin）的宿舍裡成立同名的電腦公司。

「在學的時候，我在電腦商店工作。」戴爾描述是如何想到要成立公司。「我們只是賣電腦，但並沒有為顧客帶來多大價值，」他說，「儘管這樣，我們仍然可以賺到銷售價格的三〇％。我就想可以透過直銷模式保留獲利，並把省下來的錢以更低的產品價格回饋給顧客。所以，我就成立自己的公司。」

世界上最大的個人電腦經銷商就是從這個想法衍生和發展而來。戴爾現在的員工超過十萬人，二〇一二年的營收是五百七十億美元，公布的稅後獲利是二十三億七千萬美元，銷售報酬率只比四・二％高。這在一個競爭如此激烈的產業可以說是一個典範。在這一點上，戴爾把三大競爭對手遠遠拋在後面：惠普的毛利為負一〇・五％，聯想是一・八％，宏碁是負〇・七％。

整個戴爾系統都以最高的成本效率（cost efficiency）為中心。戴爾因「接單後組裝」（configure to order）的概念聞名，這意味著無需提前組裝好電腦放在倉庫，只需要在接到顧客訂單後再去組裝電腦。這不但節省倉儲成本，還減少成本比重，並提高顧客滿意度，每位顧客都可以得到自己想要的配置。取消零售商抽取毛利，讓戴爾公司在提供更低價格的同時，仍能創造更好的獲利。

二線品牌

很多公司都面對一個問題：要不要為了回應競爭對手而生產更便宜的產品，也就是所謂相對便宜的選擇（less expensive alternative）。為了清楚和一線品牌區隔，降低公司同類產品相互競爭的風險，類似這樣的低價產品通常以另一個品牌（二線品牌）推向市場。一家世界級的特殊化學品產業龍頭留意到獨有的矽晶群產品（silicon-based product）的市場競爭力正在逐漸減弱。低價仿冒者進入市場，給這家產業龍頭的七千種產品帶來重大威脅。這家公司並沒有為了應對這些威脅而降低一線品牌的價格，相反地，它創立一個價格相對便宜的品牌，價格定位大約比領導品牌低二〇％。這個品牌僅提供最低限度的服務，不提供客製化服務，僅支持陸路運輸方式，車廂滿載才發貨。顧客需要等七至二十天才能拿到貨物。

在引進這個相對便宜的產品之後，公司出現雙位數的強勁成長。營收在四年內從二十三億美元漲至六十四億美元，公司從年度虧損兩千七百萬美元轉為獲利四億七千五百萬美元。相對便宜的產品成為這家公司成長的新引擎，部分原因是它並沒有損害主要品牌，而是讓產品線更完整。

網路零售商

前面的那些例子都證明企業可以透過低價來實現高額獲利。我可以舉更多類似的例子，但並不能永遠這樣做。透過「低價格、高獲利」的模式取得持續成功的公司並不多。相比之下，有更多走低價路線的公司以失敗告終，並沒有持續賺得高獲利。這類公司包括 Woolworths 超市、居家修繕連鎖商店 Praktiker（因「所有產品一律八折」的促銷策略而聞名），以及很多廉價航空公司。

廣受稱讚的網路零售商亞馬遜都尚未躋身「低價格、高獲利」俱樂部，至少目前還沒有。亞馬遜二〇一二年的營收是六百一十一億美元，虧損三千九百萬美元。到了二〇一三年營收成長二二%，達到七百四十億美元，淨利二億七千四百萬美元，比二〇一二年的虧損情況好多了，但毛利才〇．四%。創立於二〇〇八年的德國網路零售商 Zalando 採用相同的商業模式，儘管銷售金額在上升，但似乎依然掙扎在損益兩平邊緣。二〇一三年的營收成長五〇%，以二十四億的銷售金額創歷史新高，毛利卻是負六・七%。[8] Zalando 的經營階層說他們並不急著獲利。那麼亞馬遜和 Zalando 是想利用低毛利搶占領市占率，之後再去賺得高獲利嗎？又或者這些公司是為了維持自身的競爭力和成長而被迫走低價路線，儘管前景不太可能有任何可觀獲利？在亞馬遜的例子中，股票市場似乎相信前一個情況。它的股價大致穩健地從二〇〇九年的五十五美元爬升到二〇一三年的四百美元。但並不是每個人都認同這個觀點。一位重量級的分析師說：「投資人有一天會厭煩，最終結果就是亞馬遜的市值崩盤。」[9]在二〇一五年這一年，亞馬遜的股價繼續攀升，超過五百美元。

妨礙亞馬遜和 Zalando 獲利的其中一個因素是商業模式需要在基礎設施和物流環節投入大量的資金。其他一些受消費者歡迎的電子商務銷售平台，如 eBay 或阿里巴巴就沒有這方面的問題，這可以用他們的獲利能力解釋。二〇一三年，eBay 的營收是一百六十億五百萬美元，獲利二十八億六千萬美元，銷售報酬率為一七・八%。而二〇一四年上市的阿里巴巴營收是七十九・五億美元，獲利三十五億兩千萬美元，銷售報酬率為四四・二%。[10]

低價策略的成功要素

採取低價策略而獲得成功的公司並不多，但它們的戰略反映出一些共同點，正是這些共同點幫助這些公司取得成功，並維持下去。

- **從一開始就採用低價策略**：所有成功走低價路線的公司都是從一開始就專注在低價格和高銷量。在很多例子中，它們都創建全新的商業模式。據我所知，沒有任何一家公司從高價位或中價位成功轉型至低價位。
- **經營非常有效率**：所有成功的低價定位公司都是基於極低的成本和極高的運作效率來經營，這使得它們儘管以低價銷售產品，卻依然有很好的毛利和獲利。
- **確保品質穩定並始終如一**：如果產品的品質不好和不穩定，即使以低價出售，成功也是不可能的。持續的成功需要有穩定且始終如一的品質。
- **重點關注在核心產品**：「只提供必需品」（no-frills）這個詞一般用在航空公司，但阿爾迪或戴爾這類公司也適用。這類公司不做任何與顧客需求無關的事，這樣既可以節省成本，又不會影響公司把必要的價值傳遞給顧客。

- **專注在高成長、高營收：**這樣就可以創造經濟規模，盡可能地做大。
- **採購高手：**這意味著在採購上立場強硬，但並不是說用不公平的手段。
- **極少負債：**極少找銀行或到債券市場融資。而是依賴自有資金或供應商信貸（supplier credit）來解決資金問題。
- **盡可能掌控最多的事：**這意味著只經營自己的品牌（如戴爾、瑞安航空、IKEA），就算是阿爾迪也有超過九〇%都是自有品牌。它們同時強力控制整個價值鏈（value chain）。
- **打出的廣告都聚焦在價格上：**即使要做些廣告，幾乎都關注在價格上（如阿爾迪、Lidl、瑞安航空）。
- **從不混淆訊息：**幾乎所有成功的「低價格、高獲利」公司都堅定地遵循「每天低價」策略，不會依賴頻繁短期促銷的高低價混合策略。
- **清楚自己的定位：**很多市場只能容納少數「低價格、高獲利」的競爭對手，一般是一兩個。

是的，依靠走低價路線來獲取持續的高額獲利是完全有可能的，但只有幾家有幸能取得一些成功。和競爭對手相比，這家公司必須有明確、顯著和持續性的成本優勢。之所以會成功，就在於這個技巧從一開始就根植在企業與企業文化中。我不相信有另一種經營風格和文化傳統的公司能轉型成「低價格、高獲利」的公司，並符合這種商業模式的要求。其中最關鍵的挑戰是建立一個顧客可接受（而不是最低的）價值水準，並帶來最高的成本效率。這類公司對經營者、創業家和經理人也有特定的要求。只有擁有強大意志和堅定勇氣的經營者，在日復一日的管理中堅持嚴格、節儉和小氣的原則，才能克服各種困難，順利走上低價成功之路。

訂價可以「無限」降低嗎？

到現在為止，這章的內容主要集中在已開發國家低端市場的價格問題。近年來，一個全新的「超低價」（ultra-low price）市場已經在新興市場區隔出來，在這些市場上，商品價格一般比已開發國家要低五〇％至八〇％。兩位印度裔的美國教授很多年前就預測這樣的市場會演化出來。德州大學奧斯汀分校的維傑·馬哈揚（Vijay Mahajan）教授在《贏取八六％市場的解答》（*The 86% Solution*）把這個市場形容為「二十一世紀最大的商機」。[11]書名中的八六％指的是：八六％的家庭年所得低於一萬美元。這種所得水準的民眾負擔不起已開發國家認為理所當然應該要有的日常用品，從個人衛生用品到汽車等等。

在《金字塔底端的財富》（*The Fortune at the Bottom of the Pyramid*）中，前密西根大學教授、已故的普拉哈拉德（C. K. Prahalad）對超低價市場的商機有更深入的探討。[12]中國、印度以及其他新興經濟體的經濟持續成長，這意味著每年都有數百萬人首次擁有足夠的購買力，負擔得起大量生產的商品，即使他們只能用超低價格購買。從消費產品到耐用品，超低訂價打開一個全新、快速發展，而且在世界人口中占比很大的市場。每一家公司都需要決定是否要服務這個市場，以及該如何做。然而，如果想要賺錢，需要完全不同的方法。

超低價汽車

「超低價市場」不只在亞洲出現，其實東歐早就存在。同樣也不只在個人衛生用品、清潔用品或嬰兒護理產品等消費性產品出現。把不同品牌和型號的汽車合起來看，目前全世界的消費者每年購買一千萬輛超低價汽車。未來十年，這個數字預計成長到兩千七百萬輛，這意味著成長速度是整體汽車市場的兩倍以上。

法國汽車製造商雷諾（Renault）就在羅馬尼亞組裝的 Dacia Logan 車款上嘗到甜頭。這款汽車的價格約為九千六百美元，目前已經售出一百萬輛。這個價格比常見的 VW Golf 要便宜一半以上。在法國，人們開始討論「Logan 化」的流程，就像德國人偶爾會談到「阿爾迪化」一樣。這些發展顯示，超低價產品可以進入西方主流市場，並不是小眾或非主流的產品才有機會。

然而，在開發中國家的超低價市場中，汽車價格遠比 Dacia Logan 的汽車便宜。印度製造商塔塔（Tata）旗下的 Nano 汽車在全世界引起廣泛關注。這台車的價格大約是三千三百美元，而且很大程度上是從西方龍頭供應商處引入先進技術。一些德國供應商不但把 Nano 視為商機，還認為這是必要產品，因此在二〇〇九年 Nano 上市時扮演關鍵角色。博世（Bosch）研發一套大幅度簡化、價格也大幅度下降的燃料噴射系統用在 Nano 汽車。博世的配件占汽車總價的一〇％以上，但博世並不是唯一和 Nano 合作的德國供應商。九家德國汽車供應商不是提供 Nano 零組件，就是提供技術支援。這證明來自德國等高度已開發國家的高價定位公司可以掌握超低價市場，但整個價值鏈，包括研發、採購和生產必須放在新興市場。這個市場是否能成為獲利的重要來源，而不只是營收的來源，還有待時間驗證。

超低價機車

像本田（Honda）這種大型全球企業有能力在超低價市場智取競爭對手嗎？本田是全球機車市場的領導者。同時，它也是小型燃氣動力引擎的全球第一大生產商，每年產量超過兩千萬台。

本田曾一度主導越南的機車市場，市占率高達九〇％。最暢銷的車款是 Honda Dream，售價大概為兩千一百美元。隨後，中國的競爭對手帶著超低價產品進入這個市場，它們的機車售價大概在五百五十至七百美元，大約是 Honda Dream 的四分之一至三分之一。這些極具殺傷力的價格扭轉市占率排名。中國製造商每年出口越南市場一百萬輛機車，而本田的銷量則從一百萬輛萎縮至僅有十七萬輛。

事情到了這個地步，很多公司可能會舉白旗投降，或是轉向更高端的市場，但本田並沒有這麼做。它第一時間採取的短期應對措施是把 Honda Dream 的價格從兩千一百美元降至一千三百美元。但本田知道維持低價並不是長久之計，況且這個價格仍然是中國製機車的兩倍左右。於是本田研發一款更簡化、極便宜的新型機車，稱為 Honda

Wave。這款新型機車結合讓人接受的品質與盡可能低的生產成本。

「透過本土製造以及從本田全球採購網中採購零組件，降低了成本，使得Honda Wave 達到低價、高品質和穩定的特性。」本田公司說。這個新車款以七百三十二美元的超低價推向市場，比 Honda Dream 原來的售價低了六五%。本田重新成功主導越南機車市場，而大部分中國製造商被迫逐漸退出競爭。

這個例子證明如本田般的一線品牌製造商有能力在新興市場與超低價供應商競爭，但不能依靠原有的產品銷售。要在超低價市場取得成功，公司必須對產品進行徹底的方向調整和重新設計，大幅簡化性能、在地生產和有意識地採用極低的成本。

其他超低價的消費產品和工業產品

許多市場開始出現超低價定位的商品。麻省理工學院的尼古拉斯．尼葛洛龐帝（Nicholas Negroponte）教授提議生產價格一百美元的個人電腦，他的初衷是「一個小孩，一台筆記型電腦」。如今，我們可以在市場上找到性能不錯的筆記型電腦，價格不超過兩百美元。不需要額外零件的話，價格甚至更低。所以尼葛洛龐帝一百美元的價格定位幾乎算是達成了。二〇一三年，人們用三十五美元就可以買一台配置極為簡單的筆記型電腦。[13]如果你好奇企業能在超低價市場的銷量，看看智慧型手機市場就知道了。預計到二〇一四年的某個時間點，手機數量預計會超過世界人口，其中市占在不斷增大的就是智慧型手機。[14]目前有超過二十億台智慧型手機在市場上，[15]而且二〇一四年智慧型手機的出貨量達到十二億台。我們現在認為的超低價定位幾年之後可能變為常態。有個報導提到：「傳言智慧型手機的價格會低至三十五美元，這會給全球經濟帶來驚人的影響。」[16]

愈來愈多的公司嘗試超低價策略。運動鞋製造商正考慮向新興市場推出每雙價格低於一．五美元的鞋子。雀巢或寶僑等消費產品大廠出售低至〇．〇一美元小包裝產品，因此就算是所得最低的消費者偶爾也能負擔這類產品，如一小包洗髮水。很多公司在第二次世界大戰結束後成功使用相同的方法，因為那時歐洲的重建工作剛開始，民眾生活比較艱困。我記得當時有一次性的小包裝洗髮水和四支一盒的香煙，只賣〇．二美元。現在，寶僑旗下的吉列刮鬍刀（Gillette）在印度市場出售只有〇．一一美元的刮鬍刀，比擁有三刀片的吉列鋒速3刮鬍刀便宜七五%以上。

超低價絕對不僅限於消費產品或汽機車等耐用品。這種價格定位對工業產品來說也逐漸變得常見。以中國的射出成型機市場為例，高價市場每年的需求量大約為一千台，幾乎全由歐洲製造商製造。中價位市場的需求量大約為五千台，主要由日本廠商製造。中國公司則在超低價市場努力奮戰，年需求量約兩萬台。換句話說，超低價市場的需求量是高價市場的二十倍，是中價位市場的四倍。

在這種市場結構下，儘管是高價位的供應商也不能局限在高價市場，而忽略超低價市場。這並非長久之計，畢竟高價市場只占整體市場的四%。儘管市場像中國一樣大，占比還是過小，不值得犧牲其他價位的市場而專注在單一價位的市場。只專注在高價市場還有另一個風險，那就是產品品質不差、但價格遠遠較低的競爭對手會從低價市場往高價市場發起攻擊。

歐洲貿易協會（European trade association）的一項研究表示：「如果機械製造商想在中國和印度等高速成長的市場取得較大的市占率，就需要徹底簡化產品概念。」[17]高科技和工業產品製造商需要認真考慮是否要進入超低價市場，這意味著不只要在新興市場建立生產基地，而且還要設立研發部門。幻想在德國或美國等已開發國家發展超低價產品是不可能的。[18]唯一的辦法就是把價值鏈遷移到新興市場。很多年前，發明Swatch手錶、擔任Swatch執行長多年的尼古拉斯．海耶克（Nicolas Hayek）曾警告不要把較低價的市場輕易讓給低工資國家的競爭對手。就我而言，我想進一步問已開發國家的企業一個挑釁的問題，但這也是個嚴肅的挑戰：為什麼不試著在成本上打敗中國？[19] Honda Dream 和 Honda Wave 的故事說明這個問題值得考慮。在印度、孟加拉或越南，有幾億個工資水準比中國低的勞動力可以雇用。

在達特茅斯塔克商學院（Dartmouth's Tuck School of Business）任職的維傑・高文達拉簡（Vijay Govindarajan）和克里斯・特林柏（Chris Trimble）在《逆向創新》（*Reverse Innovation: Create Far From Home, Win Everywhere*）中分析這個過程。[20] 保護中高價市場的一種有效策略就是進一步在稍低價的市場保持競爭力。瑞士的布勒（Bühler）公司是銑床加工技術的全球市場領導者，為了在中國的低價市場更具競爭力，併購了一家中國公司，並打算簡化產品性能。布勒的執行長加爾文・格里德（Calvin Grieder）說，這項舉措幫助公司的產品更能符合消費者預期，透過瑞士生產高價、複雜的產品是不可能成功完成這件事。

經編機龍頭、全球市占率達七五％的卡爾勒邁爾公司（Karl Mayer）追求有趣的雙重策略。它的目標是確保公司在高價及低價市場穩固、持續的保持市場定位。以目前現有的性能和成本為基準，卡爾勒邁爾公司要求相對低價的市場研發出性能穩定但生產成本比原來低二五％的產品，同時研發出性能比原來提升二五％、但生產成本維持不變的高價產品。根據執行長弗里茲．邁爾（Fritz Mayer）的說法，這兩個極具雄心的目標都達到了。透過向高價和低價市場分別拓展產品性能和降低產品價格，卡爾勒邁爾在中國贏回一度失去的市占率。

超低價產品適合在高度已開發國家銷售嗎？

來自於新興市場的超低價產品能進到高所得國家的市場嗎？事情已經發生了。雷諾的 Dacia Logan 原本針對東歐市場，在西歐國家已經成功上市。在印度，塔塔正在研發由 Nano 修改的車款，為了要滿足歐洲及美國市場的監管要求。[21]西門子、飛利浦和奇異在亞洲開發功能大幅簡化的醫療設備，就是針對這些市場。然而，它們現在在美國和歐洲也銷售這些超低價設備。這些設備並不一定會對昂貴的設備造成威脅，因為醫院或專業機構已經習慣使用昂貴的設備。在一些例子中，超低價產品開發全新的市場，如家庭醫生現在有能力購買這類診斷器具，並完成一些相對簡單的看診工作。[22]

衛浴產品的全球領導廠商高儀（Grohe）在收購中國衛浴產品市場領導者中宇衛浴之後，立刻成為中國市場的龍頭供應商。現在，高儀嘗試在中國以外的市場把中宇定位為旗下相對便宜的二線品牌。經過簡化的產品依然具備令人滿意的性能，而且價格與成本極低，在已開發國家市場當然也有機會熱銷。在決定是否走超低價定位這條路的時候，經理人不應該只看到新興市場的超低價市場多有吸引力，同樣應該想清楚這樣的策略可能給已開發國家的高價市場帶來什麼影響，不論是好是壞。

超低價策略的成功要素

超低價策略的公司是否能持續賺得足夠的獲利仍不清楚。儘管如此，採取這樣的策略所必備的成功要素卻很明確：

- **牢記「簡單而實用」**：公司必須刪減核心價值之外的非必要功能，但又不能導致產品性能過於落後或缺乏功能。
- **在地研發**：公司必須在新興市場開發產品，這是唯一能確保生產出來的產品滿足超低價市場顧客的需求。
- **鎖定最低成本生產**：這需要合理的設計，有能力在低工資的地方製造，確保有適當的生產力。

- **應用新行銷方法**：這也同樣要求盡可能把成本控制在最低水準，儘管這意味著要放棄傳統銷售管道和方法。
- **「容易使用，容易安裝」**：這兩個要素非常重要，因為顧客可能缺乏背景知識去理解產品的複雜性能，而服務提供者缺少資源，只能提供最基本的維修或改裝服務。
- **提供穩定的品質**：只有當超低價產品的品質合格且穩定時，成功才有可能持續。

超低價市場面臨的最大挑戰就是找到讓顧客可接受的價值水準，同時又要把價格控制在極低的水準，吸引足夠多的買家。

成功的高價策略

高價、高毛利、高獲利，這三個從傳統看來很完美，至少乍看是這樣。但其實這三者的關係沒有那麼簡單。如果高價就能保證成功，那麼每個公司都會選擇高價路線。至少還需要兩個條件，這個方程式才能成立。也就是說，你需要確保成本和數量這兩台獲利引擎配合得很好。如果成本過高，那麼高價也無法確保高毛利。只有在價格和成本的差距拉到足夠大的前提下，高毛利才能帶來高獲利。這個觀察非常重要。顧客只有在確保能獲得高價值產品或服務的時候才會支付高價。相應地，高價值通常需要高成本才能生產出來，現實生活中的情況往往是這樣：支撐高價的價值水準需要花太多成本來實現和維持。但是，就算一家公司真的能達成高毛利的目標，它還需要賣出夠多的產品才能賺取高獲利。如果產品價格很高但銷量很低，那麼公司還是會掙扎在損益兩平的界線上。我們現在來看一看兩種類型的高價策略：高價品牌和奢侈品牌。

高價品牌的訂價

高價品牌的價格比普通品牌或一般品牌高多少？當然，這不可能有個普遍性的答案。一份十六盎司（約四百五十三克）的 Ben & Jerry 開心果冰淇淋要三・四九美元，每盎司（約二十八克）要〇・二二美元；一份三十二盎司（約九百零七克）的新英格蘭品牌 Brigham 冰淇淋只要二・九九美元，等於每盎司〇・〇九三美元。兩個牌子每盎司的價差高達一三三％。一盒二十四色繪兒樂（Crayola）蠟筆賣一・三七美元，但一盒二十四色 Cra-Z-Art 蠟筆只要〇・五七美元，價差有一四〇％。純天然花生醬雖然僅含兩三種食材，同樣有很大的價差。吉比花生醬（Skippy）一罐賣二・六八美元，而盛美家花生醬（Smucker's）賣二・九八美元，新英格蘭品牌泰迪牌花生醬（Teddy's）賣三美元，而專業供應商在網路上銷售的花生醬，每罐售價在五・五九至七・七九美元，除了吉比罐子底部提到容量是十五盎斯以外，其他品牌的容量一樣都是十六盎司，前一章有解釋這點。

買一台美諾洗衣機，你可能要付美泰克（Maytag）或奇異電器洗衣機兩倍的價錢，這意味著你要多付幾百美元。巨大的價差甚至出現在工業產品。風力發電公司艾康納（Enercon）的產品價格比競爭對手高二〇%以上，但仍占據本國五〇%以上的市占率。3M有很多引領市場的高價工業產品。

我們在這裡討論的不是微小的價格差異，無論在百分比或者絕對值上，我們討論的都是巨大的價差。不過，高價品牌的市占率比相對便宜的品牌要高也是常有之事。往往高價品牌才是市場領導者。這怎麼可能呢？從獲利角度來看有什麼意義？答案就在於顧客認知的價值或效用。提供顧客更高水準的價值絕非偶然，它源於卓越的產品品質或服務表現。高價品牌的訂價意味著，提供更高價值，而且要求以高價作為回報。

蘋果與三星

二〇〇一年九月三日我去了一趟首爾，和當時三星記憶體部門執行長黃昌圭博士（Dr. Chang-Gyu Hwang）見面。黃博士現在擔任韓國通訊（Korea Telecom）執行長，當時他送我一台小小的電子產品，可以儲存和播放音樂。存在設備裡的音樂品質非常出色，但設計稍稍遜色。我發現這個裝置使用時很不方便，無法下載額外的音樂。

幾年之後我買了一台 iPod Nano。和三星不同，那時蘋果已經是全球知名品牌。iPod 的外觀設計非常優雅，我也無需參閱說明書，立刻就知道怎麼使用。還有更重要的是，蘋果的 iTunes 系統能讓我下載更多音樂。過去幾年裡，我常常和黃博士見面。我們每次見面，iPod 的故事無可避免地被提起。黃博士與已故的史蒂夫・賈伯斯（Steve Jobs）一起研發出 iPod，其中的核心技術和二〇〇一年贈送給我的產品一樣。

蘋果做了哪些不一樣的改變？它的 iPod 融合四個重要的特性：強勁的品牌形象、酷炫的外觀設計、良好的用戶體驗和系統相容性。這種融合大幅度提高顧客認知價值、產品價格、產品銷量，並帶來天文數字般的獲利。蘋果已經賣出三・五億台 iPod。我在前面已經描述過高價品牌和不知名品牌、其他相對沒那麼出名的品牌之間的價差。在蘋果的例子中，iPod 的價格很容易是其他 MP3 產品的兩倍甚至三倍。蘋果在

iPhone和iPad的經營上也採用相似的策略：創新、設計、強勁的品牌形象、良好的用戶體驗和系統的相容性……換句話說，透過為顧客提供更高的價值來支撐產品的高價。蘋果再次取得巨大的成功。二〇一二年，蘋果的營收提升四五%，達到一千五百六十五億美元，獲利高達四百一十七億美元，等於有二六．六%的銷售報酬率。根據這些數字，二〇一二年八月，市值達到六千兩百二十億美元的蘋果公司超過微軟，一躍成為全世界最有價值的公司。

說實話，沒有人預期蘋果可以延續這種超乎尋常的成功經營模式。只有時間能告訴我們是否有人能接替賈伯斯這個天才的位置。二〇一五年八月，蘋果公司的市值站上六千四百二十億美元，這是非常高的一個數字。儘管無法預期未來會發生什麼事，但蘋果公司已經證明一家公司可以利用創新、強勁的品牌形象、具有吸引力的產品和系統相容性來為顧客創造更高的價值，提高價格，並賺取天文數字的獲利。這一切都建立在顧客有更高的認知價值基礎上。三星從中學到教訓，近年試圖在智慧型手機上迎頭趕上。

圖 4-1　吉列刮鬍刀的價格

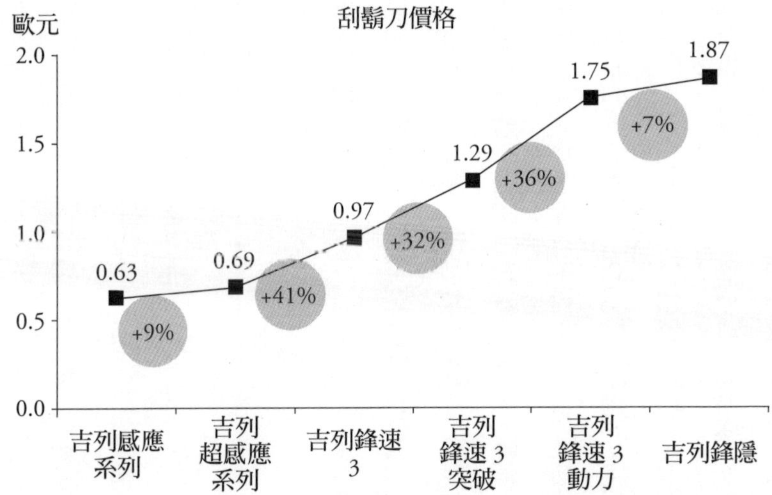

吉列刮鬍刀

全球刮鬍刀和個人衛生用品巨頭吉列是高價品牌訂價的經典。這家公司投資七億五千萬美元研發出第一個擁有三刀片的鋒速3刮鬍刀。如圖4-1所示，吉列把鋒速3刮鬍刀的售價訂的比之前最貴的超感應系列貴四一%。緊跟著鋒速3，吉列又推出一系列創新產品，包括擁有五刀片的鋒隱5。伴隨著每一項創新，吉列繼續收取更高的價格。[23]吉列在高價品牌的訂價做法可稱為最佳範例：以創新創造價值、傳遞價值，並以高價凸顯創新的價值。鋒隱5刮鬍刀的價格幾乎是原來超感應系列的三倍。吉列的訂價是不是太高了？

現在，吉列的全球刮鬍刀市占率是七〇%，是過去五十年來的最高水準。[24]競爭對手Wilkinson Sword（市占率一二・五%）和ＢＩＣ（市占率五・二%）被遠遠甩在後面。然而，抵制吉列高價產品的勢力近年在逐步增大，網路競爭對手也嗅到吸引人的商機。[25]

美諾洗衣機

前面幾次提到家電製造商美諾，它的價值毫無疑問：你可能還記得我母親的美諾洗衣機一直正常運作了四十多年。美諾的產品價格比競爭對手至少高二〇%。美諾的共同總經理馬庫斯・美諾（Markus Miele）解釋它們是如何做到的：「我們在高價市場已經駕輕就熟，我們的產品能確保二十年的壽命。無論是在技術還是環保方面，都是市面上能買到的最好選擇。因為這個品質的承諾，人們會願意支付更高的價格。」[26]

馬庫斯・美諾的話抓住高價品牌的訂價本質，但就算是高價產品製造商也要留意市場競爭情況。用美諾的話來說：「當然美諾也需要確保產品價格不至於和競爭對手相差太遠。出於這個原因，我們在成本結構方面持續努力。我們從沒忘記公司的座右銘：

永遠更好。如果要比誰的產品價格最低，我們可能不會贏，但如果要比誰的產品品質最好，我們一定會贏。」[27]

在世界的某些地方，美諾被認為是真正的奢侈品。美諾公司共同創辦人的孫子，同時也是美諾總經理萊因哈德・席克（Reinhard Zinkann）說：「在亞洲和俄羅斯，有錢人都希望用的是市面上最好、最貴的產品。這就是為什麼我們在那些市場純粹定位為奢侈品牌。」[28] 二〇一二至二〇一三會計年度，美諾的營收創四十二・五億美元的新紀錄。雖然沒有公布獲利，但有高達四五・七%是自有資本（equity ratio），同時在資產負債表上沒有債務，這表明每年的獲利都非常穩定且可觀。它的座右銘「永遠更好」百年來都沒有改變，這是美諾策略的核心，是身為高價品牌持續成功的基礎。

保時捷

當一家公司要為新產品選擇價格定位的時候，應不應該延續已經建立起的產業慣例？不一定。比起傳統的產業慣例或者規則，與訂價關係更密切的是顧客認知到的產品價值。以下 Porsche Cayman 的例子展現出在價格定位上，產品價值對顧客的關鍵作用。Cayman S 是從 Porsche Boxster 敞篷跑車演變而來的雙門硬頂跑車。保時捷應該以什麼樣的價格把 Cayman 推出市場呢？汽車產業有自己清楚、基於經驗的答案：雙門跑車的價格必須比敞篷車低大約一〇%。當時，市場數據顯示雙門跑車確實比敞篷車的價格低七%至一一%。因為 Boxster 的價格是五萬兩千兩百六十五歐元，根據標準的產業慣例，Cayman 的價格應該定在四萬七千歐元左右。

保時捷當時的執行長文德林・魏德金（Wendelin Wiedeking）決定反其道而行。身為「價值訂價」的忠實粉絲，魏德金想更深一步了解 Cayman 在顧客心中的價值。他邀請我們對此全面進行國際調查。這次調查指出，保時捷應該採用與一般人認為相反的做法。因為設計、更強勁的引擎，當然還有保時捷自身的品牌這些因素的綜合，使得 Cayman 有更高的預期價值。Cayman 的訂價不應該比 Boxster 低一〇%，而應該高一〇%。保時捷聽從我們的建議，以五萬八千五百二十九歐元的價格推出 Cayman。[29]儘管價格很高，這款新車的銷量依然取得很大的成功，再次證明深入了解產品對顧客的價值是高價品牌訂價策略的基礎。

艾康納

我反覆地說，本書介紹的很多概念不只可以在消費產品上運用，同樣適用於工業產品，高價品牌的訂價也不例外。實際上，它可能更適用於工業產品，因為相對於普通消費者，工業產品的買家會進行更全面的產品價值調查，而且會更理性的評估。

艾康納創立於一九八四年，是世界第三大風機製造商。這家公司擁有世界上超過四〇%的風力發電技術專利，它的風力發電機價格比競爭對手高二〇%左右。如果風力發電設備的平均價格大約是每千瓩一百三十萬美元，那麼這二〇%的價差表示每千瓩會多出二十五萬美元的營收。艾康納安裝的風能發電設備每年可生產三千五百千瓩的電力，那每年可以創造超過六億美元的額外營收。儘管艾康納的產品價格很高，二〇一四年在德國的市占率是五五%，全球市場占比率約為一〇%。[30]艾康納的高價定位是基於產品對於顧客的價值所決定。它的風力發電機沒有齒輪，這意味著比競爭對手的產品更少發生故障。因此，理性的顧客願意以更高的價格購買艾康納的產品，艾康納的財報就是很好的佐證。二〇一二年艾康納的營收是六十六億美元，稅後獲利是七億八千三百萬美元，銷售報酬率是一一．九%。艾康納是過去幾年裡唯一獲利的風力發電技術供應商。

艾康納還採用一套非常成功的訂價模型，其中包括一種新型的風險分擔模式。在艾康納盟友計畫（Enercon Partner Concept）下，顧客可以根據購買的風機與艾康納簽訂維護、安全服務和維修合約，換句話說，艾康納透過與風力發電廠共同分擔設備故障風險來降低顧客的創業風險。顧客們都覺得這項提議非常有吸引力，有超過九〇%的人簽署這個計畫。

在所有風險假設和保證下，供應商需要考慮相關的潛在成本。在艾康納的例子中，因為卓越的產品品質，所以成本可以控制。無齒輪設計（齒輪是故障的主要原因）意味著艾康納敢於向顧客承諾，產品有九七%的時間可以正常運作，而競爭對手的承諾一般不會超過九〇%。實際上，艾康納產品能有九九%的時間正常運作。這樣，艾康納九七%的承諾根本不會產生任何成本。這是供應商和顧客之間實現最理想的風險分擔的例子，它能有效地降低顧客抗拒購買的意願。艾康納也承諾，在十二年的合約下，負擔前六年一半的服務費用。這大幅減輕風力發電廠投資人的經濟壓力，他們的經營要上軌道往往需要幾年的時間，很容易出現財務問題。

害蟲防治公司

對於害蟲防治公司來說，什麼是高價值的服務？最高的價值十分簡單：害蟲不是短時間內消失了，而是永遠消失了。害蟲殺手公司（"Bugs" Burger Bug Killers）承諾可以

圖 4-2 透過絕對的承諾來傳遞最高的價值

害蟲殺手公司的承諾

效果保障

1. 在您指定場所的每一隻蟑螂、老鼠完全消滅之前，你不必支付任何費用。
2. 如果因為蟑螂、老鼠的再次肆虐而不滿意我們的表現，想要取消服務，我們會：
   A. 最多退回一年的服務費用，而且
   B. 負擔您選擇的新害蟲防治公司最高一年的費用
3. 如果您的顧客看到蟑螂或老鼠，我們會負擔他們的帳單，而且寄出道歉信，邀請他們再回來光顧。

害蟲殺手公司
第一家消滅害蟲的公司

無條件限制地提供這類服務，沒有任何例外或任何理由。害蟲殺手公司的說法值得一看（見圖4-2）。

想要向顧客傳遞比這個更有價值的服務是不可能的。這類承諾讓保證看來十分可信。那麼這種情況下顧客感受到的價值呢？害蟲殺手公司的價格高達競爭對手的十倍。[31]

高價策略也可能適得其反

不是所有擷取更高價值的企圖都會成功，省電燈泡就是一個例子。一九九〇年代初引進市場的省電燈泡與傳統的鎢絲燈泡相比確實省很多電。它們只需要一點電就可以產生多十倍的照明時間。以一個燈泡的壽命來計算，節省的成本可達六十五美元。然而製造商並沒有辦法透過更高的價格來盡量擷取這樣的附加價值，它以二十美元的價格上市，最終隨著中國進口的便宜產品進入市場，價格無可避免地逐年下降。這些進口的省電燈泡品質沒有這麼好，壽命也沒有這麼長，但顧客在購買的過程中很難識別。同時，低價的進口燈泡扮演一個強大的定錨價格。此外，燈泡是個低價產品，顧客並不接受高價。

電動機車面臨同樣的問題。由於電池產生的額外成本，售價很容易比傳統機車更貴。傳統的機車每行駛一百公里需要消耗八美元的汽油，相比之下，電動車只需要消耗一美元的電能，每一百公里可節省七美元。如果兩者之間的價差是一千三百美元，電動車的買家在幾年時間內就可以損益平衡，具體時間視實際使用情況而定。儘管每公里節省七美元聽上去很吸引人，但大部分消費者不會花時間和精力去分析計算損益平衡點。他們更傾向從表面的價格去判斷某種說法是否合理。而這一般可以用「生命週期成本」或「所有權的總成本」來說明。在這個例子中，電動車行駛一萬八千公里左右就可以達到剛提到的實際損益平衡點。

當一家公司想要引進新的價格標準時，利用創新的附加價值作為賣點往往更容易成功。與出售燈泡相反，燈泡製造商可以按每小時供應的照明來收費；與買賣機車相反，機車公司可以提供按里程收費的租車服務。法國的米其林輪胎在銷售貨車輪胎和工業用車輪胎時就是採取這個策略。米其林現在出售的是輪胎性能，並以公里計價。我在第8章會進一步介紹這種做法和類似按使用情況收費的做法。

高價策略的成功因素

成功的高價品牌訂價策略有哪些共同點？我的建議又是什麼？

- **優異的價值是必備條件**：只有為顧客提供較高的產品價值，高價品牌的訂價策略才會逐漸成功。
- **價格與價值的關係是決定性的競爭優勢**：與高度依賴品牌聲望效應的奢侈品不

同，成功的高價產品依靠產品的高價值（客觀事實）來獲得真正的競爭優勢，轉化成一種適合的價格與價值關係。

- **創新是基礎：**一般來說，創新是持續成功的高價品牌的訂價基礎。這既可指革命性的創新，也可以指持續不斷的改進，如同美諾的座右銘「永遠更好」。
- **始終如一的高品質是必備條件：**這個前提條件屢次被提起。成功的高價產品供應商既要確保產品一貫的高品質，又要保證相關服務也是同樣的高水準。
- **高價品牌擁有強大的品牌影響力：**著名的品牌往往能把短期的技術優勢轉化為長期的品牌優勢。
- **高價品牌在宣傳上投入大量資金：**它們知道必須要讓消費者看見與了解產品的價值和優勢。記住：只有顧客認知到的價值才有用。
- **高價品牌盡量避免促銷：**它們對於促銷和打折持謹慎的態度。如果發起的促銷活動過於頻繁或者價格過低，那會危害品牌的高價定位。

高價品牌訂價的關鍵挑戰是價值和成本之間的平衡。這裡的重點是為顧客提供高價值，不只包括核心產品，還應該涵蓋產品相關的附加價值。但是，成本必須維持在可接受的範圍以內。

成功的奢侈品訂價策略

高價商品再上去就是奢侈品，兩者之間並沒有明確的分水嶺，沒有說「高價品牌到這裡為止」或「奢侈品牌從這裡開始」。[32]但奢侈品的價格沒有上限，一些專家甚至宣稱「奢侈品的價格永遠不夠高」。聲望效應、虛榮效應和范伯倫效應在這類產品中發揮著十足的影響力，比產品的客觀品質更重要，儘管真正奢侈品的品質毫無疑問地必須達到最高標準。沒有品質不好的藉口。

一只奢侈品牌的手錶成本多少？

手錶一年的全球產量大約是十三億只，包括那些仿冒品。平均每只手錶的價格在一百美元以下，不過在手錶產業，奢侈品牌扮演特殊角色。表4-1列出一些精選的手錶型號以及在二〇一三年日內瓦國際高級鐘錶展（Salon International de la Haute Horlogerie）上的價格。

表 4-1　精選奢華手錶和價目表

型號	制造商	價格（歐元）
Grand Complication（限量 6 只）	朗格	1,920,000
Royal Oak Offshore Grand Complication	愛彼	533,700
Tourbillon G-Sensor RM036 Jean Todt Ltd. Ed.	Richard Mille	336,000
Emperador Coussin Ultra Thin Minute Repeater	伯爵	187,740
Rising Hours	萬寶龍	26,900
Luminor 1950 Rattrapante 8 Days Titanio	沛納海	13,125
The Calibre de Cartier	卡地亞	8,110
Sporting World Time	Ralph Lauren	7,135
Chronograph Racer	萬國	5,000

一只價格五千歐元的 Chronograph Racer 算不算奢侈品牌手錶？答案取決於你問到誰。朗格的 Grand Complication 要一百九十二萬歐元，估計能得到日內瓦鐘錶展大多數嘉賓的認可。[33] 它的價格是 Chronograph Racer 的三百八十四倍。從龐大價差可以看出，奢侈品製造商可以有多大的訂價空間。Grand Complication 還顯示出奢侈品另一個基本特性：當價格高聳雲霄的時候，可供應的產品數量也應該減少至如高空空氣般稀薄，朗格只製造六只 Grand Complication 手錶。

奢侈品訂價藝術中的一個關鍵祕密是精通「限量版」的操作。供應商必須嚴格遵守自己設定的產品數量，否則會損害品牌的信譽和聲譽。有限的產品決定稀少性，從而決定奢侈品的價值。奢侈品訂價的成功前提，就是事先設定產品價格和數量的技巧。

我在這裡使用「前提」和「技巧」這兩個詞，因為這種嘗試也可能會輸得很慘，正如以下這個故事。在一次巴塞爾鐘錶展（Baselworld）[34]上，有一家製造商展出一款重新設計的手錶。它的前身要兩萬一千三百美元。因為手錶很受市場歡迎，所以供應商把新款價格提高五〇%至三萬兩千美元。手錶限量一千只，這是製造商可接受的最大生產能力。在巴塞爾鐘錶展上，這個製造商接到三千五百只訂單。其實價格應該訂得更高，錯失的獲利很驚人。如果製造商以四萬美元而不是三萬兩千美元賣出這一千只手錶，那麼它能額外賺取八百萬美元的獲利。

瑞士手錶

奢侈品牌手錶是有效說明「數量」和「價值」不同的產品類型。瑞士製造的手錶占全世界手錶產量二%。雖然比例很低，但總產值占全球手錶市場五三%，高到令人難以置信。[35]它們的產量市占率（二%）和價值市占率（五三%）的差距驚人。瑞士手錶平均出口單價約為兩千四百美元，平均消費者最終付出的價格是六千美元。[36]二〇一二年瑞士手錶製造商創造兩百三十二億美元的出口。手錶製造業是瑞士第三大產業，排在製藥／化工和機械工具產業之後。勞力士年營收大約四十八億美元，卡地亞大概二十億美元，歐米伽十九億美元。這些數字顯示奢侈品擁有巨大潛力。

法國LVMH集團和歷峰集團

在過去的二十年裡，奢侈品市場歷經強勁的成長。就算全球經濟衰退，都只是短暫地削弱各大主要奢侈品公司的成長速度和賺取令人嫉妒的高額獲利的能力。一些世界奢侈品領導品牌最近的財報重新印證這點。全球市場領導者法國LVMH集團（Louis Vuitton Moët Hennessy）二〇一一年營收成長一七%，二〇一二年再次成長一九%，達到三百六十億美元，稅後獲利則是五十億美元，銷售報酬率為一三．九%。瑞士的歷峰集團（Richemont）在二〇一一至二〇一二會計年度營收成長二九%，達一百一十九億美元，銷售報酬率為一七．四%，稅後獲利為二十億美元。奢侈品市場的另一位重量級參與者愛馬仕（Hermès）的獲利更為強勁。它的營收成長二三%，達到四十七億美元，淨利來到九．八七億美元，銷售報酬率二一．三%讓人為之一亮。

以高品質著稱的知名品牌公司應該好好研究奢侈品市場，這很有意義。俄羅斯、中國和印度等國家的人開始累積巨額財富。這些新興富裕階層的驚人購買力有一大部分放在奢侈品，而且現在很多產業提供不錯的奢侈品和奢侈服務。美國運通卡在美國推出Centurion黑卡，辦卡費用是七千五百美元，之後每年年費兩千五百美元；在德國，年費是兩千六百美元；在瑞士的年費大約四千六百美元。在洛杉磯，你可以用一天九百美元的價格租到賓利敞篷跑車。在杜拜，單人房一晚就要一千九百三十美元，外加一〇%的稅和一〇%的服務費。達拉斯的麗思卡爾頓飯店專門建立一個五千五百平方英尺的私密空間，可容納VIP客人的隨從人員，包括一名保姆、一個廚師和一組隨扈，價格是一晚七千五百美元。[37]租用私人飛機飛行的費用則是從每小時兩千四百美元的塞斯納野馬（Citation Mustang）到每小時八千七百美元的灣流G550（Gulfstream G550）不等。[38]換句話說，奢侈品的供給量和需求量都很大。

奢侈品市場中的挑戰

之前所提到的例子可能會導致你誤以為奢侈品是通向價格天堂的捷徑。就算你像瑞士手錶製造商在巴塞爾鐘錶展上「計算失誤」，你仍然可以取得不錯的結果。無論如何，儘管這家公司對產品供需關係做出錯誤的判斷，最後僅漲價五〇%，依然帶來更高的獲利。

不過以下這些例子顯示，這個關於價格天堂的猜想是錯誤的。

訂價失敗的例子

一家公司推出專有的限量版產品，而且需求遠遠大於供給量是一件既甜蜜又令人沮喪的事。但是在奢侈品世界如果發生相反的事，也就是推出一款奢侈品，卻很少人要買時，不只讓人沮喪，而且非常難堪了。

這就是 Maybach 的遭遇，這是賓士旗下的奢侈車款，售價大約六十五萬美元。這款車的最高銷量是在二〇〇四年，賣出兩百四十四輛。到了二〇一〇年和二〇一一年，銷量逐漸下跌到兩位數。相反地，勞斯萊斯（Rolls-Royce）二〇一一年賣出三千五百七十五輛。最後到了二〇一二年十二月十七日，賓士停產 Maybach。

我很榮幸曾經搭過一次 Maybach。中國首富、三一重工創辦人梁穩根派了一輛 Maybach 來接我。我訪問中國的時候，他擁有四輛 Maybach，後來總共買了九輛。但遺憾的是，Maybach 很少遇到像梁先生這樣的伯樂。

是價格的原因嗎？又或是像 Maybach 這類型的車就只是遙遠時代的遺物？

Volkswagen 在推出 Bugatti Veyron 時就避免類似的失敗。因為從一開始就確定限量生產三百輛，所以價格比一百七十萬美元稍高。最後 Volkswagen 確實讓這款車銷售一空。Bugatti Veyron 實際上並沒有帶來獲利，但這並不是真正的目的。這座「火箭」贏取全世界的目光，因此大幅提升 Bugatti 的名氣，也間接提升母公司 Volkswagen 的名氣。

有人會想，如果把 Maybach 定位為賓士的旗艦車款，繼續生產是不是更明智的選擇：Maybach 的光環效應可能會為公司的主要品牌（這個例子指的是賓士）帶來很多好處。但是奢侈品的另一面就是會對成本造成很大壓力：買家不只期望買到品質卓越的產品，還希望能得到相同水準的服務。在全世界為限量版車款提供獨有的服務所產生的成本，遠遠超出公司合理的承受範圍。在將服務密集的奢侈品推向市場前應該要牢記這點。對於一只奢侈品牌的手錶，提供服務並不是大問題。對於一輛豪華汽車，提供服務是件耗時費力的事，甚至可能讓經營陷入泥潭。

行銷與訂價的難題

奢侈品的行銷和訂價面臨一些難題。顯而易見的是，奢侈品需要滿足顧客的最高期望和最嚴格的標準，不允許犯錯或找藉口的空間。這不只狹隘的指產品品質，同樣適用在產品相關的服務、設計、包裝、溝通、媒體、經銷管道，最後還有支援這些活動的員工。奢侈品行銷需要極高程度的專注。

奢侈品製造商需要吸引高水準的員工，雇用最好的設計師，以及在宣傳和經銷方面投入大量的金錢。只有在整個相關表現都毫無缺點的時候，才有機會讓顧客接受你想要收取的高價格。這讓奢侈品成為一場高風險比賽。進入障礙太大，一旦你成功進去了，最細微的小缺陷就能引發不可逆轉的破壞，導致你輸掉整場比賽。

奢侈品製造商還需要依賴各式各樣的行銷「技巧」，你也許會以為只有更主流的公司才需要使用。在奢侈錶市場，有些型號市場需求很大，有些則很小。在鑽石市場，全球市場領導者 De Beers 的鑽石有的品質好，有的品質壞。在這種情況下，人們會怎麼做呢？De Beers 不採取單顆出售的做法，反而是把品相好和品相差的鑽石搭配出售。顧客以前在這件事情上沒有選擇的餘地：他們只能接受或者拒絕。如果某位顧客拒絕這種做法，De Beers 在下一次拍賣時就不會邀請這位顧客參加。與此同時，De Beers 在鑽石市場中的獨占地位開始崩裂，它無法繼續採取如此強硬的策略。

這種組合銷售（bundle）的做法在奢侈錶市場也同樣存在。經銷商偶爾被迫購買一批手錶，其中包括一些很難賣出去的型號。而這些原裝正版手錶一般會流通到灰色市場，在那裡以超低折扣價出售。這種侵蝕價格的做法對奢侈品有負面影響。一位顧客花兩萬五千美元買一只手錶，他不會樂意看到有人只用一萬五千美元就買到。

奢侈品製造商盡最大努力去讓這些灰色市場關門，甚至追蹤每一件單品。它們雇用特殊機構去祕密購物，蒐集產品在不同的商店實際賣出的價格。之所以長期面臨通路監管的問題，部分原因是經銷商的毛利居高不下，這促使奢侈品公司收回銷售權，連帶使得過去幾年在各大機場、飯店及獨家購物商場開設的自營店數量急速成長。

透過自營店，公司完全掌控產品價格，但這也有危險的一面。它讓原來的變動成本（以前支付給經銷商和經銷商的佣金）變成租金和商店人力等固定成本。這樣一來，損益兩平的門檻就被拉高了。在經濟衰退時期，奢侈品公司可能會有麻煩。

二〇〇九年十月，全球經濟衰退達到最高點時，我在新加坡萊佛士飯店（Raffles Hotel）的大廳逛了一圈，有數十家奢侈品商店就在走道旁邊。那裡幾乎看不到一個顧客，如果不算站在櫃檯邊閒閒沒事的銷售人員，實際上就我一個顧客。這些奢侈品公司非常幸運，因為他們產業衰退只持續幾個月。

奢侈品的價格有上限嗎？

卡地亞 Trinity 系列的金色手鐲售價一萬六千三百美元。這算貴嗎？或許你會拿五年前的價格一萬一千美元來比較，但這個大漲的價格拿來和香奈兒菱格紋手提包在同個時間上漲七〇%至四千九百美元的價格相比，就不算什麼了。這些漲幅明顯贏過通膨，過去這幾年的通膨幾乎是零，而且完全無法用成本增加來完整解釋這個現象。那就意味著它們肯定有其他的動機，那就是繼續開發有錢人購買奢侈品的意願。

二〇一四年早期，有些市場觀察家開始感覺到這些價格讓「西方國家的顧客失去耐性」，尤其是有更多可負擔的奢侈品牌數量帶來競爭。[39]當經濟成長放緩或者停滯不前時，製造商還面臨失去更多顧客的風險。經濟嚴重衰退時期就會發生這種情況，就像我在逛新加坡萊佛士飯店所看到的那樣。它隨時可能再次發生。

創造持久價值的挑戰

當顧客為一件商品支付高額的價格時，自然會期望產品能夠保值，因此，創造持久價值成為奢侈品供應商的另一項挑戰。這也就意味著奢侈品公司不能依靠特價或打折去創造短期業績成長。這類促銷活動會損害公司的形象，並削弱產品在之前買家眼中的價值。就算是在經濟危機時期，奢侈品公司也不能承受提升銷量而下調產品價格的後果。保時捷的前執行長魏德金曾多次指出：公司的產品價格、價值和聲譽不允許提供大幅折扣，這會讓二手汽車的剩餘價值更低。這番言論對保時捷來說尤為重要，因為保時捷七〇%的汽車還在正常使用中。魏德金明確禁止現金回饋。當保時捷美國分公司負責人沒有遵守這項原則的時候，馬上就被解雇了。

電動車製造商特斯拉（Tesla）對二〇一三年推出的 Sedan S 汽車提供一項有趣的剩餘價值保證：買家在三年後可以以接近賓士S轎車的剩餘價值（按百分比來計算）把車賣回給特斯拉。[40]透過這種價格保證，特斯拉把賓士的高價品牌形象投射到自己身上，讓潛在顧客更確信特斯拉 Sedan S 的保值能力。管理好售後市場，外加偶爾回購產品，這樣能幫助公司維持產品的高剩餘價值形象。法拉利就採用這種做法。

遵守產量上限

自制是奢侈品公司面臨的另一大挑戰。就算業績看好，奢侈品公司也必須抵擋擴大產量的誘惑。「高價格、低產量」組合（與前面討論的「低價格、高產量」策略完全相反）是奢侈品的基本原則。設定產量上限是保持獨一無二的唯一辦法。

一九八〇年代美國的彼得．舒茨（Peter Schutz）在領導保時捷的時候，他喜歡說：「在同樣一條路上發現第二台保時捷是一場災難。」當彼得的接班人魏德金問我們下面這個問題的時候，他其實是在表達相似的觀點：「世界上能容納多少輛保時捷？」這不是個容易回答的問題。但如果一家公司想要維持高價的定位，這樣的數字不會太大，而且公司必須自律，以免跨越這個脆弱的數字，從而危害自身的奢華定位。

法拉利的產量在二〇一二年達到歷史最高水準。賣出七千三百一十八輛，在汽車產業中並不是很大的一個數字。如果用法拉利的營收三十二億四千萬美元除上這個數字，可以得出售出的汽車平均價格是四十四萬兩千七百三十二美元。這可以讓我們對法拉利的價格有個大概的印象，儘管這不是準確的數字。法拉利營收還來自服務和零組件，不僅僅來自汽車銷售。在任何情況下，當一家公司製造的車售價大約四十萬美元的時候，它的潛在顧客數量肯定是很少的。二〇一二年保時捷賣出十四萬三千零九十六輛車，相對法拉利而言，它更像一個汽車產業的巨頭。[41]根據公司的營收計算，保時捷的「平均單價」恰好超過九萬三千美元，雖然這個價格也算高，但和法拉利的顧客群仍處於完全不同的價格水準。

鱷魚牌（Lacoste）就是「大眾化」轉型失敗最典型的範例，它曾一度是廣受認可的高價品牌，最後卻淪落為大眾主流品牌。幾十年前，相似的情況也發生在一家名為「黑色玫瑰」（Schwarze Rose）的襯衫品牌。一九五〇年代，通用汽車旗下的Opel曾一度在高價市場有著強勢的地位，著名的車款有Admiral和Kapitän。自從一九六二年在大眾市場推出Kadett車款後就逐漸衰落了。一九八〇年代末期，西蒙顧和曾檢驗Opel能否重新進入高價市場。機會看來並不樂觀，所以Opel的母公司通用汽車採納建議，收購當時價格定位不錯的瑞典品牌Saab。然而，通用汽車無法成功地把Saab轉型至高價市場。二〇一〇年通用汽車把Saab賣給荷蘭公司，二〇一二年Saab又被賣給中國汽車製造商吉利。

奢侈品訂價策略的成功因素

前面已經說明他價格定位，這裡說一下我對奢侈品訂價的建議：

- **奢侈品必須永遠保持最好的產品性能：**這適用於任何一個面向，包括用料、產品品質、服務、溝通和經銷。

- **聲望效應是重大推動力：**除了以上所提到的各個方面，奢侈品還需要傳達和給予非常高的社會聲望。
- **價格既能提升聲望效應，又是反映品質的指標：**更高的價格並不一定意味著犧牲產量。實際上，情況可能正好相反。
- **產量和市占率必須維持在限額之內：**產量和市占率的限額（尤其是做出限量承諾後）是奢侈品市場必須遵守的底線。公司必須抵擋提高產量或市占率的誘惑，不論從短期來看多有吸引力。
- **嚴格避免折扣、打折或類似的行為：**這會損害產品、品牌或者公司形象（如果沒有毀掉的話），而且會讓產品剩餘價值加速消失。
- **頂尖人才必不可少：**每個員工的素質都必須達到最高標準，工作表現必須達到最高水準。這要應用在整條價值鏈上，從設計和產品，一直到銷售人員的儀容儀表。
- **掌控價值鏈是非常有利的：**奢侈品公司應該盡可能掌控價值鏈，包括經銷。
- **訂價的首要考慮因素是顧客的購買意願：**購買意願是決定因素，其他變動成本在其中扮演相對沒有那麼重要的角色，這一點有別於低價市場。固定成本的挑戰更大。固定成本會隨著公司增加垂直整合而急速增加。更高的成本提高損益兩平門檻，導致專賣店與限量商品的出現，因為專賣店和限量商品是鞏固奢侈品價格定位的基礎。

怎樣的訂價策略最值得追求？

如果真想弄清楚本章所提到低價、高價或奢侈品等價格定位哪個最有前景，我會回答每個都不容易。正如前面看到的，一家公司選擇其中一種價格定位都可能取得巨大的成功，或是遭遇慘敗的命運。一般並沒有說哪個是對的策略或錯的策略。

我們討論的價格定位反映出特定市場的不同買家組合。在每個市場都會發現有一部分顧客擁有無限的購買力，同時對品質有著最高的要求。如果一個產品滿足這些條件，那些顧客就願意以極高的價格來購買。「中產階級」的顧客會從產品對自己的價值和價格來考量。他們對產品有很高的要求，又能承擔高價，但並不包括奢侈品牌；你也會發現處於所得底部的顧客對於花錢極度節儉且謹慎，這些顧客會在確保產品品質良好、穩定的前提下，尋求最低價的產品，這樣才能維持財力；一些相對貧窮國家民眾的購買力更為有限，這裡的挑戰就在於如何以超低價格提供最基礎的合格產品。

當然，每個市場都不可能對顧客進行如此簡單、精細的分類，所謂的混合型顧客變得愈來愈普遍。這些顧客在廉價商店採購食品和日用品，這樣就能負擔去三星級餐廳用餐的費用。為了在高價和低價間找到對的定位，公司需要了解這些類型的顧客人數有多少。

向不同顧客推銷產品，經理人將面臨不同的挑戰，這要求他們掌握不同的技能組合。即使這些技能和人格魅力在某個價格的市場效果良好，到了另一市場也很可能變成阻礙。奢侈品公司需要在設計、品質和服務上擁有卓越不凡的才能，以及在各個業務環節保持一致的形象和統一的標準。相應地，這需要某種特定的企業文化來支持。在這個市場，成本控制技巧和能力反而不算是一個必備的成功因素。

高價定位就是把成本和價值之間的利益權衡放在首位。公司需要提供高品質的產品，但不能放任成本失去控制。如果一家公司想透過走低價路線，尤其是超低價路線，去獲取成功，那麼這家公司必須有技巧和能力把整條價值鏈的成本控制在盡可能低的水準。這些公司的企業文化通常如同奢侈品公司的企業文化一樣不留情面，但關注點卻是相反的。相較於奢侈品世界，低價定位的公司就算不至於吝嗇，也一定要謙遜和節儉。這種工作環境並不是每個人都能適應的。即使在低價和超低價市場，公司也需要掌握複雜的行銷訣竅並吸引合適的人才。一定要準確了解可以省略哪些細節，卻又不會因此導致顧客拒絕購買產品，或轉而投向競爭對手。

這些簡短的分享應該足以顯示一家公司同時實行高價策略和低價策略是一件多麼困難的事。企業文化的要求完全不同，但是一家公司有可能透過去中心化的治理結構來克服這個困難。有一家公司成功克服這個困難，那就是Swatch。一位觀察家指出：「Swatch有很好的定位，因為它的品牌從不貴的Swatch手錶到超級昂貴的寶璣（Breguet）和寶珀（Blancpain）系列手錶都有。」[42]

我們可以嘗試用更確切的數字去回答「什麼是最有前景的訂價策略」。邁可・雷諾（Michael Raynor）和穆塔茲・阿曼德（Mumtaz Ahmed）最近接受這項挑戰，分析一九六六至二〇一〇年在美國超過兩萬五千家的上市公司，這些公司需要公布全面的財務數據。[43]這兩個研究專家用資產報酬率作為衡量成功的標準。要進入他們稱為「奇跡創造者」（Miracle Workers）的行列，必須自上市起每年的資產報酬率排在前一〇%。兩萬五千家公司中只有一百七十四家（〇・七%）符合這個要求。「長跑選手」（Long Runners）是第二類領先名單，要求每年資產報酬率在前二〇%至四〇%。他們發現這類公司的數量更少，只有一百七十家。剩餘的公司都屬於「一般人」（Average Joe）。

接著他們從九個不同的產業各挑選一家「奇跡創造者」、一家「長跑選手」和一家「普通選手」比較，提出兩條成功的法則，分別是「價值先於價格」和「營收先於成本」。「奇跡創造者的競爭力來自於市場區隔而不是價格，往往更依靠毛利而非降低成本來增加獲利能力。」他們解釋，「長跑選手一般既依賴成本優勢，也依賴毛利優勢。」

這些有趣的發現說明高價策略成功的比例要比低價策略成功的比例高。正如我們所看到的，商業世界裡是有一些採取低價策略取得大幅成功的公司，但數量少之又少。情況肯定是這樣，簡單來說，這是因為大多數市場都有空間留給一兩家成功的「低價格、高銷量」公司。這一點和雷諾與阿曼德的另一個發現吻合：「成本導向極少能帶來較好的獲利。」

相比之下，大多數市場都可以支持數量眾多的高價公司，並有空間讓它們繼續維持成功。總的來說，我認為雷諾和阿曼德的研究結果合理，而且有效。在從事四十年的訂價工作後，我確信只有極少數實行低價策略的公司能取得長期成功。這些公司的規模一定要很大，而且在成本方面極具優勢。更多公司則依靠提供差異化的商品和走高價路線來取得長期的成功，但這些公司一般不會擴張到低價競爭對手這麼大的規模。

至於奢侈品，我們可以再次看到成功的公司在數量上相對較少，是三種類別中數量最少的一類。

從前四章的內容可以了解到經濟中的一切都圍繞價格展開，奇怪的價格心理在其中扮演著關鍵的角色，而且有令人驚喜的新發現，不同的價格定位都能帶領公司取得持續的獲利。在對訂價簡單了解之後，接下來三章將進一步探討訂價的內部機制。

注釋

1. ALDI press release, December 20, 2013.
2. 這裡衡量的獲利是稅前息前折舊攤銷前獲利，另外也使用營業利益，因為北阿爾迪沒有負債，稅後獲利也許更高。
3. *Manager-Magazin*, April 16. 2012.
4. ＩＫＥＡ二〇一四年一月二十八日公布的年報。
5. “IKEA's Focus Remains on Its Superstores”, *The Wall Street Journal*, January 28, 2014.
6. 二〇一三年 H&M 的年報。
7. “Ryanair Orders 175 Jets from Boeing”, *Financial Times*, March 20, 2013, p. 15 and “Ryanair will von Boeing 175 Flugzeuge”, *Handelsblatt*, March 22, 2013, p.17.
8. “Der milliardenchwere Online-Händler”, *Frankfurter Allgemeine Zeitung*, February 16, 2013, p. 17.

9. Stu Woo, "Amazon Increases Bet On Its Loyalty Program", *The Wall Street Journal Europe*, November 15, 2012, p. 25.

10. "Alibaba flexes its muscles ahead of U.S. Stock Filing", *The Wall Street Journal Europe*, April 17, 2014, p. 10-11.

11. Vijay Mahajan, *The 86% Solution – How to Succeed in the Biggest Market Opportunity of the 21st Century*, New Jersey: Wharton School Publishing 2006.

12. C.K. Prahalad, *The Fortune at the Bottom of the Pyramid*, Upper Saddle River, N.J.: Pearson 2010.

13. "The Future is Now: The $35 PC", *Fortune*, March 18, 2013, p. 15.

14. "Number of mobile phones to exceed world population by 2014", *Digital Trends*, February 28, 2013.

15. "1 billion smartphones shipped worldwide in 2013", *PCWorld*, January 28, 2014.

16. Andy Kessler, "The Cheap Smartphone Revolution", *The Wall Street Journal Europe*, May 14, 2014, p. 18.

17. *VDI-Nachrichten* March 30, 2007, p. 19.

18. Holger Ernst, *Industrielle Forschung und Entwicklung in Emerging Markets – Motive, Erfolgsfaktoren, Best Practice-Beispiele*, Wiesbaden: Gabler 2009.

19. Podium discussion on "Ultra-Niedrigpreisstrategien" at the 1st Campus for Marketing, WHU Koblenz, Vallendar, September 23, 2010.

20. Vgl. Vijay Govindarajan and Chris Trimble, *Reverse Innovation: Create Far From Home, Win Everywhere*, Boston: Harvard Business Press 2012.

21. 二〇一〇年五月十一日與塔塔汽車執行長卡爾彼得・福斯特（Carl-Peter Forster）在孟買的談話。

22. 二〇一〇年五月十四日在新加坡舉行的亞太會議（Asia-Pacific Conference）上與西門子執行長彼

得・羅旭德（Peter Löscher）的談話。

23. 數據由西蒙顧和管理公司的倫敦辦公室在二〇〇六年蒐集。刮鬍刀的價格是根據市面上最大的刮鬍刀組計算。
24. 二〇一二年寶僑家品的年報。
25. “Newcomer Raises Stakes in Razor War”, *The Wall Street Journal*, April 13, 2012, p. 21.
26. “Erfolg ist ein guter Leim, Im Gespräch: Markus Miele und Reinhard Zinkann, die geschäftsführenden Gesellschafter des Hausgeräteherstellers Miele & Cie.”, *Frankfurter Allgemeine Zeitung*, November 13, 2012, p. 15.
27. 同上。
28. 同上。
29. 小幅的改進使 Cayman 的引擎增加十馬力。
30. Enercon 沒有在美國和中國發展業務，也沒有離岸風機。儘管有種種限制，它仍然是世界上第三大的風機製造商。
31. Christopher W. L. Hart, “The Power of Unconditional Service Guarantees”, *Harvard Business Review* 1988, pp. 54-62.
32. 如果要更全面了解奢侈品的訂價，請見 Henning Mohr, Der *Preismanagement-Prozess bei Luxusmarken*, Frankfurt: Peter Lang-Verlag 2013.
33. Grand Complication 並不是世界上最昂貴的手錶。最昂貴的錶是 Hublot 二〇一二年在巴塞爾鐘錶展上發表的錶款，價格為五百萬美元。
34. 巴塞爾鐘錶展是世界上最大的鐘錶展，有一千八百個參展廠商、超過十萬名訪客。日內瓦國際高級鐘錶展則更加高級，只有十六個廠商和一萬兩千五百名訪客。

35. “Große Pläne mit kleinen Pretiosen”, *Frankfurter Allgemeine Zeitung*, March 12, 2012, p. 14.

36. John Revill, “For Swatch, Time is Nearing for Change”, *The Wall Street Journal Europe*, April 11, 2013, p. 21. 這個問題的數據有些矛盾。另一份報告指出瑞士的手錶平均價格是四百三十歐元，有個瑞士手錶製造商則說平均價格大約一千七百歐元。

37. “Boom Time Ahead for Luxury Suites”, *The Wall Street Journal*, March 21-23, 2014.

38. 請見 Aviation-Broker.com。

39. “Soaring Luxury-Goods Prices Test Wealthy’s Will to Pay”, *The Wall Street Journal*, March 4, 2014.

40. “Tesla misst sich an Mercedes”, *Frankfurter Allgemeine Zeitung*, April 4, 2013, p. 14.

41. “Porsche verkauft so viele Autos wie nie zuvor”, *Frankfurter Allgemeine Zeitung*, March 16, 2013, p. 16.

42. John Revill, “Swatch Boosts Profit, Forecasts More Growth”, *The Wall Street Journal Europe*, February 5, 2013, p. 22.

43. Michael E. Raynor and Mumtaz Ahmed, “Three Rules for Making a Company Truly Great”, *Harvard Business Review online*, April 11, 2013.

5
價格是最有效的獲利引擎

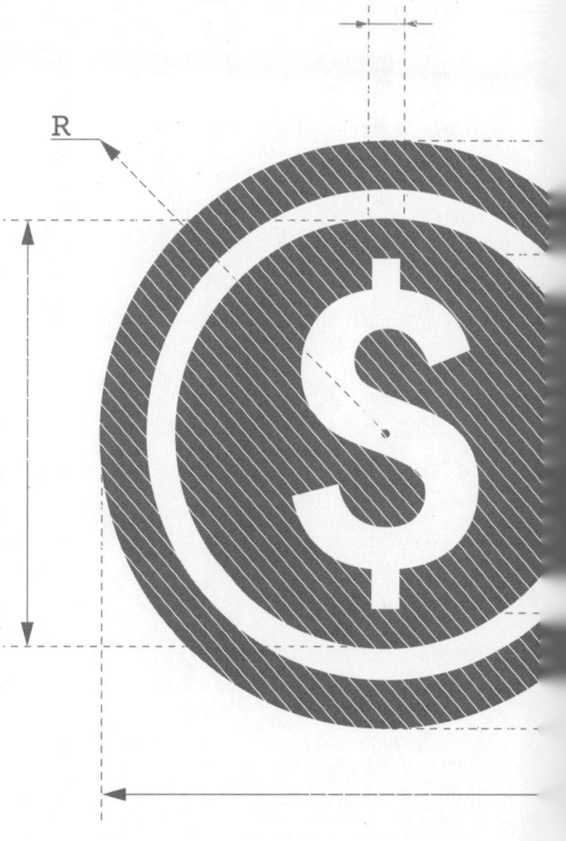

我常常很驚訝小型企業老闆對價格和獲利錙銖必較，而大公司經理人卻避而不談。

幾年前，我雇用一個園丁幫我整理後院。我跟他說如果他能給我額外三%的折扣，我就會馬上付清帳單。這種「提前支付優惠」（early payment discount）在很多商業合約中非常普遍。

「不可能。」他沉著而冷靜地回答。

懷著驚訝和好奇，我問他為什麼。

「我的淨利率是六%，」他說，「如果你馬上給我錢，很明顯能增加我的現金流。但如果我給你那三%的折扣，我就需要兩倍的人手、做兩倍的事，才能賺到同樣多的錢。所以我不接受你的條件。」

我無話可說。我很少碰到經理人能如此簡潔又正確地解釋一個價格決定。也許這是因為這些錢都是他的。他表現出來的謀生本能，和我小時候在菜市場的感受一樣。

你認為平均每家公司真正能賺到多少獲利？像園丁那樣用百分比來思考這個問題，每一百美元的銷售，平均有多少可以留下來成為公司的獲利？

如果你讓消費者很快給一個答案，他們通常會給出一些非常大膽的估算。在一個研究中，美國消費者估算這些毛利率或銷售毛利是四六%；在德國一個類似的研究中，人們預估的毛利率為三三%。真實的數字和園丁的毛利非常接近，和大部分人所設想的不一樣。

當毛利率是一%至三%的時候，批發商和很多零售商就已經非常滿意了。沃爾瑪在二〇一二至二〇一三會計年度的合併淨利（consolidated net income）是總營收的三・八%。[1]毛利率一〇%的工業公司已經高於平均水準了。

當然，這條規則也有例外的情況。蘋果公司在二〇一四會計年度的淨利率（net margin）達到二一・六%。[2]讓我們說清楚一點。如果每家企業的平均獲利都像蘋果那樣，我們就會活在一個完全不一樣的世界，那是一個超出我們想像的烏托邦。但我們可以把這樣的世界留給哲學家和科幻小說的作者。在二十一世紀，只有一位數字的毛利是常態，企業必須關注產品的訂價。價格出現一個百分點變化，都會給獲利狀況帶來驚人的影響。你的毛利愈低，就愈需要小心。如果一家毛利只有一%的企業想透過降價來提升市占率，那麼經理人必須意識到這個行動可能會犧牲全部獲利。

追求獲利既是優質訂價的動力，也是優質訂價的結果。這兩個話題是無法分割的。獲利是最終指引公司前進、唯一有效的指標。道理很簡單：獲利是唯一一個既考慮營收又考慮成本的標準。一個想把銷售最大化的公司容易忽略成本面，一個想把市占率最大化的公司可以在很多方面扭曲業務。總之，想要讓市占率達到最大，最簡單的方式就是把價格定為零。

第2章百思買的例子顯示，當一家企業忽視獲利，而把注意力放在其中一個次要的目標（例如市占率）時會發生的後果。但和電視機製造商最近的遭遇相比已經算是好的了。平板大電視逐漸成為客廳的標準配置，這台設備外表美觀、價值不菲，功能還很強大，讓我們驚嘆不已。然而在二〇一二年這些製造商總共虧損一百三十億美元。這是怎麼回事呢？同業公會理事長歸咎於「太多企業專注市占率，忽視獲利狀況」。[3]

不幸的是，很多人對「獲利」這個詞的印象是負面的。過去三十年，好萊塢電影把獲利和賺錢與揮霍無度和自我放縱連在一起。我不否認這些情況存在。畢竟很多電影是基於真人真事拍攝。但是，在我看來，捍衛「獲利」並不等於捍衛貪婪和揮霍，這是要捍衛企業生存和發展。讓我們記住現代最受尊崇和廣泛追隨的管理學專家彼得・杜拉克的評論：「獲利是企業生存的條件。它是未來的成本，是繼續留在這個產業的成本。」[4]或者正如受人尊敬的德國經濟學家艾里希・古騰堡（Erich Gutenberg）說的：「沒有哪個事業會因為獲利而垮掉。」

獲利比其他企業目標更為重要，因為它確保企業能夠生存下去。企業不能在年末的時候把獲利看成是錦上添花或一份「意外驚喜」。換一種說法就是：如果你的公司不賺錢，或者所採取的行動會嚴重損害獲利，那你可能會飯碗不保，裁員只是遲早的問題。我最喜歡舉的例子就是二〇〇六年底的摩托羅拉。在折疊式手機 Razr 系列大幅降價後，這家手機製造商形容二〇〇六年第四季的銷售創史上新高。這個說法缺乏說服力，只是要從一系列壞消息中進行最後一搏。這一季的獲利大降四八%，市值縮水數十億美元。在這個消息出現後幾周，摩托羅拉宣布裁員三千五百人。[5]

由於獲利是企業生存不可或缺的條件，這意味著優質訂價是企業賴以生存的手段。企業需要像對待成本那樣，精確嚴謹地計算價格。儘管在這本書中提到許多訂價決策不佳的負面例子，但仍有很多遵循另一條道路而成功的例子：它們創造有價值的產品和服務，然後將價格定位在銷售和獲利狀況同時處於健康的水準。

追求錯誤的目標

各國企業的獲利水準有著顯著的差異。我多年來追蹤這個數據，而且歸納一部分原因出在文化規範。圖5-1比較二十二個國家裡企業的平均毛利。[6]美國公司以六・二%位居中間，儘管德國企業在過去幾年的表現有所提升，但它們的平均稅後淨利率為四·二%，處於後段班；日本企業只有二%的毛利，習慣性地處於最後的位置；所有國家的平均比例接近六%。

是什麼導致如此大的差異？很大程度上是因為有錯誤的目標。儘管我不認為這些數字完全是自我應驗的預言（self-fulfilling prophecy），但確實反映出企業優先考慮什麼。太多企業更優先考量目標，而不是獲利。在西蒙顧和的一個計畫中，一位全球領先汽車公司的高階主管很好的總結目前普遍的看法：「老實說，官方會說，沒錯，獲利是我們的目標。但實際上，如果獲利下降二〇%，沒有人會在乎。然而，就算我們只損失〇·一%的市占率，人頭也會落地。」

一家大型跨國銀行的執行副總裁設法不用「市占率」來表達同樣的觀點。他希望透過訂價實現提升獲利這個明確目標，但有一個不可妥協的前提條件：「我們不能失去任何顧客，一個都不可以。」

我在一家工程公司的董事會任職多年，它們有個習慣是簽下不賺錢的大訂單。有一天一個高階經理人驕傲地宣布，他從一個大顧客那裡接到一個一千萬美元的訂單。在競爭激烈的市場裡拿到如此大的訂單，我很急切地想了解更多資訊。我問，在首次投

圖 5-1　民營企業與上市公司的稅後淨利率

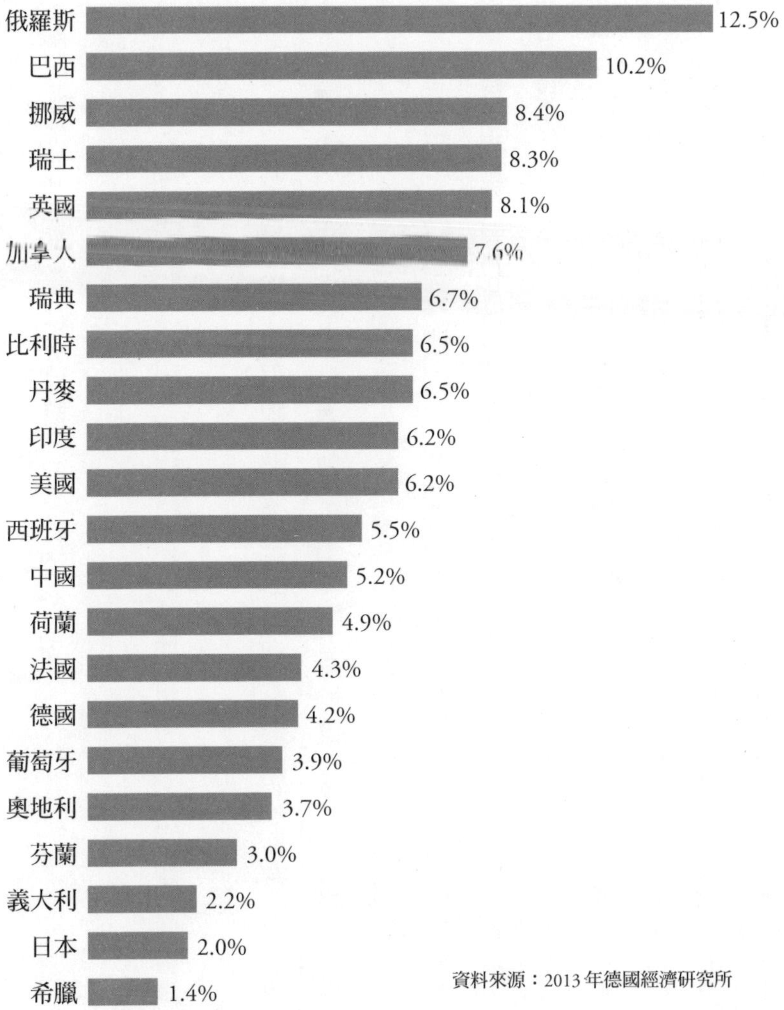

資料來源：2013 年德國經濟研究所

標後他要做出什麼讓步。

「我們需要給他們一七％的額外折扣。」他說。

「那麼你原始的毛利是多少？」我問。

「一四％。」他回答，根本沒有意識到這麼簡單的算術結果背後，這個讓步將會讓公司付出多少代價。

儘管我呼籲他們重新考慮、甚至拋棄那些不賺錢的生意，但類似的交易在這家公司還是非常普遍。他們最關心的是要給員工製造足夠多的工作機會，獲利從來沒有主導過他們的思考和行動。這實在很可惜，因為這家公司聘用許多才華橫溢的工程師，有許多創意能改善顧客流程。最終我辭去董事職務。最後的結果應驗彼得・杜拉克的話：企業看待不賺錢的業務，決定了它的未來，企業是無法靠這些業務存活的。這家企業在五年後申請破產。

在我身為學者、企業家和顧問的數十年職業生涯當中，我常常聽到類似的聲明，目睹類似的行動，數量之多，讓我了解到這絕不是個案。這種趨勢延續到今天。在二〇一三年，德國藥品零售市場的龍頭企業發起一場全面的價格戰。主要的參與者是市場領導者菲尼克斯製藥公司（Phoenix）與「攻擊者」Noweda，第三大參與者是塞拉西藥房（Celesio）。結果可以預見。除了市占率短暫的起伏以外，在整場戰役塵埃落定後，整體的市占率沒什麼改變。在一個過去毛利率已經非常低的市場中，獲利能力被犧牲。在二〇一三年十二月，菲尼克斯公布所有的獲利指標均持續下滑。[7,8] 隔年一月，塞拉西藥房被美國市場領導者麥克森公司（Mckesson）收購。

過度關注市占率、銷量或產能利用率等目標而犧牲獲利並不是單一國家的現象。日本對市占率有種迷戀，這絕對是造成獲利水準長期處在圖5-1末端的原因。我已經數不清有多少次日本高階經理人在訂價和改善獲利的討論中評論：「但這樣我們的市占率就會掉了。」秉持這句箴言，他們會客氣地拒絕任何要他們減少採取侵略式訂價和打折政策的建議，因為損失市占率在日本是禁忌，這被認為是件很丟臉的事，而且還會背負惡名。在日本的文化中，撤退是被反對的。這個國家的地形沒有撤退的空間，這也許解釋這個信念的根源。

然而，在中國，撤退是種值得被尊敬的戰術。這個國家廣闊的地域可以允許這樣的策略。當中國企業嘗試將本土品牌推向國際化的時候，看到它們的策略目標是件讓人興奮的事。在德國，保住飯碗扮演著市占率在日本的類似角色。在大國中，英國和美國在獲利方面做得相對較好，我將這歸因於資本市場的影響，它在這些國家的影響力比在其他國家更大。儘管如此，我認為美國公司更加強調追求市占率的目標。市占率依然扮演強大的角色，對市占率的追求也許正是這兩個國家的獲利差距接近二%的原因。

在圖5-1中，我們很驚訝地看到小國家的公司比大國家的公司更傾向於設定更高的毛利。乍看以為情況應該相反，也就是在更大市場中的公司應該從規模經濟中獲利更多。怎麼解釋這個相反的結果呢？根據我的經驗，我猜有兩個原因：第一，在更大市場中的公司更追求市占率；第二，在更大市場中競爭更加激烈，因此很難採取更高的價格，這在小市場往往更容易實現。

幸運的是，很多公司近幾年已經開始對價格重新定位，一個非常具有說服力的例子是德國化工企業朗盛（Lanxess AG）。它在二〇〇五年引進「價格先於銷量」（Price before Volume）的口號，並自此立於不敗之地。這家公司的稅前息前折舊攤銷前獲利（EBITDA）由六億美元成長至十五億美元，自二〇〇四年以來年複合成長超過一四%，呈現出持續、價值導向的價格管理成果。[9]

設定銷售額、銷量和市占率目標本質上並沒有錯。很多公司都有這些目標並努力在其中取得平衡。然而，這三個次要目標對價格設定並沒有提供有用的指引。價格設定需要透徹理解兩件事：顧客感受到你的價值，以及你需要保持或提高這個價值的獲利水準。如果市占率是主要目標，為什麼不免費贈送產品呢？甚至付錢讓顧客使用？毫無疑問，這樣的策略沒有任何意義。事實是，幾乎所有公司的目標設定並不是「非此即彼」。平衡至關重要。最核心的問題是大部分的公司沒有取得平衡。相對於市占率、營收、銷量或成長率等目標，它們仍然低估獲利的重要性，並且因為誤解這樣的優先排序帶來非常可怕的後果。這些失衡將導致怪異的訂價策略和無效的行銷戰術。

亞馬遜想要永遠在沒有可觀毛利下一直保持營收成長嗎？股東們仍然堅信這個策略。二〇一五年亞馬遜的股價上漲超過五〇％，但最終就算是亞馬遜也必須產出獲利。對一家在二〇一三年公布營業上漲四％，但獲利下降二八％的陶器公司，這樣的結果有什麼意義？[10] 像亞馬遜一樣，這家公司的產品訂價非常激進，當出現營收成長而獲利下降時，錯誤訂價通常是其中一個根本原因。

漲價二％對獲利有什麼影響？

價格改變二％會對企業獲利有什麼影響？為了讓分析更簡便，我們只是改變價格，其他維持不變。對於價格的小幅增加不會影響銷量的假設你可能會覺得很牽強，但現實並非如此，即使在競爭激烈的市場中，企業仍有很多方法可以讓漲價這個如此重要的行動對銷量產生極小影響，甚至不產生影響。

一家年營收約一百四十億美元的大型工業公司要我們為如何漲價提供建議。我們並沒有建議要徹底改變價格。相反的是改變對銷售人員的誘因，特別加入一項「反折扣」獎勵。銷售人員提供給顧客的折扣愈低，拿到的紅利愈高。新的價格系統很快就被證明有吸引力，而且馬上有效。在沒有明顯銷量下滑和顧客流失下，前三個月公司的折扣從以往最低的一六％降至一四％，這等於實際價格上漲二％。

如果入選全球財星五百大的企業將產品價格提高二％，獲利會發生什麼變化？根據這些公司二〇一二年的數據，圖5-2顯示其中二十五家企業的獲利變化。[11]

價格相對小幅上漲二％會給這其中許多公司的獲利帶來巨大的影響。如果Sony成功地漲價二％，在沒有損失任何銷量下，獲利會成長二・三六倍，也就是說會超過兩倍。沃爾瑪的獲利會成長四一・四％，通用汽車會成長三六・八％。即使是高獲利的公司，諸如寶僑、三星電子或雀巢，獲利也會成長超過一〇％。在這當中有大幅獲利的公司，如IBM和蘋果，獲利的增加幅度比較適度，但仍然很顯著。這些數字說明找出最適價格是值得的。

圖 5-2 價格提高 2%的獲利變化

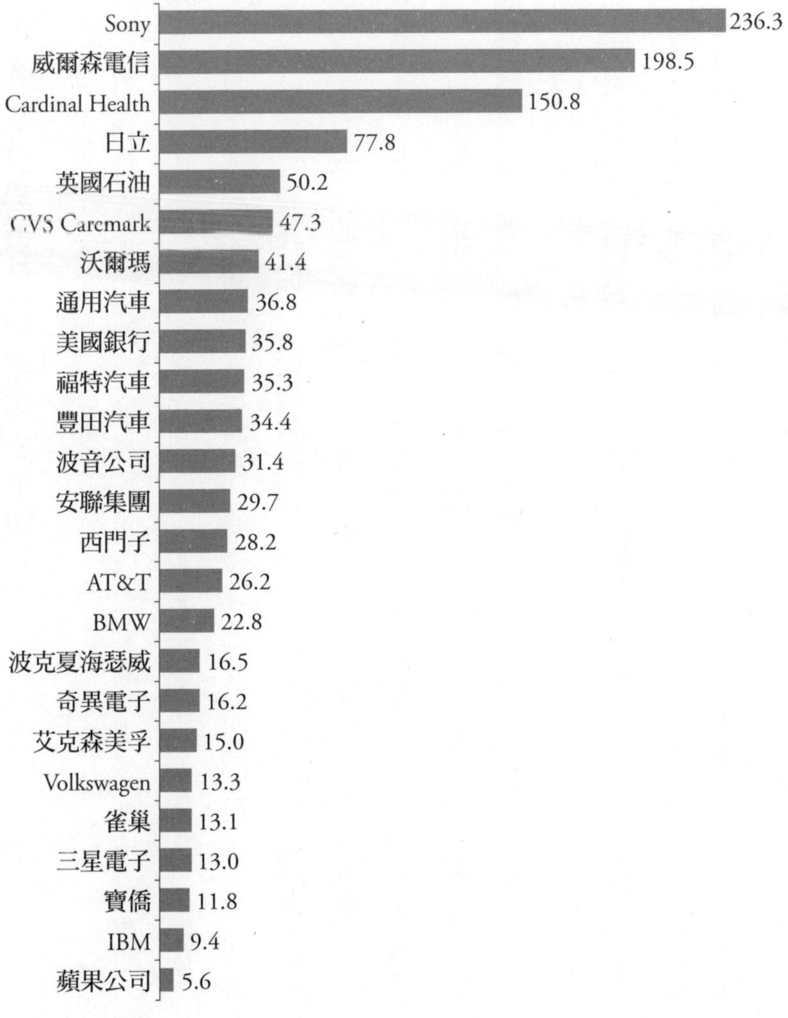

經理人最容易低估價格帶來的獲利

營收是價格和銷量計算出來的。獲利是營收和成本的差額，這意味著所有的生意只有三個獲利引擎：價格、銷量和成本。這些獲利引擎都很重要，但對獲利的影響程度不一。一些日常的證據、研究與經驗告訴我，經理人大部分的時間和精力都花在成本控制上，你可以換一種說法叫「效能改善」（efficiency improvement），這被視為是提升獲利的手段，尤其是在經濟艱難的時期。我估計經理人七〇%的時間放在成本上，二〇%在銷量上，只有一〇%在價格上。第二個受經理人「歡迎」的獲利引擎是銷量或單位銷量。他們願意把時間和資源花在尋找更好的銷售策略和支援、建立銷售團隊與優化競爭策略上。價格通常排在最後，在一些例子中，只有管事的經理人發起價格戰時才會納入考慮。

諷刺的是，這種順序與獲利的影響程度相反。價格得到的關注最少，但影響卻是最大。就來看一家製造和銷售電動工具的公司，這是來自西蒙顧和的一個計畫，我把相關數字取整數並做點修改來方便計算。製作工具的成本是六十美元，然後以一百美元賣給經銷商和批發商。固定成本是三千萬美元，最近每年賣出一百萬個工具，產生一

圖 5-3　獲利引擎的改善會如何影響獲利

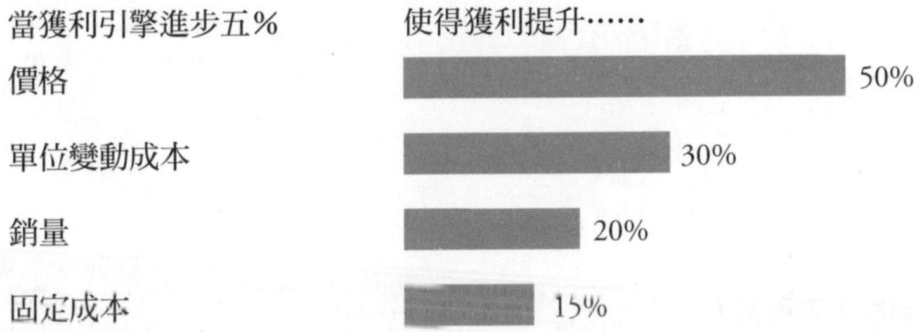

億美元的營收和九千萬美元的成本，因此獲利一千萬美元，毛利可觀，達到一〇%。這個例子中的成本結構是工業產品的典型結構。現在讓我們來看，如果單獨將價格、變動成本、銷量和固定成本等個別的獲利引擎改進五%，會發生什麼變化。

價格成長五%會推動獲利提高五〇%。相比之下，銷量成長五%只會帶來二〇%的獲利增加。變動成本和固定成本減少五%會分別提高三〇%和一五%的獲利。改善其中一個獲利引擎都將帶來顯著的影響，這表明投資在這些項目上物超所值，重點是，價格的改善對獲利的影響最大，這種力量最容易被經理人低估（圖5-3）。

改變價格會產生什麼變化？

如果降價二〇%，你需要賣出多少個電動工具才能

表 5-1　降價如何影響獲利

	最初的情況	降價 20%後的獲利	降價 20%、銷量增加 20%的獲利
價格（美元）	100	80	80
銷量（萬）	100	200	120
營收（萬美元）	10,000	16,000	9,600
變動成本（萬美元）	6,000	12,000	7,200
邊際貢獻（萬美元）	4,000	4,000	2,400
固定成本（萬美元）	3,000	3,000	3,000
獲利（萬美元）	1,000	1,000	-600

達成和降價前相同的獲利水準？經理人最常見的直接反應是「二〇%」，要是這麼簡單該有多好，二〇%的數字遠遠被低估。表5-1顯示實際的情況，以及為了保持獲利不變，你所需要銷售的工具數量。

即使銷售團隊在降價後成功多賣出二〇%的電動工具，仍然是虧錢的。你的邊際貢獻（contribution margin）並不足以抵銷固定成本。當價格從一百美元降到八十美元時，將削減一半的獲利貢獻，因為製造一個工具仍然需要花六十美元。事實是，在降價後，你的銷量必須翻倍才能保持一千萬美元的獲利，少一點都不行。

以上的計算相當簡單。然而很多經理人在得知二〇%的銷量成長（看起來似乎是一個成功的結果）會對獲利帶來災難性的影響時，仍然覺得非常吃驚。

大量購物優惠和免運費是網路交易非常普遍的誘因。西蒙顧和的一個研究顯示，消費者認為「免運費」是選擇網路購物，而不到實體商店的一個主要原因。身為顧客，這些誘因手段的確有一定吸引力，但卻是公司的獲利能力的隱患。正如下面的例子，只要寫下來就會發現計算很簡單，即使沒有憑直覺也能很快理解。

就來看一家賣襪子網路商店。如果你買十雙襪子，你會得到二〇%的折扣。我問一個高階經理人這有意義嗎，他會告訴你，他按照一〇〇%的零售價標價，因此有能力提供這個優惠。如果你的訂單超過七十五美元，他還提供免運費（成本為五．九美元）作為額外的優惠。

表5-2顯示這些決定的結果。為了讓這個例子看起來更加簡單，也讓情況看起來對賣家更有利，我們假設這個生意沒有任何固定成本。

比較沒有折扣和收取運費這個基礎方案，提供折扣優惠和免運費的決定讓店家的獲利少了五一．八%。現在你一定會爭辯說，在表5-2右邊的方案銷量會更高，因為折扣和免運費對人們有吸引力。沒錯，那需要增加多少銷量才能達到和無折扣相同的獲利呢？

表 5-2 大量購物優惠和免運費的結果

	沒有折扣，有運費	20%的折扣，免運費
價格（美元）	10	8
銷量（雙）	10	10
運費（美元）	5.9	-
營收（美元）	105.9	80
變動成本（美元）	50	50
運費成本（美元）	5.9	5.9
獲利（美元）	50	24.1
獲利指數（%）	100	48.2

為了達到相同的獲利，在「折扣加免運費」的方案下，店家需要將銷量增加一倍多。精確來說，需要多賣出一〇七%的襪子。這非常難達成，原因有兩個：第一，人們對襪子這種生活消費產品的價格改變不那麼敏感；第二，這類折扣常會導致生活消費產品店家說的「儲藏室效應」（pantry effect）。人們會只因為折扣和免運費而囤積襪子，導致未來的訂單減少。即使是忠實顧客，在這些折扣面前也會養成只在優惠或折扣期間購買的習慣。這樣的話，大部分的顧客會訂購十雙襪子，享受二〇%的折扣和免運費，但不會買更多的襪子。

大額銷量看來很美好。在「折扣加免運費」的方案下銷量提升五〇%至六〇%也許會讓賣家滿意。但問題是大額銷量並不夠，你需要巨額銷量才划算，有時並不可能達成。

再看另一個電商例子，一個銷售寵物食品和寵物用品的店家採取一個激進的訂價策略，亮眼的銷量數據讓經營階層有許多機會讓投資者眼睛一亮。第一季銷售比前一年同期成長三〇%，第二季則成長三四%。問題是，這些引人注目的數字遮掩一個重要的事實：第二季出現虧損。

當一家營收超過兩百億美元的大型歐洲零售商參與「免稅周」的活動，免去顧客一九%的營業稅時，同樣的情形發生了。「帶來的客流量非常驚人，」其中一個高階經理人告訴我，「週末的客流量成長超過四〇%！」我知道沒有經理人或高階經理人會抱怨週末的商店走道裡塞滿了顧客。問題是這些刺激的誘因對顧客來說太過慷慨。使用前面的計算會發現，在這個「免稅周」，零售商需要增加一一三%的顧客才能損益兩平。

即使是最優秀的經理人，執著追求客流量、營收和市占率等錯誤目標，都會忽略折扣和促銷對獲利的影響。很難確定這些促銷所吸引的顧客有多少會轉化為在正常價格下會重複購買的顧客，但這並沒有改變我的園丁所了解的簡單而高雅的道理：當你以折扣、退款、免稅日、免運費等形式提供顧客有吸引力又容易上癮的優惠時，你會看到客流、銷量，以及大部分時候（但並不總是）營收的上升。正是這些原因讓這些折扣如此吸引人，散發誘惑。它們看起來像是成功了。

但這樣的成功往往只是假象。

跟未來借顧客的災難

二〇〇五年的春天，通用汽車的生意看來不好。四月時，公司賣出比去年同期少七·四%的汽車。五月稍有起色，但比去年同期少四·七%。

是時候做出改變了。

通用汽車的行銷部門想到一個革命性的創意，它們不再只是提供折扣或現金回饋優惠這類標準的交易工具，它們提供員工更優惠的購車折扣。這個行動在二〇〇五年六月一日大張旗鼓地展開，並持續四個月。公司並沒有像以往那樣有明確的折扣額度，相反，它宣稱：「通用汽車的員工價等於經銷商實際購買汽車的價格。」[12]

用「熱銷」來形容接下來兩個月的銷售情況恐怕太輕描淡寫了。

這次前所未有的行銷活動快速增加銷量，銷量之大甚至讓通用汽車和經銷商們始料未及。僅僅在二〇〇五年六月就比二〇〇四年六月多賣出四一·四%的汽車。七月，銷售金額繼續成長一九・八%，導致通用汽車公司擔憂汽車庫存不足。而福特和克萊斯勒也從七月開始實施激進的員工折扣計畫，轉移一部分的市場注意力和需求。

在銷售激增的兩個月後，首先要思考的重要問題是：這些顧客從何而來？除了房屋和大學教育，一輛新車也許是顧客人生中最大的一筆開銷，這不是一時衝動所做出的決定。我們討論的不是襪子或洋芋片的囤貨。在圖5-4中你會看到這個問題的答案。幾乎所有這些顧客都來自於一個地方：未來。

儘管銷售金額從八月開始下滑，但通用汽車仍然將促銷延續至九月底。銷售在九月下跌二三・九%，十月則下降二二・七%，那年其他時間還是衰退。

與挖掘額外需求相比，通用汽車選擇向未來借用顧客，提供更優惠的購車折扣給他們。圖5-4的實線顯示銷量快速下滑，從七月近六十萬輛的高峰跌至十月低於三十萬輛。

下面是第二個重要的問題：這樣做的成本是多少？在二〇〇五年，通用汽車給每一輛汽車的平均折扣是三千六百二十三美元，這家公司虧損一百零五億美元，股票市值從二〇〇五年八月的兩百零九億美元縮水至十二月的一百二十五億美元。一年以後，通用汽車董事長鮑伯・魯茲（Bob Lutz）對這個計畫發表看法：「我們正從員工折扣這種提升市占率、但損害公司剩餘價值的垃圾業務中抽身出來。以低毛利賣出更多的車

圖 5-4　通用汽車員工購車優惠計畫的結果

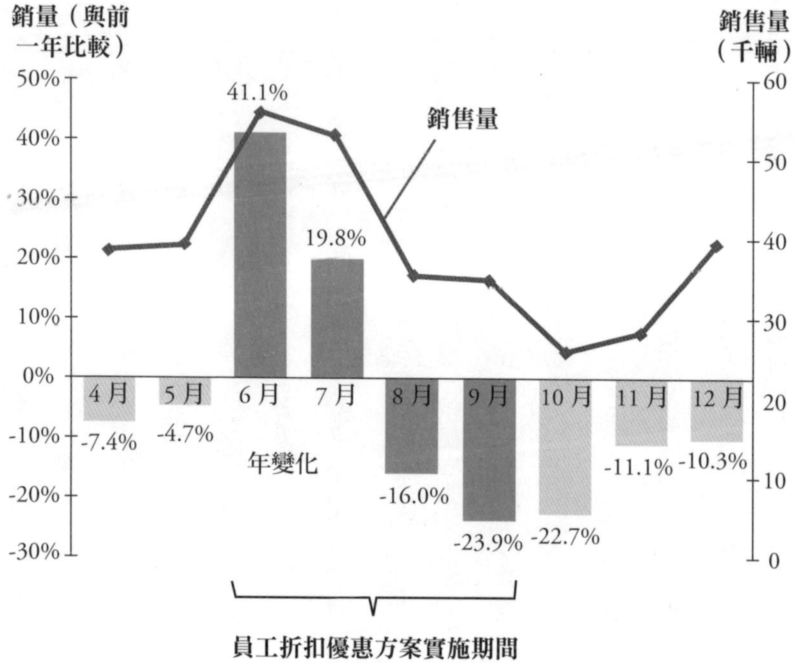

輛，比維持高毛利賣出較少的車更合理。賣出五百萬輛零獲利的汽車，比賣出四百萬輛有獲利的汽車更好。」[13]這毫無疑問是對的，但人們很好奇為什麼鮑伯．魯茲這麼晚才意識到這個道理。

通用汽車從一九三一年開始連續七十七年稱霸全球汽車產業，它在二〇〇八年跌至第二，這家公司在二〇〇九年六月申請破產保護。

價格、差額和獲利

當我強調價格是獲利最強勁的引擎時，我指的是總獲利（total profit dollar），而不是毛利（profit margin）。邊際貢獻（contribution margin）指的是銷售單價和單位變動成本（varible unit cost）之間的差額。在零售業，這個差額指的是批發價和零售價之間的差額。在電動工具業務的案例裡，邊際貢獻為四十美元，因為每個工具的製作成本是六十美元，出售價格為一百美元。如果邊際貢獻超過固定成本，那就會有淨利。

人們非常關注邊際貢獻，但僅僅關注它並不能提供足夠的資訊來讓價格達到最適。在這個想法中嵌入了行銷人員稱之為「成本加成」（cost-plus）的計算方法，在成本基礎上加上一定百分比的「獲利空間」，從而得出希望的訂價。

擁有較大的差額並不能保證獲利。一個重要的原因是這種「成本加成」的方法和顧客感受到的價值沒有半點關係，這個價值才是訂價最關鍵的決定因素。「成本加成」的過程既沒有考慮顧客的價值，也沒有考慮對銷量的影響。成本加成會引導設定太高的價格，從而導致銷量暴跌。沒錯，你的每筆交易可以賺到很多錢，但是如果銷售急速下滑，總獲利還是很少，這正是教科書對「脫離市場的自我訂價」的定義。

$$\text{損益兩平的銷量} = \frac{\text{固定成本}}{(\text{價格}-\text{變動成本})}$$

$$= \frac{\$30{,}000{,}000}{(\$100-\$60)}$$

$$= 750{,}000 \qquad (5\text{-}1)$$

產品價格太低這種相反的情況下也有相同的效應。在進行削減獲利的降價後，有多少人曾經聽到這句決定命運的話：「不用擔心，我們會透過銷量來彌補。」正如前面幾個例子顯示，這樣的結果聽起來似乎非常激動人心，但更多情況下只是一種幻想。

為了理解這些效應和避免掉入接下來的差額陷阱，最簡單的方法就是損益兩平分析（break-even analysis）。就以前面電動工具業務的數據為例，賣給零售商的價格是一百美元，製造這個工具的變動成本是六十美元（單位變動成本），而固定成本是三千萬美元。我們可以計算出達到損益兩平的銷量，也就是需要賣出的最少數量，見式子5-1。

在賣出七十五萬個以後會開始賺錢。如果開始調整價格，你就會看到對損益兩平的銷量數字有巨大影響。如果把價格降至八十美元，那就需要賣出一百五十萬個；價格如果為一百二十美元，則只需要賣出五十萬個就能損益兩平。

儘管如此，當你設定好價格並計算出損益兩平的銷量後，有一個問題仍然存在：誰需要你的產品？換句話說，市場有大到讓顧客能充分理解這個工具的價值，賣出這麼多工具嗎？我們需要同時考慮銷量效應。損益兩平分析可以用來檢驗價格變化對獲利能力的影響，雖然簡單卻十分有效。它同樣可以用來防範只是產生巨額銷量，但對提升獲利狀況毫無裨益的降價措施。

價格是一個獨特的行銷工具

大部分的人，包括經理人，從來沒有在日常生活當中想到「價格彈性」（price elasticity）這個詞。然而，我們可以直覺了解它的含義，而且在做決定的時候，對它的依賴遠超乎想像。每當在判斷改變某些東西是否會帶來影響，或者應該做出多少改變時，我們會直覺或下意識地將彈性納入考慮。

我們每個人都曾碰過這樣的情形：我們決定不再繼續做某件事，因為「不值得」或「並不會帶來什麼變化」。我們也曾經有過這樣的經驗：一個很小的調整或改變帶來巨大的變化。

一位經濟學家把「事倍功半」用來形容「缺乏彈性」，用「四兩撥千斤」來形容

「具備彈性」，價格也一樣。價格對於銷量和市占率有著舉足輕重的作用，而我們利用價格彈性來衡量這個影響。價格彈性是銷量變化和價格變化之間的比率。它通常是負數，因為價格和銷量通常會反向移動。但為了簡便，習慣上會把負號去掉，只關注價格彈性的數值。

價格彈性為二意味著銷量變化是價格變化的兩倍。因此價格下降一%會帶來二%的銷量增加；相反地，價格增加一%會造成二%的銷量減少。或者，如果我們看到價格增加一〇%，銷量會提升二〇%，反之亦然。

從成千上萬個商品調查中，我們知道價格彈性通常在一．三至三之間。[14]儘管價格彈性會根據產品、地域和產業的不同而千差萬別，但中間值大概是二。

其他的行銷工具同樣具有彈性。廣告就是其中一個例子。在那樣的情況下，我們會計算銷量變化和廣告預算的比例（都以百分比表示）。同樣的概念也適用於銷售團隊的彈性。平均而言，廣告彈性在〇．〇五至〇．一之間，而銷售投入的彈性則在〇．二至〇．三五之間。因此，大約為二的價格彈性，平均比廣告彈性高十至二十倍，大概比銷售投入的彈性高七至八倍。換句話說，需要改變一〇%至二〇%的廣告預算或是增加七%至八%的銷售投入，才能有改變一%價格的效果。

當特惠促銷正在進行的時候，例如通用汽車的員工折扣優惠計畫，價格彈性通常會比較高。當它和更多的廣告與更好的配置結合的時候，企業能把效應增強到更大。在極端的例子裡，類似的促銷所產生的價格彈性可以高達十，成為訂價「事半功倍」的罕見例子。但正如通用汽車的例子，你需要了解需求的源頭。你吸引新顧客了嗎？你在競爭中贏得顧客的心了嗎？或是只是大量預支未來的銷量，不是透過低價拉動銷售，而是現在賣給顧客舊車款，而不是接下來的新款，清理庫存而已？

和廣告或者銷售等行銷手段相比，價格還有另一個明顯的優勢：價格調整通常可以非常迅速地實施。相比之下，生產或改變一個產品需要幾個月甚至幾年。廣告活動和預算同樣需要大量的時間準備與實施，需要更長時間才會完全產生效果。

你同樣可以網路上看到這個效應的例子。在二〇一三年十二月的一個早晨，美國達美航空（Delta Airlines）公布超低機票價，幾個小時之後就登上全國頭條，並成為社群媒體的熱門話題。顧客搶購機票，包括波士頓到檀香山只要六十八美元、奧克拉荷馬州到聖路易只要十二．八三美元。這對達美航空是不幸的，但對買家是幸運的，因為一個電腦故障導致這個結果，而公司隨後很快就修正過來。[15]

你幾乎可以馬上調整價格來適應市場的改變，除非你的合約條款或已經印刷的產品手冊不允許調整。現在有些零售商店可以透過演算法或一個簡單的指令即時修改貨架上的產品價格，電子商務網站同樣如此。

當訂價可以快速調整，又有強大影響力時，會出現另一個弊端：由於價格非常容易調整，競爭對手可以迅速地回應，使你從價格調整中所獲取的任何優勢隨之消失殆盡。這些競爭回應往往敏捷而強烈。這個現象本身就幫助說明為什麼企業很少能在價格戰中獲勝。除非你擁有一個不可撼動的價格優勢能夠阻止競爭對手以同樣的方法對付你，否則透過降價來建立持續的競爭優勢幾乎是不可能的。

最後，價格是唯一一個不需要提前投入任何資本就能夠使用的行銷工具。這對財務吃緊的小企業或新創公司來說，特別是強大的行銷工具。本章的內容就足以在制定最適價格時有好的開始，或者最起碼排除危險的選項。規畫廣告活動，建立銷售團隊和執行調查及研發都是商業制勝的關鍵，但它們都有同樣的問題，就是需要在前期投入大量的資本，而且不會立即得到回報。優化這些要素非常重要，但對於小企業或新創公司而言，財務上通常無法立即實現，而價格可以在公司創立時就設定在最適的水準。

這些獨到之處使價格成為無比迷人而有趣的行銷工具，但它的力量也常常被誤解或忽略。如果不用心看待訂價，就會被它的高風險、高獲利外表唬住。我寫這本書的一個目的就是說服你「全心」投入訂價策略，同時降低風險，獲得可觀而又可行的回報。

註釋

1. Walmart 10-K filed March 2013.
2. Apple 10-K, filed October 2013.
3. “TV-Hersteller machen 10 Milliarden Verlust”, *Frankfurter Allgemeine Zeitung*, April 20, 2013, p. 15.
4. Drucker, Peter F., *The Essential Drucker*, New York: Harper Business 2001, p.38.
5. “Motorola Plans to Lay Off 3,500“, *Associated Press*, January 20, 2007.
6. 數據來自二〇一三年德國經濟研究所。
7. “Rabattschlacht im Pharmahandel”, *Handelsblatt*, March 20, 2013, p. 16.
8. 公司在二〇一三至二〇一四會計年度第三季的財報數字。
9. Luis Lopez-Remon, “Price before Volume-Strategy – the Lanxess Road to Success”, Presentation, Simon-Kucher Strategy Forum, Frankfurt, November 22, 2012.
10. “Hoeherer Verlust bei Steinzeug”, *General Anzeiger Bonn*, May 1, 2014.
11. Global 500, The World’s largest corporations”, *Fortune*, July 22, 2013, pp. F-1 – F-22.
12. “GM’s Employee-Discount Offer on New Autos Pays Off”, *USA Today*, June 29, 2005.
13. www.chicagotribune.com, January 9, 2007.
14. Evelyn Friedel, *Price Elasticity – Research on Magnitude and Determinants,* Vallendar: WHU 2012.
15. http://money.cnn.com/2013/12/26/news/companies/delta-ticket-price-glitch/.

6
找出獲利最大的價格

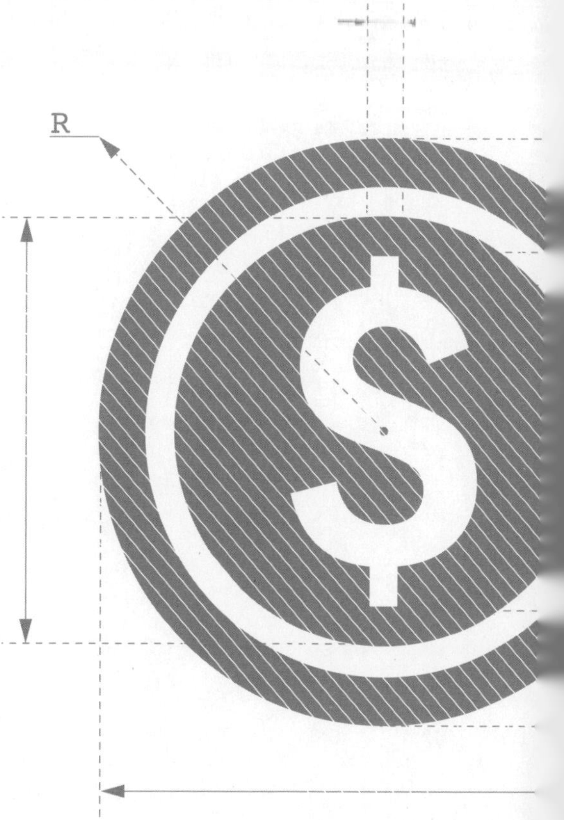

誰在設定價格？這主要取決於市場結構。回想我童年時期的菜市場，那裡有很多買家和賣家在買賣同質產品，沒有任何人可以決定價格，市場價格由供需力量決定。賣方提高營收和獲利的唯一方法是改變銷售的數量，當然，前提是接受目前的價格和訂價機制。

然而在當今社會，生意人一般都有一定程度的訂價能力。這在新產品和獨特產品的銷售中尤其明顯，這給賣方增加獲利的空間，當然也增加犯錯的可能。一些大宗商品（commodity）也存在同樣的訂價空間。水就是一例。[1]在很多國家，一瓶依雲（Evian）礦泉水的價格比其他在地礦泉水高出好多倍。即使像水，就產品的核心來講並沒有什麼不同，你仍然能找到更多的努力空間。你能創立一個響亮的品牌（比如「依雲」），提供更好的包裝（如更符合人體力學設計、可重複密封的塑膠瓶），或提供更好的服務，從而將同質商品轉變成特別的商品，就像依雲礦泉水。

在講課時，如果有人問我同質商品如何創造更多價值，我就會舉這個例子。這時，如果他坐得不太遠的話，我會從講台上拿起一瓶礦泉水扔給他（放心，還沒有人接不到）。很多人後來打電話或寫信跟我說他們從不會忘記這門課。

那誰來決定價格呢？「公司」這個實體做不到這件事，只有人可以決定價格。這就意味著這些決定受人的習慣、看法和政治環境等因素的影響。一般而言，把訂價能力全權交給職位最高的人是個離譜的作法，有很多人與訂價有關，不應該讓一個人對訂價負全部的責任。很多部門的員工可以在決定價格時發聲，像是行銷、銷售、會計、財務部門，當然還有經營階層。總之，人人有想法，個個是專家。

如果你問我，哪個部門應該「擁有」訂價權，我無法給你一個肯定、放諸四海皆準的答案。訂價權本質上不屬於哪個部門。無論是高度集權、層級明顯的公司，還是分權管理、扁平化結構的公司，價格的決定可以發生在組織的任何地方。比較安全的回答是，一家公司的組織架構和產品，決定哪個部門或哪類職務的員工在價格決定上最有發言權或擁有最終決定權。在一些只有幾款主要產品的產業（讓人立刻想起工業機械和飛機製造業），往往是最高階的經理人對價格擁有最終決定權。如果是一家產品極端多樣的公司（如零售業、航空業、旅遊業、物流業等），它們的團隊就算不至於要制定數百萬種價格，也需要制定上千種價格，資深的高階主管根本不可能做出所有決定，而是由下面的團隊或員工根據訂價流程及指導原則來決定具體價格。如果像B2B（企業對企業）的公司，產品價格大部分要透過談判才能決定，那麼公司通常會授權銷售人員，在事先設定的價格範圍內敲定具體價格。

那麼，這些人決定些什麼呢？價格的決定由什麼組成？在極端的情況下，答案就是一個單獨的價格。但我還沒有發現任何一家公司只有一個價格，即使它只有一種產品。我們總能發現價格的不同形式、折扣等優惠、特殊情況，以及運費或旅費等特定服務費用。總的來說，公司有不同種類的產品和服務，這些都需要訂價。汽車製造商不僅僅要為汽車訂價，還需要對數萬種零組件訂價。如果一家公司服務不同的市場，就需要不同的價格參數應對。一些公司則採用底價搭配變動價格的訂價方式。價格差異化來自多種要素、條款以及獎勵措施。但有一點是可以明確的，不管第一印象如何，價格很少是根據一個決定所得出的一個數字。更多時候是大量數字計算和一系列複雜決定的綜合考量過程。

人們是如何做訂價決定的？儘管訂價看起來很像一門科學，但還有廣闊的領域等待開發。廣告大師大衛．奧格威（David Ogilvy）曾說：「人們通常假設行銷人員會用科學的方法決定產品價格，其實訂價就是猜測。這是事實。幾乎在每個例子裡，決策的過程就是猜想的過程。」[2]他在五十多年前說出這番話，至今仍能廣泛應用在經濟上。

但你可能會想，不是所有人都用猜的。一些產業和公司自有一套非常專業的訂價方法，這包括生命科學和醫藥公司。另外，我還想強調在高價汽車製造業，很多製造商非常專業地處理高價產品的訂價。很多網路公司也有很高的專業。但我們需要清楚區隔複雜的訂價和專業的訂價。航空公司採用複雜且非常先進的訂價系統，但卻依然陷入毀滅性的價格戰裡。

為了能從定量的角度了解和感受「如何」訂價，我們必須對訂價有系統性的了解。如果連對價格決定及其影響因素都沒有根本的了解，就很難對實際生活中觀察到的各種訂價方式進行分類和評估。

價格到獲利的連鎖反應

為了能讓訊息簡單易懂，我在前五章盡可能地把故事和牽涉到的數學說得很簡單。在很多情境中，我們會假設價格是唯一的變數，前面提到的例子都是基於這個假設。如果價格的變動不大，那這個假設可以接受。然而，大幅的價格變動會觸發相互作用的反應鏈，使價格管理變得更加複雜，現在是時候要了解當中的複雜性了。

價格的變動也從正面、負面，偶爾相互牴觸等多方面對產業產生影響。圖6-1顯示這些交互影響的重要關係，同時也呈現從價格到獲利的路徑既非奇形怪狀，也不是單一

圖 6-1 價格管理的相互關係

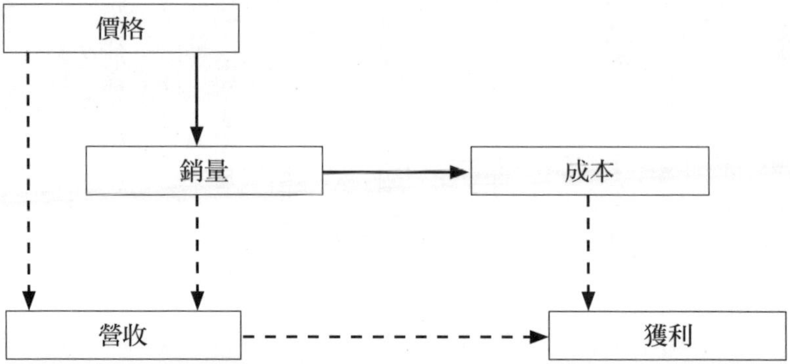

的一條直線。虛線代表確定的關係；營收顧名思義是價格和銷量結合的產品，獲利則是營收與成本之間的價差。

實線代表的是這個系統中的行為關係。價格變動會影響銷量，而銷量變化會影響成本。之前討論過供需關係，所以你已經了解價格和銷量之間的關係。需求曲線，或者嚴格說價格反應函數（price-response function），精確地解釋價格和銷量間的直接函數關係。如果想以專業的方式對產品訂價，那就必須知道產品的需求曲線長什麼樣子。需求曲線能幫忙估計和量化價格決定產生的影響。

需求曲線和成本曲線可以定義價格影響獲利的連鎖效應。更具體地說，如圖6-1所示，從價格到獲利有三個不同的管道：

價格→營收→獲利

價格→銷量→營收→獲利

價格→銷量→成本→獲利

圖6-1顯示最簡單的情況：一個特定的供應商和一段特定的時間。其實圖6-1遺漏三個常見要素：競爭、時機和批發商、經銷商或零售商等中間賣家。加入這三個要素之後，價格和獲利之間的連鎖反應就更加複雜了：

價格→競爭對手的價格→市占率→銷量→營收→獲利

（今天的）價格→（未來的）銷量→（未來的）營收和獲利

（今天的）價格→銷量→（未來的）成本→（未來的）獲利

（供應商的）價格→（經銷商的）價格→銷量→營收→獲利

這些只是重要而明顯的變化路徑。然而，你會發現所有通往獲利的路徑都從價格開始，繞過價格到達獲利是不可能的。因此大多數訂價從業人員深入研究價格決定。原因很簡單：在真實的世界裡，這些路徑很難被追蹤，更難被量化。這樣就導致訂價從業人員又回過頭依靠個人經驗和經驗法則來訂價，透過這種方式找到最適價格的機率是很低的。

價格與銷量的關係

一般來說，價格對銷量的影響是負面的：價格愈高，銷量愈低，這是最基本的經濟規律。我們透過需求曲線用數學形式把它表現出來。隨意把一個價格放到這個方程式裡，就可以知道你能賣出多少產品。

需求曲線通常適用於整個市場或者單一市場。這條曲線實際上是許多條個人的需求曲線加總而成。這和你要購買的商品類別也有關係。

- **耐久財**：這種情況下，需求曲線反映出每位顧客的購買決定只有「買或不買」，不是買洗衣機、智慧型手機、照相機或電腦，就是什麼都不買。也就是說，需求曲線就是個體決定的總和。

- **非耐久財：**這種情況下，買家通常會根據商品價格去決定一次要買多少。想一下冰箱裡有多少罐汽水或智慧型手機有多少容量。我們稱這是「數量可改變」（variable quantity）的情況。這裡的需求曲線反映的就是所有消費者購買商品數量的總和。

相比之下，「買或不買」的情況更容易被量化。古典經濟學告訴我們，如果產品或服務的價格低於顧客的認知價值，顧客就會購買。最高的可能價格或最大的價格就是產品的認知價值。經濟學家有時會稱這是保留價格（reservation price），保留價格反映出顧客的支付意願。

你可以把「數量可改變」視為一連串「買或不買」的個別決定。價格愈高，顧客買的愈少。換句話說，隨著產品數量增加，顧客的支付意願一般會隨之下降，因為他的認知價值同樣隨產品數量增加而下降。與第一個產品相比，第二、第三、第四個產品所帶來的認知價值會更低（嚴格來說是效用更低）。這就是所謂的邊際效用遞減（declining marginal utility）。

如果公司是由個別銷售人員在實際交易中談判得出價格，那麼根據「買或不買」與

「數量可改變」等情況，銷售人員要有不同目的和不同程度的訂價能力。如果買方只會決定買或不買，那麼銷售人員就要從買方身上尋找各種暗示或線索，去確認對方的最高心理價格，並盡可能以最接近的價格完成交易。但在交易談判中，這種對買家較有利的資訊不對稱，正是銷售人員面臨的最大挑戰，尤其是銷售人員有訂價能力的時候。

在「數量可改變」的情況下，賣方至少有兩個選擇：他們可以固定產品單價，或是可以根據買方的採購量來決定產品價格，這個技巧稱為非線性訂價。從數學上來說，要導出「數量可改變」情況下的需求曲線，要比導出「買或不買」情況下的需求曲線難，因為要對每個單位的產品邊際效用有比較準確的評估。

在特定的價格下，每位買家的採購數量加總成需求曲線。理論上來講，這些買家是同質的，但實際上他們幾乎都不同，因為不同的客群或個人，對產品的偏好和對產品效用的認知是不同的。再說一次，在常見情況下，總合需求曲線也是負斜率。但當你把很多個人買家的需求計算進來時，需求曲線會接近平滑曲線。

想讓價格決定有憑有據，經理人必須考慮公司的目標、成本、顧客的消費習慣和競爭對手的行為。把這些因素都考慮進來需要付出心力、做出取捨和艱難的決定。這就是為什麼經理人往往只依賴自己的投入來做出訂價決定。最常用的兩個方法，一個是基於成本訂價，不然就是跟隨競爭局勢訂價。

基於成本訂價

如名字所示，這種訂價方式主要是根據成本來制定價格，既不考慮公司本身的目標，又明顯忽略顧客和競爭對手的行為所帶來的影響。

如果你問那些經銷商、批發商或零售商如何訂價，他們很可能會說：就是簡單地在產品的成本上往上加。如果一件產品的成本是五美元，通常標準的做法是加價一〇〇%，那麼賣家就以十美元的價格賣給客人。雖然這種訂價方式飽受批評，因為它忽略市場很多很重要的層面，但不可否認這種方法在實務上的好處。首先，它基於實質的成本數據，並不是無端的猜想。其次，透過這種方式，賣家可以清楚知道每個產品的具體獲利貢獻。最後，如果競爭對手採用同樣的訂價方式，而市場的購買力相同時，這種方式可以盡可能減少價格戰，並鼓勵賣家從價格以外的地方競爭。成本加成的訂價方法創造實際的價格聯盟，帶來穩定性和可預測性。這些因素都可以解釋為什麼這種訂價方式會受歡迎。

然而，這種方式也有很嚴重的缺陷。因為賣家只參考成本數據，沒有考慮顧客的反應。就上面的例子繼續討論。有可能只有很少的顧客願意花十美元購買商品，如果真是這樣，那麼十美元的價格明顯妨礙市場的成長，還很可能促使顧客轉而尋找符合需求的便宜替代品。顧客也可能願意花十二美元購買這個產品，這就意味著賣家犧牲一大筆獲利。

這個例子的教訓在於：除非你很幸運，成本加成的訂價剛好和顧客願意付出的價格吻合，否則成本加成訂價儘管有優勢，卻會讓你流失很多顧客或錯失很多獲利。也就是說，採用成本加成訂價方法，你很可能開價太高或開價過低。

跟隨競爭局勢訂價

跟隨競爭局勢訂價意味著根據競爭對手的動向設定產品價格，這也意味著需要密切關注競爭對手的產品價格，細至一分錢，或者有意識地把產品價格訂得比競爭對手高一點或低一點。

與成本加成的訂價方法相似，這種訂價方法的一大好處就是簡單。你可以看看下面的說法。

「訂價很簡單。」一家安全設備公司的市場總監曾跟我說，「我們只需要盯著市場上高價品牌供應商，價格低一〇%就好。」

這種訂價方式不僅限於企業與企業間的交易。據我所知，一家大型超市最暢銷的六百種產品價格就是完全按照阿爾迪廉價超市的產品訂價。它們有專門的團隊對阿爾迪超市的價格進行調查，並跟蹤價格的變動。這六百種產品的營收占總營收的五〇%以上。然而，當我告訴這家超市的高階主管這對這門生意的意義是什麼的時候，他們很訝異。是的，他們簡化訂價流程，把自己定位為廉價超市的正面交鋒對手。但是，這種訂價方式也意味著把訂價責任委託給阿爾迪。你也可以這麼說，他們把這項原本屬於訂價部門的工作外包。他們過半的營收都被阿爾迪牽著鼻子走。

當然，一家公司需要密切關注競爭對手的價格，在訂價時當作參考。但一個基於競爭對手價格的僵化、公式化的訂價方式不可能找到最適價格。在以上的例子中，這家大型超市身為「追隨者」，幾乎不可能擁有與阿爾迪相同的成本結構或相同的需求模式。既然如此，不同銷售管道的價格為什麼應該一樣呢？

基於市場的訂價方式

經理人只有把需求曲線確切地考慮進去，才有可能避免使用成本加成，或是基於競爭對手價格訂價帶來的不利因素。如果他們知道顧客對不同價格水準的反應，就能找出達成獲利最大的價格。

讓我們重新看電動工具製造商的例子，但這次要使用需求曲線找出能讓公司營收和獲利最大時的價格。你可能想起電動工具部門的固定成本是三千萬美元，而每件工具的單位變動成本是六十美元。從經驗中得知電動工具的需求曲線，如式子6-1。

$$\text{銷量} = 3{,}000{,}000 - 20{,}000 \times \text{價格} \qquad (6\text{-}1)$$

從之前的討論中知道，單價一百美元的時候，銷量是一百萬個，獲利是一千萬美元。但什麼價格是最適價格？什麼是本書所描述的獲利最大的價格？為了計算出最適價格，讓我們來比較七個不同價格計算得出的主要財務數據，範圍從九十美元至一百二十美元都有。表6-1是結果。

最適價格是一百零五美元，公司可以賺到一千零五十萬美元的獲

表 6-1 最適價格的測算

價格（美元）	90	95	100	105	110	115	120
銷量（萬）	120	110	100	90	80	70	60
營收（萬美元）	10,800	10,450	10,000	9,450	8,800	8,050	7,200
變動成本（萬美元）	7,200	6,600	6,000	5,400	4,800	4,200	3,600
邊際貢獻（萬美元）	3,600	3,850	4,000	4,050	4,000	3,850	3,600
固定成本（萬美元）	3,000	3,000	3,000	3,000	3,000	3,000	3,000
獲利（萬美元）	600	850	1,000	1,050	1,000	850	600
獲利變化（%）	-42.9	-19.1	-4.8	0	-4.8	-19.1	-42.9

利。當你往最適價格的左邊和右邊看的時候，應該也會留意到一些規律。價格低的時候，營收會增加，但變動成本以更快的速度遞增，導致邊際貢獻和獲利變低；價格高的時候，營收和變動成本同時下降，但營收下降得比成本快，同樣導致邊際貢獻和獲利減少。以一百零五美元開始調整價格，不管是漲價或降價，減少的獲利幅度都是相同的。下降的趨勢是對稱的。無論把電動工具的價格訂為九十美元還是一百二十美元，這家公司能賺到的獲利都一樣。

這很好地反駁訂價人員普遍認為在訂價時，寧願把價格訂得高一些也不要訂低價。我之前引用過的俄羅斯諺語在這裡被證明是正確的：開價太高跟開價過低一樣糟糕。在這兩種情況下，你都犧牲不必犧牲的利益。話雖如此，但我得承認在現實中，把高價拉低比把低價拉高來得容易。在這個意義上，訂價高一點很可能比較好，只要開價不至於大到對產品的獲利產生危害。

數字同樣也顯示稍微偏離最適價格不會導致獲利大幅減少。如果與最適價格差五美元，不論高或低，你得到的獲利都會減少四．八％。當然，如果你談的是數十億美元的生意，那麼這個數字就很重要了，但如果像這個例子，與最適價格相差十五美元並沒有那麼糟糕。在上面這個例子，與最適價格相差十五美元會犧牲四二．九％的獲利，這是非常重要的發現。這意味著即使沒有把最適價格非常精確地計算出來也沒有什麼大不了，更重要的是將價格訂在最適價格附近。離最適價格愈遠，獲利的減少幅度就愈大。

找出最適價格

如果沒有製作像表6-1的表，要如何找到最適價格呢？正如上面這個例子，只要有一條線性的需求曲線，任何時候都可以用簡單的規則找到。最適價格正好位於最高價格和單位變動成本的中間。最高價格會導致沒有銷量。電動工具的最高價格就是一百五

$$\text{最適價格} = (\text{最高價格} + \text{單位變動成本}) \div 2$$
$$= (150 + 60) \div 2$$
$$= 105 \text{ 美元} \qquad (6\text{-}2)$$

十美元（三百萬除以兩萬）。你可以透過式子6-2找到最適價格。

這條簡單的決定法則還衍生出其他教訓和有用的經驗法則。比如產品的單位變動成本上升時，應該把多少增加的成本轉移出去？以上這個方程式可以提供解答，因為最適價格位於最高價格和變動成本中間，所以你應該把成本增加的五〇％轉移給顧客。

如果電動工具製造商的單位變動成本增加十美元至七十美元，那麼新的最適價格應該比原來的一百一十美元高五美元，而不是十美元。同樣，如果有任何成本下降的情況，你也只能向顧客少收一半的錢。這就證明成本加成的訂價方式是錯的，因為它會使你把任何成本變化都轉移給顧客。一百一十美元是七十美元（新的單位變動成本）和一百五十美元（維持不便的最高價格）的中間值。這個原理同樣適用於單位變動成本下降的情況。在這個例子中，如果從六十美元下降至五十美元，那麼最適價格就從一百美元減少五美元，而不是十美元。

同樣這個原理也適用於匯率變動的時候。把所有匯率變動所引起的成本變化都轉移給顧客，這既不是最適選擇，也不聰明。如果你從美國出口商品，產品全以美元計價，而非當地貨幣訂價，也不是最佳做法。美元區以外的顧客使用當地貨幣購物。如果當地貨幣正在貶值，那他們就會覺得產品變貴了。同樣的原理也適用在營業稅增加的情況：每提高一％的稅，產品價格的上升幅度不應該超過一％。具體的幅度視產品的需求曲線斜率而定。

萬一顧客願意付出的價格改變了呢？如果最高價格增加十美元至一百六十美元，那麼最適價格就應該增加漲價部分的一半。你永遠不要嘗試將顧客認知價值和支付意願的變化全裝進自己的口袋。再說一次，經驗法則告訴我們，要和顧客平均分擔改變所帶來的影響，無論它是正面影響，還是負面影響。

不只是數學，常識也證實這個原則。如果產品能比對手的產品多提供二〇％的價值給顧客，那價格應該在多收一半的價值就好。如果產品價值比對手多二〇％，而你的價格也高二〇％，就算產品有更高的價值，顧客也不會購買。開價太高會抵銷產品對顧客的高價值優勢。這是確實經過理論驗證的法則，很多有經驗的銷售人員憑直覺就知道：與顧客達成「雙贏」勝過自己獨贏。

表6-1同時還提供價格彈性概念的一些見解。如果把產品的價格是一百美元，你能賣

出一百萬個的產品。當產品的價格改變一美元或一％，那銷量也會改變兩萬個或二％，這個時候價格彈性為二，就是說每個百分點的價格變動導致銷量兩倍的改變。[3] 如果讓價格增加五％，那麼銷量會減少一〇％。我之所以說在這個價格點上的價格彈性是二，是因為當需求曲線是線性的時候，價格彈性並不固定。所以銷量的改變取決於從哪個價格點開始。

在產生最大獲利的價格附近，價格彈性肯定大於一。價格上漲的時候，銷量下降的比例會比價格上漲的幅度要低，這就意味著獲利自動上漲了。相比之下，價格彈性剛好是一的時候，這時的價格就是產生最大營收的時候。如果往表6-1的更左邊看去，可以看到公司在電氣工具價格七十五美元的時候營收最大。這時的銷量可達一百五十萬，而營收上升到一億一千二百五十萬美元。但問題是，價格七十五美元的時候，公司毫無獲利可言。實際上，這個價格意味著公司有七百五十萬美元的損失。正如在第5章就談到，這個例子再一次強調過度重視營收最大化而不重視獲利最大化的危險性，以及必須懂得平衡各個因素來達到設定的目標。

到目前為止，我們討論線性需求曲線和成本函數的特殊案例。當然，在實際生活中，這些函數並不總是呈線性狀態，而推算最適價格也沒有那麼直接。但幾十年的相關經驗告訴我：在相關的價格區間之內，線性需求曲線很接近現況，因此是非常有用的工具。我們在這節提出的訂價決定建議可廣泛應用於生活中，你可以好好參考。

推算需求曲線和價格彈性

既然需求曲線和價格彈性在訂價中扮演不可或缺的角色，那它們是從何而來的呢？要怎樣才能找出它們，並確保它們有足夠的有效性？如何才能把直覺印象和經驗轉化為客觀的數字？這裡的重點在於「數字」這個詞。你可能憑直覺就可以知道降低價格應該能刺激銷量「些許」成長或「大幅」成長，但這一點幫助也沒有。你需要把「些許」或「大幅」以客觀數字呈現出來。畢竟價格就是數字，成本和銷量也是。這既是計算營收和獲利的三個要素，又是衡量你的決定對公司財務狀況的影響，以及決定計畫中的訂價是否明智的硬性財務指標。用一句最簡單的話來說：沒有實質的數據，不可能訂出一個好價格。

好消息是，我們現在擁有一套完備的方法和工具能畫出這些曲線，並利用它們來解答重要的商業問題。過去三十多年來，西蒙顧和在這方面的研究及現實應用上一直走在最前面，在需求曲線和價格彈性的量化方面有不錯的進展。有一些經過實際驗證、推算需求曲線的方法。有些只需要粗略的計算，有些需要更複雜的分析。接下來就詳細說明。

專家直接評估

最簡單的價格評估方式就是詢問別人的意見。這聽起來一點也沒用，但如果問足夠多的人，而且這些人剛好又對顧客比較了解，或是對產品有足夠的市場經驗，就能得到一些有用的數字。

當然，不是要你走進會議室說：「你認為我們產品的需求彈性有多大？」不過，你可以問你的團隊：「如果把產品價格增加一〇％，銷量會降低多少？」如果答案是五〇％，這就意味著產品的價格彈性是五。這就給了你非常清晰的提醒：需求對價格的變化非常敏感，如果打算漲價必須要非常謹慎。相反地，如果你的團隊告訴你，產品價格減少一〇％，銷量能提升五〇％，那麼降價可能是非常合理的選擇。這個方法就如同聽上去這麼簡單，這是我們在西蒙顧和多年來開啟討論最有效的方法。我們有個媒體業的顧客甚至把這個方法形容為「一升一降」，用來提醒自己要確認和討論價格變化如何影響銷量，然後用得出的價格彈性去比較不同產品組合的價格敏感性。

我會建議在蒐集這些評估數據的時候不只思考「一升一降」的情境，這樣才能發現更大的價格上漲或下跌是否會產生不成比例的更高或更低的銷量，反過來就會顯示價格彈性是如何隨價格變化而變化。

問了定量問題之後，接著要追問下面兩個定性問題：為什麼？那接下來會發生什麼情況？「為什麼」的問題可以讓受訪者解釋他們的預估，尤其是降價或漲價會對需求產生什麼影響。而「那接下來會發生什麼情況」這個問題，其實是換個方式問競爭對手對你的價格調整會有什麼樣的反應。他們會跟著你改變嗎？如果他們會按照你的產品價格調整，那你很可能要修改你的估計。回答第二個問題在競爭市場中至關重要。

你可能會懷疑「專家判斷」是不是只是「猜測」的委婉說法。有這個疑問合情合理，尤其這又和本章一開始引用廣告大師大衛・奧格威的觀點不謀而合。但「為什麼」和「那接下來會發生什麼情況」這兩個問題，就能幫助「專業判斷」不會停留在猜想。你會發現，數據常會隨著人們猜想結果的不同而改變。這時，經理人的焦點開始重新回到自己的經驗、與顧客的會面情況，或是曾見過相似的例子去做判斷。儘管往往是些傳聞，但一旦開始這樣的練習，你就會發現有大量的證據呼之欲出。

當你不只詢問不同價格點對銷量的變化，同時還詢問公司裡其他人的意見時，得出的結果就會更有創見及參考價值。把公司裡最有見識和經驗的人（高階經理人、第一線銷售人員、銷售管理團隊、行銷人員和產品經理）聚集在一起，詢問他們的意見。為了降低群體思維或一兩群人主導討論的風險，在達成共識之前，可以讓大家先寫下自己的答案。

「那接下來會發生什麼情況」這個問題可以引領你演練不同的競爭反應（competitive reaction）。借助電腦追蹤蒐集到的答案，並推算銷售和獲利曲線。

這種專業判斷的方法對於新產品尤其有效，因為「內部夥伴」能比還沒有使用過產品的顧客做出更好的評估。「為什麼」這個問題可以引發產品對顧客價值的討論，並提供一些指引去發現哪些關於產品價值的資訊需要宣傳和加強。

這個方法既快速，成本又低。這可能是很多團隊成員第一次思考需求曲線，並用客觀數字表達出來。這就是這個方法的最大優勢，但「不好」的地方則是這些專家都是內部人士，你沒有詢問任何顧客。就算是最好的專家，在預測顧客對價格改變的反應時都有可能犯錯。

直接詢問顧客

你可以直接問顧客對價格變化的反應。更準確地說，你可以問他們會如何改變購買行為。這個問題會根據賣出的產品類別而改變。如果你要賣的是耐久財，那麼顧客的答案只有「買或不買」；如果要賣的是「數量可改變」的商品，那麼顧客就會告訴你他們會增加或減少購買量。你還可以問顧客，價格漲到哪個位置會轉而購買對手的產品。這樣可以得知相關價格改變的影響。另一種方法更直接，你就簡單地問一下顧客可接受的價格或最高價格。有很多完善、成熟的問卷能達到這個目的，例如范維斯登多普價格敏感度測試（Van Westendorp Price Sensitivity Meter）。

這些方法的最大好處就是簡單，你可以很快地向許多顧客詢問，並得到很多數據，但這些直接調查的方法最大缺點就是讓顧客對價格變得非常敏感。有人當面問你對價格的看法，會讓你更在意價格而忽視產品的其他特性，可能有扭曲現實的風險。如果調查人員問受訪者是否願意以更高的價格購買某樣產品，受訪者會如實給出心中的答案嗎？品牌的聲望對這個答案有什麼影響呢？日常生活中，你可能在商店看到價格就立刻購買，不會像在調查中那麼關注價格。

這些缺點在一定程度上影響直接調查的有效性。儘管這樣，我也不建議全盤否定它們。相反我會建議你，在決定產品需求曲線或為產品訂價時，不要只依據某種調查方法的結果，一定要從其他方法來補充數據。

間接詢問顧客

與直接提問相比，間接詢問能帶來更多有效及可靠的價格敏感度資訊。「間接」意味著不要單獨詢問顧客關於價格的問題，而是要同時詢問價格和價值，讓價格只是顧客需要回答的其中一個面向。4

受訪者有很多不同的選項，我們需要他們回答自己更偏向於哪個選項，在某些情況下，他們還需要說明和其他選項相比多偏愛這個選項。這些選項一般是產品特性的不同組合，例如：產品品質、品牌、性能表現和價格。不同選項裡會突出某些特性，但其他特性則相對較弱，這意味著受訪者得做出取捨。我是不是應該選A，儘管這不是我最愛的品牌？儘管比較高價，我是不是該選B，因為價值比較高？從這些答案得出的數據能讓我們具體將消費者會為哪種特性的商品付出多少價格進行量化，並轉為對銷量的實際評估。這給我們必要的數據去做出穩健可靠的價格決定。

這類調查方法統稱為聯合分析法（conjoint measurement），一九七〇年代首次使用。你可以想像，隨著知識和電腦運算能力的提升，它經歷多次革命性的改進。電腦的出現是一個分水嶺。不像僵固的紙張問卷，電腦可以讓我們根據不同的受訪者設計客製化問卷。軟體則可以根據顧客前面的回答調整問題，使接下來的選項更難取捨。這種自動調整的方法還可以更近距離地模擬真實的購物體驗，從而獲得更加客觀可靠的數據。現在，這些方法能有效幫助經理人得出產品的需求曲線，找出獲利最大時的價格。

價格實驗

複雜的調查方法在模擬真實購買行為上有著卓越的表現，但這仍然只是模擬，任何基於調查數據的模型往往都存在誤差。人們並不總是像自己說的那樣做，這就讓所謂的實地實驗（field experiment）變得很有吸引力。公司以系統性的方式更改貨架或網路商品的價格，並追蹤顧客對價格改變的反應。能從真實生活中蒐集數據明顯是這種調查方式的最大優勢。然而，過去要大規模進行這類實驗是艱難又昂貴的任務，這意味著公司幾乎不會透過實地實驗來訂價。現代科技的發展，例如掃瞄數據和電子商務使這類測試比以往更快、更容易，也沒那麼昂貴。我預期在未來的幾年裡，這種調查方法在訂價上會變得更重要。

利用大數據

各大商業報紙的頭條都要你相信：我們終於進入了「大數據」時代。從大學時代開始，我就一直埋首於經濟學的定量研究中，因此你可能會認為我很歡迎這個全新、有前景的時代到來。但恰恰相反，要說我很興奮，不如說有種「似曾相識」的感覺。

一九七〇年代計量經濟學的重要突破和個人電腦性能的快速進展，首次讓人覺得「大數據」能根本改變行銷和訂價。你可以精確估計需求曲線和價格彈性，因為你終於在市場上可以成功追蹤價格、市占率和銷量的變動，迅速分析數據並用來增加優勢。

但希望愈高，失望愈大。

這樣的失望和數據取得、數據的深度和廣度，以及處理數據的能力沒有任何關係。相反，它和數據本質上的相關性有關。在這裡，我們要區隔前面說到的從「真實」市場實驗中獲取的最新市場數據，以及透過正常的商業管道而非實驗取得的歷史數據。

一九六二年，芝加哥大學教授萊斯特・戴爾瑟（Lester G. Telser）就曾預測，以過去的市場數據來預測未來行為效果有限。[5]原因就在於觀察到的變化量。如果在高價格彈性市場，你可能會發現競爭對手的價格幾乎沒有多大變化。就算沒有實質數據，競爭對手也知道相對價格定位的改變會引起明顯的銷量改變，所以沒有人敢貿然大幅改變相對價格定位。如果一家公司改變產品價格，那其他公司很可能會跟著調整，確保相對價格不會發生變化。從計量經濟學的角度來看，你可以說自變數（價格）的範圍太窄，導致無法對需求曲線做出有效評估。

如果在低價格彈性市場，你可能確實會觀察到價格和價差的大幅變動，但它們對銷量的變化卻沒有多大影響。這時候，計量經濟學家會說因變數（銷售量）的範圍太窄，導致無法對潛在的真實價格彈性進行有效評估。

西蒙顧和對早期的大數據浪潮也同樣抱以很大的希望，而且嘗到慘痛的教訓。一九八五年剛成立公司的時候，我們打算利用計量經濟學去處理歷史市場數據，以做出更好的訂價決定。共同創辦人艾克哈德·顧和的博士論文就研究這個領域。從那時算起，公司在全世界的各大產業總共進行五千多個訂價計畫，而我估計只在不超過一百個計畫中把計量經濟學當作主要的方法。戴爾瑟教授的看法沒錯。

我要對他的發現補充一點。我注意到，當景氣好、市場穩定的時候，公司一般不太重視訂價。一般要在市場發生重大結構改變的情況下，像是新競爭對手加入、競爭對手退出與新技術或經銷管道出現，才會被迫重視訂價、做更多分析工作或聘請顧問。當製藥公司的某個專利到期，學名藥開始進入市場的時候，當實體產品以數位化形式出現的時候，或是當公司在積極地開拓網路這樣的新經銷管道的時候就會發生。當這樣的結構性改變發生的時候，歷史市場數據對現在和未來的顧客行為沒有任何參考意義。這個觀察同樣適用於新產品訂價，因為這就是「結構性改變」。如果你正為某個新產品（例如：蘋果手機）訂價，那麼歷史數據的參考價值非常有限，而在某些情況下甚至一點參考價值都沒有。

我這些年的經驗是，把上面提及的各種方法綜合應用，可以帶來最可靠的結果。沒有任何一種方法有多重優點到讓我建議你單獨使用。另一種方法是交叉驗證，能讓你將選項縮減到一個範圍。當所有的方法都顯示相似的模式和結果時，你就可以十分肯定對顧客的價格反應評估是正確的，因此能更加確信最終敲定的價格就是最適價格。

競爭對手的價格影響

在之前大多數的例子中，為了傳達我的基本想法，我盡可能簡單說明，所以在價格改變時把競爭對手的反應給省略。在真實的訂價情境中，把競爭對手的反應納入考慮時會出現兩個棘手問題：競爭對手的價格改變對產品的銷量會有什麼影響，以及該如何對競爭對手的反應做出準確判斷。第一個問題在解釋和解決起來都相對簡單，而第二個問題更困難。

就從競爭對手的價格對產品銷量的影響開始說起。競爭對手的價格很明顯會影響顧客的決定。我們可以用交叉價格彈性（cross-price elasticity）來衡量這方面的影響。交叉價格彈性是產品銷量的變化除以競爭對手的價格變化。假設競爭對手的價格降低一〇%，而我們的銷量因此下降六%，那就可以得出交叉價格彈性是六除以十，等於〇．六。和自己產品的價格彈性相反，交叉價格彈性是正數，因為我們的銷量往往和競爭對手的價格變動方向一致。也就是說，如果競爭對手提高產品價格，我們的產品銷量自然會增加，反之亦然。交叉價格彈性的絕對值一般比價格彈性要低。產品的差異化愈小，這兩個彈性的數值就會愈接近。

很明顯我們需要在需求曲線中納入競爭對手的價格。有幾種方法可以去做這件事：我們可以用自己和競爭對手的價差來取代自己的價格作為自變數；也可以用相對價格當作為自變數，也就是把我們的價格除以競爭對手的價格。最後可以把競爭對手的價格視為額外的變數加到需求曲線。我們也可以用前面提到的任何方法量化競爭對手的價格變動對產品銷量的影響。

囚徒困境

如果要做訂價決定，不管任何時候都必須自問競爭對手會做出多大的反應。這種相互依存關係（了解他們的決定會影響你的決定，反之亦然）是只有少數賣家的市場特徵，經濟學家稱為寡占（oligopoly）。任何競爭對手的價格改變都會對其他競爭對手的產品銷量造成明顯的影響，因此他們需要決定該做出反應，還是不予理會，順其自然。

如果競爭對手真的採取行動，就會對其他競爭對手的銷量產生反作用，還可能引起連鎖反應，陷入一九二八年由電腦發明家暨數學家約翰・馮紐曼（John von Neumann）確立的賽局理論情境中。[6]把競爭者的反應納入訂價考慮會使訂價更為複雜。訂價過程中最常見的情形就是囚徒困境，在這種情況下，你需要對第三方可能會採取什麼行動做出預測，因為你的命運取決於他們的決定。

假設我們想要讓產品大幅降價。如果競爭對手不採取任何行動，只是維持產品價格不變，那麼可以預期銷量會提升。然而，如果競爭對手也跟進降價，那增加的銷量肯定遠比競爭對手維持原價的情況要小。那降價就沒有任何好處，反而會讓情況更糟糕，使我們面臨財務難題：它削減毛利，最壞的局面可能是把所有獲利虧空。你可以這樣說，我們花一大筆錢在一場高調、大力行銷的活動上，結果卻什麼也沒得到。

我們單方面漲價也會造成相似的局面：如果競爭對手沒有反應，我們就處於價格劣勢，導致銷量和市占率下降；如果競爭對手沒有跟進，首先發起漲價的一方很快就撤回行動的情況並不少見。最近就發生在一家大型啤酒廠身上。在調高高價產品之後，這家啤酒廠發現競爭對手沒有跟進，於是撤銷漲價。如果競爭對手跟進漲價，那麼新高價可能只是輕微地使銷量減少，但所有競爭者都會有更高的獲利。

如果想以更有組織的方式對競爭反應進行預測並觀察潛在影響，我會建議使用前面所提到的專家判斷或間接詢問的方法（聯合分析法）。根據前面描述的觀點，因為所有的方法都有各自的優點和缺點，明智的做法是使用不只一種方法。

這一點尤其重要。如果身處寡占市場，了解和預測競爭行為模式絕對有必要。很多現代市場本質上都是寡占，所以了解和預測競爭行為是經營階層最重要的挑戰。從賽局理論的角度來看，這引出一個問題：你是否能影響第三方的行動，或是能在事前找出行動的蛛絲馬跡。接下來會談到價格領導力和發送訊號等主題，這可能會引起你的法律顧問關注。請記住：任何時候採用這些方法都要事先和法律部門或顧問諮詢，確保公司的行動合法。

價格領導

了解和預測競爭對手反應的最簡單方式就是直接問他們。但我當然不建議你這麼做。價格操控或聯盟是違法的。在美國，這甚至違反刑法，嚴重到會讓你坐牢。

在訂價這個「賽局」中廣泛使用的一種方法就是價格領導（price leadership）概念。美國汽車市場的各大公司早在幾十年前就採取價格領導，通用汽車是領頭者。在通用汽車市占率高達五〇％左右的時候，其他競爭對手都視通用汽車為市場和價格的領導者。通用汽車每年都會漲價。

在德國的零售市場，阿爾迪是主要產品的價格領導者。當阿爾迪調整價格的時候，很多競爭對手都會跟進。有報紙就曾在報導中提到阿爾迪身為領導者的示範角色：「阿爾迪提高牛奶價格，那預期整個零售業都會跟進。」[7]最近一起公開承認價格領導的事件發生在美國的啤酒產業。按各品牌的市占率來計算，啤酒產業的市場領導者是安海斯布希集團（Anheuser Busch InBev），接著是美樂酷爾斯啤酒（MillerCoors）。美國反托拉斯部門斷定「安海斯布希一般都會每年漲價，並預料美樂酷爾斯啤酒會跟進，而他們經常這樣。」[8]《華爾街日報》曾發表過類似的評論：「安海斯布希一直在穩定提高啤酒價格，而美樂酷爾斯啤酒通常會跟著安海斯布希的腳步。」[9]當新競爭對手進入市場，但卻不跟著領導者時，價格領導關係就會被破壞。墨西哥啤酒集團莫德羅（Modelo）在美國市場就這麼做：「莫德羅沒有跟著安海斯布希漲價。」[10]最後，安海斯布希在二〇一三年收購莫德羅。[11]

發送訊號

價格改變往往有風險。競爭對手會為了爭取更多的市占率而犧牲你的利益，破壞你的漲價計畫嗎？或者他們會單方面或為了回應你的價格改變而削減產品價格，冒著引發價格戰的風險？這些問題充滿高度不確定性，犯錯的風險還是很大，而搞錯這些答案會讓獲利大幅削減。如果因為競爭對手不跟著你漲價，讓你撤銷漲價的決定，還可能會因此損害公司聲譽。

減少這種不確定性的一個方法就是發送訊號。在計畫調整價格前，一家公司應該要向市場發送「訊號」，然後去聆聽顧客、競爭對手、投資人或監管單位的回應。你無法排除競爭對手虛張聲勢，但競爭對手肯定也會謹慎對待，避免出現傳達某些訊息後退卻，或是沒能跟進的情況。在發送訊號時，競爭對手的公信力往往是成敗關鍵。

發送訊號本身並不違法，只要公司能把訊息傳給市場中相關的人，包括顧客和投資人，不用過於魯莽，那麼他們通常會以防萬一。發送的訊號不能暗示任何要達成某種協議或者契約的意思，例如：如果某競爭對手X漲價，那我們會跟進。

價格戰困擾德國車險業多年。二〇一一年十月商業媒體報導：「德國最大的保險集團安聯（Allianz）打算大幅漲價，二〇一二年一月一日開始生效。」[12]其他保險公司隨即公開宣布跟著漲價。在二〇一二年裡，平均價格上漲七%。

「二〇一三年，價格應該會再度上漲。」安聯保險的最大競爭對手 HUK-Coburg 的董事長說。這番話很有先見之明，因為那一年價格真的漲價了。[13]這些進展明確打破前幾年價格盤跌的趨勢。

為了阻撓競爭對手的行動計畫，例如降價，公司還可以利用發送訊號來宣告報復。韓國汽車製造商現代汽車的營運長 Tak Uk Im 曾經公開宣稱：「……如果日本汽車製造商激進地提高購車優惠，導致我們的銷售目標亮起紅燈，那我們也會考慮提高購車優惠。」[14]這樣的意思很清楚：日本公司知道，如果提高購車優惠的話，現代汽車會反擊。

銷量

$$= 1{,}000 - 50\times \text{自己的價格} + 25\times \text{競爭對手的價格} \qquad (6\text{-}3)$$

競爭反應和價格決定

企業如何預測和理解競爭反應，這不僅對價格有著巨大的影響，對可賺取的獲利也有同樣的影響。不把這些反應列入考慮，或是做出不正確的假設，都會帶來嚴重的後果。

為了更能理解這個複雜的主題，並發掘一些有用的訊息，讓我們從式子6-3這個基本的方程式說起。這個市場有兩個競爭對手：A和B。他們勢均力敵，而且擁有相似的需求曲線（價格反應函數）。經濟學家稱這是對稱性寡占（symmetrical oligopoly）。一家公司的產品價格對銷量的影響是競爭對手價格的兩倍，意味著A的最適價格不但取決於B的價格，還取決於B如何回應A的價格調整。假設單位變動成本為五美元，而每家公司的固定成本是五千美元。

在目前的情況下，如表6-2的第二列所示，價格為二十美元的時候，每家公司賺取的獲利是兩千五百美元。有可能提高獲利嗎？這就視A和B的行為，以及他們如何猜想對方的行為。關於潛在的競爭反應有兩大經典假設：張伯倫假設（Chamberlin Hypothesis）和古

表 6-2　不同競爭反應的影響

	一開始的情況	張伯倫假設	古諾假設
價格（美元）	20	22.5	16.67
銷量（單元）	500	437.5	583
營收（美元）	10,000	9,840	9,718
變動成本（美元）	2,500	2,190	2,915
固定成本（美元）	5,000	5,000	5,000
獲利（美元）	2,500	2,650	1,803
獲利變化（%）	0	＋ 6.0	－ 27.9

諾假設（Cournot Hypothesis）。

- **張伯倫假設：**在這個假設下，A和B都假設對方會完全跟進對手的價格改變幅度。如果一方調整價格，那麼另一方會跟進。表6-2顯示，如果一家公司把價格升至二十二．五美元，而另一家公司也跟進，這時獲利增加六%，達到兩千六百五十美元。儘管事實上A和B的最適價格取決於對方的行為，但作為競爭對手的A和B卻都表現得像個獨占者。對於一個市場領導力特徵明顯的市場來說，這種結果在預料之中。一九八二年諾貝爾經濟學獎得主喬治．斯蒂格勒（George Stigler）宣稱，對於身處高度競爭的寡占市場企業來說，價格領導是最好的解決方式。

- **古諾假設**：在這個假設下，A和B都假設對方不會改變價格。然而，這個假設通常是錯誤的。實際上，A和B總會把價格調整至自認為的最適價格。在這個例子中，價格下降到十六．六七美元，獲利減少二七．九%至一千八百零三美元。

在我的教學生涯裡，我通常會用這些數字要兩組學生互相競爭。每一輪競爭之後，每組都會收到兩個結果：最後的銷量和競爭對手的價格。你猜哪個假設出現的頻率更高？

結果是張伯倫假設的結果極少出現，古諾假設反而更常見。的確，要把這樣的實驗結果用於日常的現實商業活動中必須謹慎。但是經驗告訴我，真實世界的競爭就是依循這個模式。古諾假設描述的情形或類似結果出現的頻率，大幅高於明顯有優勢的張伯倫假設。

這個例子很明確顯示企業必須能正確預測競爭對手的應對措施，這適用於兩個方向。如果你漲價，競爭對手會跟進嗎？只有這樣，漲價才有意義並能帶來預期的好處；競爭對手又會如何應對降價呢？如果你預計他們會跟進，那麼你最好放棄降價計畫。因為在這種情況下，降價會讓獲利下降，而銷量的上漲幅度往往微不足道。如果你預測的結果是這些不對稱的反應（競爭對手不會跟進漲價，卻會跟進降價），那麼讓價格維持原狀應該是明智的選擇。這個結論解釋為什麼寡占市場中的價格結構通常都是非常僵固，其實這就是一場商業版的盯人競賽，每個人都在等待對方眨眼。

如果你的公司剛好是寡占市場中的一分子，那麼請牢牢記住以下這三點：

- **明確的最適價格並不存在**：相反，最適價格來自於你對競爭對手的假設、你手上擁有競爭對手實際行動的資訊。
- **如果符合特定條件，張伯倫假設的結果有可能發生**：假如市場參與者擁有相似的成本結構、市場定位和目標，並有一定程度的相互信任和策略智慧，那大家都可以達到張伯倫假設的價格，從本質上來說就是獨占價格，或者至少接近獨占價格。如果所有競爭對手都夠聰明，能理解相互反應和相應的行為，成功的可能性就更高了。
- **如果那些條件都不存在，那就不要輕舉妄動**：如果以上提到的條件都不存在，或者其中一個甚至多個競爭對手的行為不確定時，保持原價是明智的選擇。這種情況下，降價並不能帶來持續性的好處，反而可能引發價格戰。其中一個例外是投入成本增加，因為這對所有競爭對手都有相似的影響。

本章討論到現在，我們談到的成本變動都是一次性事件。從經驗來看，公司不應該把成本的增加全部轉嫁給顧客，反而應該和顧客分擔。但如果成本改變非常頻繁或持續很長的時間會發生什麼事？對於價格調整來說，最具挑戰的情況就是通膨的出現。

通貨膨脹時怎麼訂價？

我爺爺經常跟我說一九二〇年代德國惡性通膨時期發生的故事。他每次一拿到錢，第一時間就衝去商店買東西。如果再等幾天，有時候只是等幾個小時，手上的錢的價值，也就是購買力就已經急速下降了。

惡性通膨是一種非常極端的現象，現在偶爾還會出現在新興市場。但其實大多數人對於通貨膨脹的認識都停留在表面。我們一般把「通貨膨脹」和價格的持續上升聯想在一起。但通貨膨脹的影響是什麼？當你要為產品訂價的時候，應該如何把通貨膨脹（無論是實際的通膨或是預期的通膨）考慮進來？

通貨膨脹會損害存錢與靠微薄固定報酬為生的人的利益。同時，通貨膨脹對那些欠錢的人有好處。[15]你可以說成是將存戶、放款人的錢轉移給欠錢的人的一種財富分配方式。這些一般性的影響大家都知道，但其實通貨膨脹還有更深更廣的影響。

通貨膨脹的主要原因是貨幣供給增加。在這個情況下，贏家是很快能拿到新發行貨幣的人，他們還可以用相對較低的價格買到商品和服務。愈晚拿到錢，失去的就愈多，因為買東西要付出比以往高的價格。這被稱為「坎蒂隆效應」（Cantillon effect），這是以愛爾蘭經濟學家理查・坎蒂隆（Richard Cantillon）命名。[16]

通貨膨脹還會壓制價格的一項重要功能，就是反映商品稀少性的能力。對於消費者來說，價格認知會因此變得扭曲和混亂，很難判斷是否應該避險或存錢。對投資人而言，通膨會讓他們更難識別自己看到的價格是否反映真實的產品稀少程度，或只是貨幣的貶值效應。這種掠奪性的金錢往往會追捧某種形式的投資，就算背後沒有真的很少，它也會引發價格巨幅上漲。這種「泡沫」效應時不時就會出現，從十七世紀初期的鬱金香狂潮，到二十世紀末期的網路泡沫，以及二十一世紀前十年發生的美國房地產泡沫。到了某個時間，泡沫就會破滅，價格就會崩跌，之後要花很長的一段時間，價格才能重新反映物品真實的稀少程度。

通貨膨脹還是一套徹底的財富重分配機制。通貨膨脹讓反應迅速、聰明和欠錢的人占那些反應緩慢、單純和放款人的便宜。不用說，發行大量債券和身負巨額債務的主權政府是通貨膨脹的最大受益人。當出現通貨膨脹威脅的時候，你必須快速反應，這是買東西或借款的好時機。你等待的時間愈長，要付的錢就愈多，這把好處都讓給那些「低價買入」而現在可以「高價賣出」的人，這是常識。其中的奧妙在於要看穿大眾心理，不要把上漲的價格理解為稀少的訊號。

通貨膨脹最常見的表現方式就是消費產品的價格改變，以消費者物價指數作為衡量指標。圖6-2顯示自一九九一至二〇一三年年底二十二年的消費者物價指數。為了更容易看出其中的比例變化，我把一九九一年的指數設定為一百。

上方曲線顯示物價水準上升的情況。到二〇一三年年底，消費者物價指數比一九九一年高出七一．二%，換算下來的每年平均通貨膨脹率是二．四七%。如果你沒有跟著這條曲線上調產品價格，那你用產品或服務交換的實質價值其實是下降的，你就是通貨膨脹的受害者。你在一九九一年能用一百美元買到的東西，到了二〇一三年需要花一百七十一．二美元才能買到，可見你的購買力已經減損。

下方曲線和上方曲線剛好相反，它代表的是自一九九一年開始購買力的減損情況。

圖 6-2　美國消費者物價指數的變化（1991 年＝ 100）

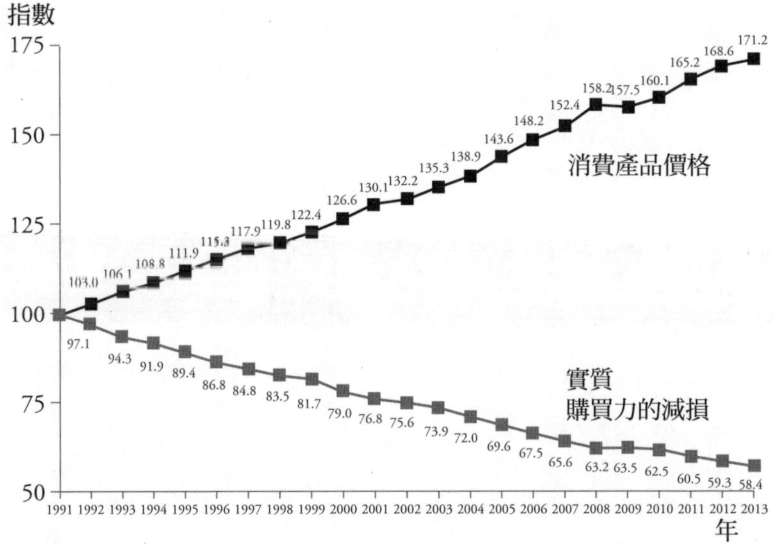

在這二十二年裡，美元購買力下降四一・六%。如果追溯到一九七一年，下降的幅度就更大了，高達八二・六%。

為什麼要選擇一九七一年作為比較對象？這一年美國總統尼克森（Richard M. Nixon）宣布放棄布雷頓森林體系（Bretton Woods system）下的金本位制，讓美元與黃金掛鉤。這導致通貨膨脹持續增加。你會聽到政治人物把每年二%左右的通膨率形容為「適中」。大多數保守的中央銀行家則認為每年二%或多一點的通貨膨脹率在可接受範圍。然而對於通貨膨脹的受害人來說，累積的效應卻是巨大而具有毀滅性的。他們手上微薄的美元能買到的東西愈來愈少。儘管通貨膨脹率這麼「低」，美元購買力在過去二十多年來就下降超過四〇%，在過去四十年裡，下降幅度更是高於八〇%。

拿黃金來對照的話，損失就更高了。二〇一五年九月一日，一盎司的黃金價格是一千一百四十二美元，這是得到一盎司貴金屬要付出的價格。而在一九七一年八月十五日之前，你用同樣的錢可以買到三十七．一盎司的黃金。因此自一九七一年起，若以黃金來對照，美元購買力下降九六．九%。

這個主題的討論或者關注都很少，我會說這是大家有著默默接受或順從的態度。大多數人把這樣的發展視為必然。唯一能有效阻止通貨膨脹的方法就是恢復金本位制度。但這樣的做法會讓政治人物的工具箱裡少幾樣威力巨大的工具，所以這是不可能發生的事。不管是快是慢，不穩定的貨幣終究會失去原有的價值。這仍會是現代經濟生活的現實。

高居不下的政府債務，加上自大衰退後一直採用的相對寬鬆貨幣政策，意味著在不久的未來免不了要發生一場劇烈的通貨膨脹風暴，唯一的問題就是什麼時候會來。當事情發生的時候，很多公司會面對生死存亡的決定。它們如何管理產品價格就會產生關鍵差異。新興市場常會看到通貨膨脹率在不斷攀升。[17]也許我們能從巴西的歷史中吸取一些經驗教訓，這是一個在過去幾十年裡一直飽受高通膨率困擾的國家。

巴西的經驗教訓

一九八〇年代，世界上最大的製藥公司需要在巴西做一個風險很高的決定，因為這裡的通貨膨脹率以每年百分之幾百成長。它最主要產品是一種非處方止痛藥。這家公司把惡性通貨膨脹視為商機，想利用相對較低的價格和更積極的廣告取得更高的市占率。它們確實這麼做了。它故意把產品價格的上升幅度訂得比通貨膨脹率要低，看起來比競爭者的產品相對較便宜，它還增加廣告支出。

當競爭對手繼續按照通貨膨脹率提高價格，甚至增加更多價格的時候，經營階層對於自己的策略更有信心，這拉大產品之間的價差，顧客的支持甚至超過公司預期。

這個策略最後被證明適得其反。為什麼行不通呢？在通貨膨脹時期的價格認知發生什麼變化？價格訊號因為受到不斷改變的價格衝擊而混淆。那個時候在巴西，消費者無法認出這家製藥公司努力創造出來的價格優勢，它被淹沒在各種雜音中，而增加的廣告宣傳也是同樣的下場。

西蒙顧和後來建議那家公司不但要撤銷現行的策略，還要執行完全相反的方法。它至少要把價格升至能跟上通貨膨脹的水準，同時削減廣告支出。採納這些新的策略之後，公司的市占率幾乎沒有被影響，因為顧客對品牌的忠誠度不變。

我從這個例子中學到兩點。第一，試圖創造價格優勢的計畫是不會成功的，除非顧客能注意並明白這點。在高通貨膨脹期間，價格資訊很難被清楚地傳遞出去；第二，在通貨膨脹的情況下，我強烈建議公司採取一系列小幅、規律的價格上漲行動，而不是次數不多的重大調整。這一系列小幅度的改變可以讓你跟上通貨膨脹，避免因為要實施價格大調整而錯失時機和金錢，最終得不償失。

在前面的這兩章裡，我們討論價格背後的經濟原理。充分利用這些原理既是一門「藝術」，也是一門「科學」。下一章我們會探討價格差異化，這是訂價的高級藝術。

註釋

1. 大宗商品是指可替代、沒有差別的產品，像是原油或水泥。
2. David Ogilvy, *Confessions of an Advertising Man*, London: Southbank Publishing 2004 (Original 1963).
3. 價格彈性是指銷量的變化比例除以價格的變化比例，通常是負數。為了簡單操作，通常會把負號省略。

4. 最普遍的間接詢問法被稱為聯合分析法（conjoint measurement）。
5. Lester G. Telser, "The Demand for Branded Goods as Estimated from Consumer Panel Data", *The Review of Economic Statistics*, 1962, No. 3, pp. 300-324.
6. John von Neumann, "Zur Theorie der Gesellschaftsspiele", *Mathematische Annalen* 1928.
7. "Aldi erhöht die Milchpreise", *Frankfurter Allgemeine Zeitung*, November 3, 2012, p. 14.
8. Bloomberg online, January 31, 2013.
9. *The Wall Street Journal Europe*, February 1, 2013, p. 32.
10. Bloomberg online, January 31, 2013.
11. Grupo Modelo website www.gmodelo.com.
12. *Financial Times Deutschland*, October 26, 2011, p. 1.
13. MCC-Kongresse, Kfz-Versicherung 2013, March 20, 2013.
14. "Hyundai Seeks Solution on the High End", *The Wall Street Journal Europe*, February 19, 2013, p. 24.
15. Thorsten Polleit, *Der Fluch des Papiergeldes*, München: Finanzbuch-Verlag 2011, pp. 17-20.
16. Richard Cantillon, *Essai sur la nature du commerce general*; 1755, in English: *An Essai on Economic Theory*, Auburn (Alabama): Ludwig von Mises-Institute 2010.
17. "Inflation Worries Mount", *The Wall Street Journal*, February 12, 2014

7
價格差異化的藝術

我們已經問過自己哪個才是獲利最大時的價格，也就是最適價格。[1]當只有單一訂價（uniform price）時，如圖7-1的左邊顯示電動工具生意的獲利情況。為了簡化計算，我們去除固定成本，這樣黑色矩形的面積就代表獲利。

從圖7-1可以看到，即使找到最適價格，也只能挖掘出市場潛在獲利的一部分。圖7-1的右邊顯示完整的潛在獲利空間。它對應的是由A、B、C連線的三角形面積。它遠遠大於左邊黑色矩形的面積，矩形位於三角形ABC的內部。

如果需求曲線和成本函數都是線性，那麼右邊黑色三角形的面積正好是左邊黑色矩形面積的兩倍，如果需求曲線不是線性，那麼整體潛在獲利與最適價格時的獲利差異就會大於或小於兩倍，這取決於顧客願意付出的價格分布，但最後的結果仍然非常接近兩倍。採取單一訂價僅能得到潛在獲利的一半，這個發現是驚人的。它意味著即使一家公司成功將價格設定在最適價格上，仍有一大部分的潛在獲利尚未開發。怎麼會這樣呢？簡單的說明如下。

正如圖7-1的負斜率需求曲線所顯示，有顧客願意付得比一百零五美元這個最適價格還多。例如有些願意付一百一十五美元、一百二十五美元。直至一百五十美元以前，都還有顧客願意購買。他們可能認為這個交易很划算，很樂意付出所謂的消費者剩餘

圖 7-1　單一訂價的獲利和價格差異化的潛在獲利

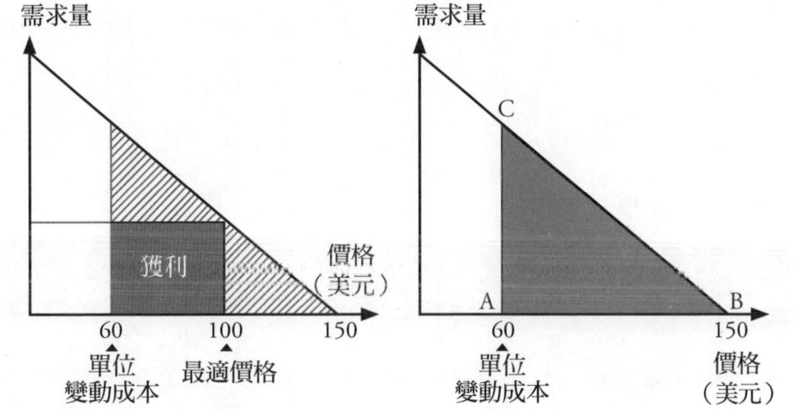

（consumer surplus，這是指願意付出的價格與實際付出的價格之間的差距）。左圖右下方的陰影三角形顯示的就是在願意付出更高價格的顧客上所損失的獲利。

另外一群潛在買家願意付出的價格低於最適價格一百零五美元，但高於單位變動成本六十美元。這些顧客也許願意付出九十五、八十五或七十五美元，但不是一百零五美元。如果我們堅持收取最適價格一百零五美元，那這些顧客就不會購買電動工具。如果能夠以九十五、八十五或者七十五美元的價格賣給這些顧客，他們就會購買，就能賺到三十五、二十五或者十五美元的單位獲利（unit contribution）。這筆擦身而過的獲利就是圖7-1左圖右上方的陰影三角形。

從獲利矩形走向獲利三角形

下面是最關鍵的問題：如何賺到過去用單一訂價時無法獲取的的兩個潛在獲利區域？這是訂價中最有趣也最困難的問題之一。我們怎麼從圖7-1左邊的獲利矩形走向右邊的獲利三角形呢？在回答這個問題之前，我要做個重要說明：在正常的情況下，完全賺到右邊三角形中的潛在獲利是不可能的。只有設法能讓每位潛在顧客都按照個人願意付出的最高價格付錢時才做得到。反過來說，這要求我們按照顧客願意付出的最高價格區隔顧客，確保每位顧客都付出最高價格。

確實有賣方嘗試這樣做。一位商人在一個玉石市場上問潛在買家各種各樣的問題，嘗試找出願意付出的最高價格，然後開價。這些問題可以相當隨意，例如開什麼車，在哪裡上大學，學的是什麼。商人的目的是獲取每個買家願意支付的最高價格。當然，有很多原因會無效，比如買家的一個謊言，或買家間的資訊交換。如果一位買家告訴另一位買家某個商品的價格非常低，這會給買家設定一個非常低的定錨價格，商人很難克服這個問題。

另外一個挖掘個人支付意願的方法是拍賣。eBay 設立的拍賣機制可以讓每個拍賣者提出最高價格，但其他拍賣者無法看到。如果拍賣方贏了，他只需要比下一個出價最高的拍賣者支付高一點點的價格即可。這種方法稱為維克里拍賣（Vickrey auction），是拍賣者透露最高價格的最好方法。[2]

為了讓獲利盡可能地接近獲利三角形的面積，我們需要對相同的商品或細微差異的類似商品設定不同的價格。「從獲利矩形走向獲利三角形」清晰地闡述一個道理：與透過不斷調整來接近最適價格相比，價格差異化帶來的獲利成長更多。矩形和三角形的比較幫助我們以具象化的方式理解這點。

買一罐可口可樂要多少錢？

這個小問題沒有簡單的答案。這完全看你在哪裡買這罐可樂。圖7-2顯示一罐十二盎司的可口可樂在不同地點的價格。

價差很龐大，這不是五％或一〇％的差距，而是四〇〇％，最高價是最低價的五

圖 7-2　一罐 12 盎司的可口可樂的價格

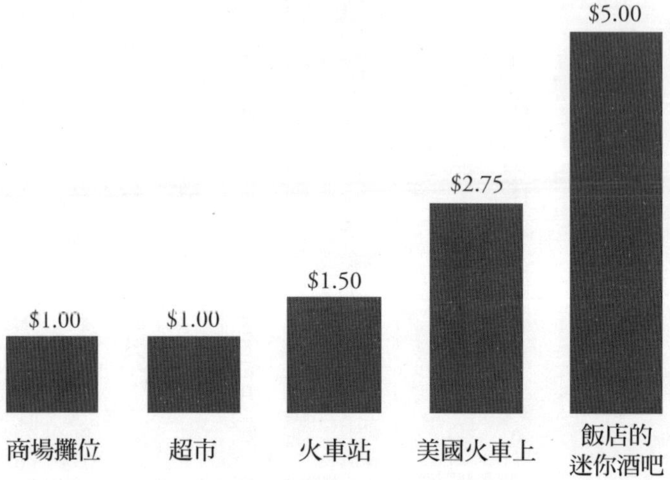

倍。也許你對這樣的價差不陌生，但你可能沒有意識到它們之間的差距會如此大。

不用費很大的力氣就能找出價差如此大的原因：飯店的迷你酒吧是個獨占者；匆匆忙忙趕火車的人沒有時間比價或到其他地方購買，所以火車站是他們唯一的選擇；機場也是同樣的情況，儘管在那裡通常會看到每瓶售價三美元的二十盎司瓶裝可樂，反正所有東西在機場都會賣得更貴；相反，超市和商場攤位則常常面臨激烈的價格競爭。

價格差異化是一個敏感的領域。在日本，可口可樂曾計畫根據溫度差異來決定可樂的價格。[3]當室外氣溫炎熱的時候，喝可樂會帶來更高的效用，看起來收高一點的價格符合邏輯。在技術的層面來看，實行起來也很容易。只需要在自動販賣機裝個溫度計，設置一個隨著溫度改變而調整價格的軟體即可。然而，當這個計畫推出市場時卻引起抗議。消費者認為這樣的差異化是不公平的，可口可樂於是擱置這個計畫。

在西班牙，行銷公司 Momentum 則反過來利用這個概念。當溫度升高的時候，可口可樂就降價。[4]這樣的做法可以達到最適的效果嗎？是的，可以。假設在寒冷的天氣下消費者只買一罐可口可樂，但願意付出二．五美元，就算降價也不會買更多，那最適價格就是二．五美元。如果有一千個消費者，那營收就有兩千五百美元。假設單位成本是〇．五美元，忽略固定成本，那獲利就是兩千美元。現在假設在炎熱天氣下，購買第一罐可樂的消費者願意付出三美元，第二罐兩美元，第三罐一．四美元。這個時候的最適價格是多少？可口可樂可以賣三美元，賣出一千罐，這可以獲取三千美元的營收和兩千五百美元的獲利，比寒冷天氣時的獲利還好。但三美元是最適價格嗎？不是！如果一罐賣兩美元，兩千罐將可以帶來四千美元的營收和三千美元的獲利。如果以更低的一．四美元價格出售，甚至可以賣出三千罐，獲得四千兩百美元的營收，但獲利會跌至兩千七百美元，比價格兩美元的時候還少。在這個例子中，兩美元是最適價格。乍看之下不符合直覺，但在炎熱天氣下以更低的價格出售確實比在寒冷天氣下的相同效果來得好。這個例子顯示，在特定環境下，深刻了解顧客的支付意願有多重要。

以下是另一個根據天氣進行價格差異化的例子，這是一家德國高空纜車的做法。在天氣晴朗、能見度高的時候，車票是二十歐元；當天氣糟糕、能見度低時，車票是十七歐元，原因是旅途並不舒適，但企業仍然希望吸引顧客。漢莎航空針對特定的目的地和時間同樣有根據天氣的差異化服務，稱為「陽光保險」（sunshine insurance）：只要指定的度假目的地每下一天雨，漢莎航空會退回二十五歐元，以兩百歐元為上限。

極端的價格差異化絕對不是個案。二〇一三年四月一日，搭乘漢莎航空 LH400 航班從法蘭克福前往紐約，最便宜的經濟艙票價是七百三十四美元，但頭等艙需要八千九百五十美元，[5]價差高達一一一八%。當然，坐經濟艙和頭等艙的體驗肯定不同，但乘客仍然坐在同一架飛機上，在同個時間抵達同個目的地。航空運輸這個最基本的服務對所有乘客都是一致的。直至一九〇七年，德國鐵路仍然分為四個等級，而當時的價差大約為一〇〇〇%，接近現今的航空運輸。

而可口可樂上百萬個產品的價格會根據經銷管道而有差異。大量的快速消費產品和潮流單品透過促銷銷售，有時候比原價優惠七五％。飯店根據需求情況差異化訂價，在傳統節日的價格常常比標準價格高出好幾倍。在航空運輸產業，某些高階經理人認為每個座位都該有不同的價格。電費和電話費根據每天不同時段或每週不同日子變化。餐廳的午餐價格比較低，同樣的菜餚在晚餐的菜單上貴很多。提前購買或提早預訂會獲得更低的價格，這種做法十分常見。租車的價格不僅取決於車輛的使用率，還和很多的因素相關。如果在美國旅遊，出示AAA或AARP卡，就可以在飯店、旅行社，甚至購物商場獲得折扣。電影院和劇場給老人和小孩的票價更低。只要大量購物，幾乎都可以享有優惠。放眼全球，你同樣會發現同個商品的價格完全不同。總而言之，價格差異化在現代經濟中是普遍存在的現象。賣家如果不進行價格差異化，就有犧牲高額獲利的風險。

設定兩個價格會發生什麼事？

因此唯一的真理就是：讓價格差異化！在圖7-1的例子中，設定兩個不同的價格，而

表 7-1 價格差異化的效果

	單一訂價	價格差異化（設定兩個價格）	
		高價	低價
價格（美元）	105	120	90
銷量（件）	90 萬	60 萬	60 萬
營收（美元）	9,450 萬	7,200 萬	5,400 萬
變動成本（美元）	5,400 萬	3,600 萬	3,600 萬
邊際貢獻（美元）	4,050 萬	3,600 萬	1,800 萬
固定成本（美元）	3,000 萬	3,000 萬	
獲利（美元）	1,050 萬	2,400 萬	
獲利指數（%）	100	229	

不是單一訂價時，會發生什麼事？假設買家只會決定「買或不買」，也就是每個潛在買家只需要一件工具。那麼需求曲線就是個人最高價格的總和。從表 7-1 可以知道，價格為一百二十美元的時候會賣出六十萬件電動工具，而在第二個價格九十美元的時候會多賣出六十萬件。表 7-1 比較只有單一訂價一百零五美元與分別收取一百二十美元和九十美元時的結果。假設可以根據顧客願意付款的價格來做出區隔。

設定兩個價格（一百二十美元和九十美元）可以大幅增加獲利，而一百零五美元的單一訂價則無法做到。如果能根據潛在買家的最高價格（也就是他們願意付出的價格）來分類，那麼每個最高價格在一百二十美元以上的人會付出一百二十美元；九十美元的價格會吸引心中最高價格在九十美元至一百二十美元之間的潛在顧客。透過設定兩個價格，在這個例子中的獲利會從單一訂價的一千零五十萬美元激增至兩千四百萬美元，差距高達一二九%。

這樣做有風險嗎？當然有！如果願意付出一百二十美元以上的潛在買家能買到九十美元的商品，那麼獲利就會比單一訂價時少很多。極端的情況是所有買家都以九十美元成交，我們賣出一百二十萬件，但單位毛利跌至三十美元，帶來的邊際貢獻是三千六百萬美元，去除固定成本後的獲利是六百萬美元。這比單一訂價時少賺四三%，這是災難性的獲利下跌。只有能在願意付出高價與低價的潛在買家之間成功設立一堵「圍牆」時，價格差異化才能發生作用。如果沒有有效的圍牆，那價格差異化會是非常危險的舉動。在本章的後面會探討建立圍牆的關鍵點。

非線性價格結構

價格差異化的另一個挑戰是消費者可以根據商品價格決定購買數量的時候。這正是「數量可改變」（variable quantity）的例子。想像一個口渴、正在健行的人來到一間偏僻的酒館。根據邊際效益遞減法則，這個人喝到的第一杯啤酒效益比第二杯更大，第二杯的效益比第三杯更大。也許這個人願意為第一杯啤酒付出五美元、第二杯四美元、第三杯三美元、第四杯二．五美元、第五杯兩美元。之後有再多的啤酒也不會帶來額外的效益，就算第六杯免費，他也不會喝超過五杯。

對酒館老闆來說，獲利最大時的價格結構是什麼？答案很簡單：第一杯啤酒五美元、第二杯四美元、第三杯三美元、第四杯二．五美元，第五杯以上都是一杯兩美元。這種價格結構稱為「非線性」（nonlinear）：每一杯獨立的啤酒有自己的價格。在這個非線性價格結構下，喝五杯啤酒要花十六．五美元（平均每杯三．三美元）。如果每杯啤酒的單位變動成本是〇．五美元，酒館老闆就有十四美元的獲利貢獻。那麼為什麼酒館老闆不簡單開價三．三美元，而要依據邊際效益設定複雜的非線性價格結構呢？如果價格統一是三．三美元，那麼健行的人就只會買兩杯啤酒（因為這個價格低於他的邊際效用）。這會給酒館老闆帶來六．六美元的營收和五．六美元的獲利貢獻，比非線性價格結構的獲利少六〇%。那獲利最大化時的單一訂價應該是多少？答案是二．五美元。在這個價格下，這個人會買四杯啤酒，付出十美元，這會給酒館老闆帶來八美元的獲利貢獻，仍然比依據非線性結構對價格進行差異化所帶來的獲利少四三%。如果將單一訂價設定為每杯啤酒三美元或二美元，獲利貢獻都會更低，都只有七・五美元。

這個例子提供幾個重要的啟示。它肯定合理的價格差異化能帶來龐大的潛在獲利，同樣顯示出要找到價格差異化的最適價格前提是對買家願意付款的意願深入了解。執行這種價格差異化可以相當複雜。比如酒館老闆需要追蹤每位顧客購買啤酒的準確數量，同樣也需要防止套利，也就是顧客以低價購買很多的啤酒來分給其他顧客。最後，顧客可能會抗拒這樣的價格結構。如果酒館老闆將價格設定在每位消費者願意付出的最高價格，在酒館喝啤酒的消費者剩餘（consumer surplus）就是〇，這會導致顧客的嚴重不滿。這些實務的困難也許正是非線性價格結構（根據顧客的邊際效益進行價格差異化）尚未在餐飲業和服務產業廣泛應用的原因。

電影院的訂價

邊際效益遞減法則不僅適用在消費產品，同樣也適用在服務業。比如，在某個月第一次觀看電影比第二次有更高的效益。在以下的例子中，歐洲的一家連鎖電影院服務三種類型的顧客，我們稱之為A、B和C類。區隔這三類顧客的關鍵在於他們每看一

表 7-2　連鎖電影院的非線性訂價

觀看次數	最高價格（歐元）			非線性價格結構的最適價格（歐元）	觀看數量（以 1000 為單位）	獲利（歐元）（以 1000 為單位）
	A	B	C			
1	9.00	10.00	12.00	9.00	3	27.00
2	6.00	7.50	10.00	6.00	3	18.00
3	3.50	5.50	8.00	5.50	2	11.00
4	2.00	4.00	6.00	4.00	2	8.00
5	1.10	1.50	3.50	3.50	1	3.50
合計					11	67.50
單一訂價下的最適價格				5.50	9	49.50

次電影都願意付出不同的費用。表7-2是這個例子的資料。

單一訂價下的最適價格是五．五歐元。在這個價格下，A類顧客會看兩千次電影，B類看三千次，C類四千次，這會產生九千次的觀看次數和四萬九千五百歐元的獲利。

為了確定價格差異化下的最適價格，我們利用非線性訂價。首先需要確定第一次觀看電影的獲利最大化價格。這個價格是九歐元，三類的顧客都進電影院，所以獲利是兩萬七千歐元。如果價格為十歐元，則只有B和C類的顧客會進電影院，獲利會跌至兩萬歐元。如果第一次觀看電影收取十二歐元，那麼只有C類顧客會進電影院，獲利則只有一萬兩千歐元。

以同樣的方式為後續的觀看次數設定價

圖 7-3　單一訂價與非線性訂價的比較

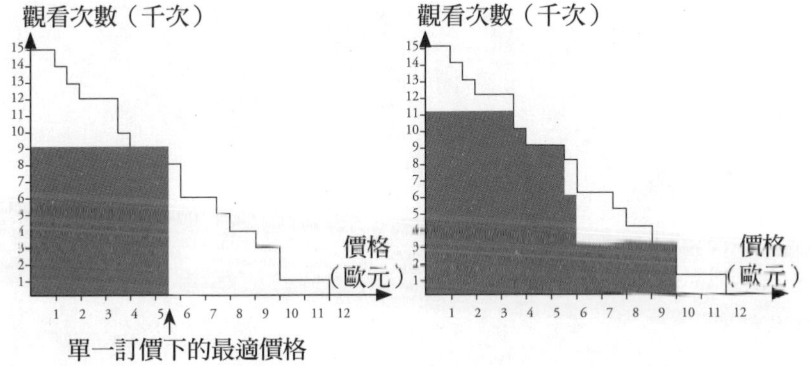

格，表7-2第五列列出非線性的價格結構。價格範圍從第一次觀看的九歐元至第五次觀看的三・五歐元。按照「從獲利矩形走向獲利三角形」的精髓，圖7-3顯示單一訂價和非線性訂價的獲利，差距之大令人咋舌。

價格差異化（右圖）在挖掘獲利潛能的表現上遠遠優於單一訂價（左圖）。非線性訂價的總獲利是六萬七千五百歐元，比單一訂價的四萬九千五百歐元獲利高三七・七％。看電影的次數也從每月九千次增加至一萬一千次，平均票價為六・一四歐元，單一訂價則是五・五歐元票價。銷量和價格同時成長的結果是不可能在單一訂價和正常需求曲線（斜率為負）的情形下實現的。只有透過這種複雜的價格結構才能吃到兩個獲利小三角形的空間，大幅增加獲利。在吸引願意付出更高價格（高於五．五歐元）和願意付出價格較低（低於五．五歐元）的買家上，這個價格結構的表現上比單一訂價更有成效。這個例子的執行方式比較簡單。參與計畫的顧客會收到一張印上名字的卡片。看電影時都會貼上標籤，標記第一次、第二次、第三次等。比較啤酒的例子，由於電影院可以追蹤每個人的實際使用情況，這張卡片可以防止套利的發生。

組合訂價

當賣家將幾種商品組合在一起，以低於商品總價出售時，稱為組合訂價。這是一個非常有效的價格差異化方法。[6] 一次性購買多樣商品可以獲得折扣。廣為人知的組合訂價有麥當勞的多款套餐（漢堡、薯條和飲料）、微軟的 Office 軟體，以及旅行社的全包式套裝行程，當中包括航班、飯店和汽車租用。

電影產業是使用組合訂價的先驅，它們使用一個稱為「整批授權交易」（block booking）的策略。發行商不會提供單一影片給電影院，因為這可能會導致業者只挑選名字最吸引人的影片。相反的，它們會提供一批影片，通常同時包括很有吸引力和沒那麼有吸引力的影片。[7]

表 7-3　葡萄酒、起司和組合銷售時的最高價格

消費者	最高價格（美元）		
	葡萄酒	起司	葡萄酒和起司的組合
1	1.00	6.00	7.00
2	5.00	2.00	7.00
3	4.00	5.00	9.00
4	2.50	3.00	5.50
5	1.80	2.40	4.20

為什麼組合訂價如此有利？我們可以透過葡萄酒和起司的簡單例子來回答這個問題。表7-3顯示五個顧客對這兩種商品願意付出的最高價格。假設葡萄酒和起司組合銷售時的最高價格，等於買家單獨購買時的最高總價。

能使葡萄酒、起司和組合銷售獲利最大的價格是多少？假設單位變動成本為零。這可以在不改變基礎論點的前提下讓計算變得更簡單。起司的最適價格是五美元。在這個價格下，第一個和第三個消費者會購買，獲利（在這個例子等於營收）為十美元。如果賣家設定每片起司的價格為三美元，三個顧客會購買，但獲利只有九美元。而葡萄酒的最適價格為四美元，在這個價格下，第二個和第三個消費者會購買。獲利（同樣等於營收）為八美元。葡萄酒和起司單獨以最適價格銷售時，獲利總和為十八美元。

透過組合銷售可以獲得高於十八美元的獲利嗎？可以，如果葡萄酒和起司的組合訂價是五．五美元，第一個到第四個消費者會購買，只有第五個消費者會拒絕，因此獲利是二十二美元。這就是所謂的單純組合訂價（pure bundling），因為供應商只提供這個組合，也就是說，顧客不能單獨購買葡萄酒或起司。即使賣家提供比商品總價低三九％的組合銷售優惠，獲利仍然會增加二二．二％。這是怎麼做到的？答案是，相較於單個商品價格，這個組合更有效地利用消費者願意付出的最高價格。商品的單獨訂價會讓賣家犧牲最高端和最低端的顧客潛在獲利空間。第一個消費者原本會付出六美元買起司，但他只需要付出五美元。同樣的情形發生在第二個消費者購買葡萄酒的情況。當葡萄酒的價格是四美元、起司的價格是五美元的時候，不願意付出這麼高價的消費者不會購買。

但賣家可以提供一種產品組合，讓買家對一個商品願意多付錢的意願轉移到另一件商品上。第一個消費者希望用比較低的價格買葡萄酒，但願意用比較高的價格買起司，把組合商品納入考慮時，第一個消費者就成為兩種商品的買家。同樣的情形發生在第二個消費者和第四個消費者身上。另一個解釋多付款意願轉移的說法是，與消費者對於各個商品願意付出的價格相比，消費者對於組合產品願意付出的價格波動較小。對單一商品願意付出高價或低價可以在某程度上相互抵銷，這意味著在組合銷售的情形下，更容易區隔買家和非買家。

獲利從十八美元增加至二十二美元是明顯的提升。但是當買家執行「混合組合訂價」的時候，也就是買家可以選擇購買產品組合或單個商品時，獲利情況甚至會更好。在我們的例子中，混合組合訂價的最適組合價格依然為五．五美元，單個商品的最適價格是葡萄酒四美元和起司二．四美元。第一個和第四個消費者仍然會購買商品組合，第五個消費者則會購買起司，這會使整體獲利提升至二十四．四美元。儘管組合訂價比單個商品的總價優惠三九%，但採用混合組合訂價時，賣家的獲利仍然跳升三五．六%。

汽車配件的組合訂價

汽車製造商提供一份價目表，包括汽車配件的附加價格。對個別客戶而言，挑選自己想要的配件並組合起來是一件非常煩人的瑣事。而顧客將所有配件的價格加起來，總價可能會高得讓人吃驚。製造商同樣也有壓力，因為極端的客製化會因為高額的物流費用產生較大的負擔。一個高級汽車製造商邀請西蒙顧和設計最適配件組合，並訂

圖 7-4　可選配件的組合訂價

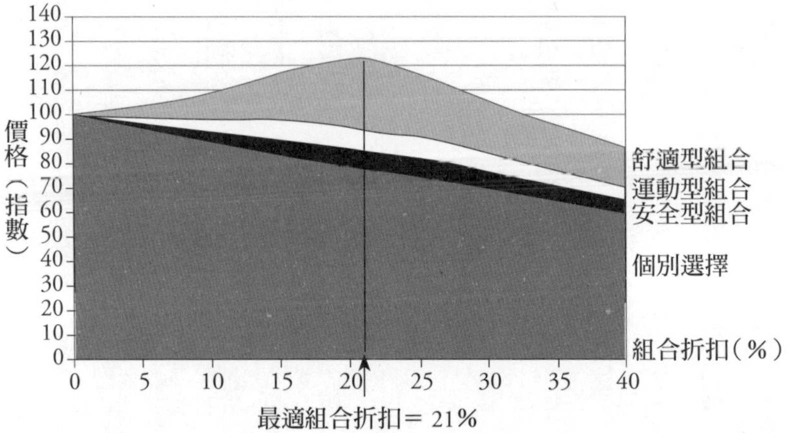

出價格。我們建議三種組合（或套餐），包括舒適型、運動型和安全型。圖7-4顯示獲利結果。

儘管這些銷售組合提供二一%的折扣，但比銷售單一配件的獲利增加二五%。這是另外一個混合組合訂價的例子，意思是顧客可以選擇購買一個套餐，或是單獨購買一個配件。套餐帶來的額外營收遠遠抵銷組合訂價的折扣。汽車製造商從混合組合訂價的方法中看到其他好處：配件套餐被證實比單一配件更容易宣傳和銷售。高度標準化的配件套餐降低內部物流的成本和複雜程度。這個例子再次清楚證明，巧妙的價格結構可以帶來更高的獲利。

分拆訂價

儘管前面的例子都看到驚人的獲利成長，但沒有人能籠統地說組合訂價總是最好的方案。有些情況下，分拆訂價（unbundling）（取消組合訂價，將組合中的各個產品拆開銷售）會更為有利。同樣，單純組合訂價與混合組合訂價到底哪個能夠創造更多的獲利也沒有確切的答案。最適方案通常要視顧客願意付出價格的個別分布而定。

我建議在以下幾種情況下可以考慮分拆訂價：

- **獲取更高的毛利：**當個別商品的價格彈性相對較低的時候就有這個機會。這樣的情形通常發生在組合訂價隨著時間經過變得非常高的時候。
- **市場擴張：**如果公司單獨銷售零組件，就能夠開拓新市場或市場區隔。
- **增加標準化和相容性：**當零組件愈來愈標準化，而且相容性愈來愈高時，追求單純組合訂價的風險就會更大。原因是每個顧客都可以自行搭配零組件，供應商會陷入兩難的處境。它可以（透過單純組合訂價）從競爭中抽身，或者取消組合銷售以擴張市場。在一個產品的生命週期中，隨著市場成熟，天平會逐漸往分拆訂價傾斜。

- **價值鏈的轉移**：許多產業都有一個清晰的趨勢，就是將以往包含在產品價格中的增值服務獨立出來，單獨訂價。

分拆訂價有個廣為人知的例子，就是有趨勢在機票價格上另外收取行李費和其他附加費用。瑞安航空引領這個風潮。另一個有趣的例子是BMW7系列的電視機功能。第一代的導航系統中免費包含了電視機，後續的幾代也提供電視機，但是需要另外收費。[8]

多人訂價

多人訂價（multi-person pricing）指的是為一組人訂價，總價會根據人數改變，例如旅行社允許同伴或兒童同遊時打折或免費；航空公司有時會允許第二個乘客或同伴半價或免費；有些餐館會在一個人付原價時，對一道菜收取半價。西北航空（Northwest Airlines，現在併入達美航空）曾實施過一個特別原始的多人訂價形式：如果一個兒童以原價購票，一個成人就可以免費搭乘。這個策略被證實相當受歡迎。

與組合訂價類似，多人訂價的獲利成長來自兩個效應：更好地挖掘不同顧客群的消費者剩餘，並且將一個人願意多付出的錢轉移至另一個人。以下的例子顯示這些效應。為了計算方便，我們假設固定成本和邊際成本為零。

一個妻子正在考慮要陪丈夫出差。丈夫最多願意付出一千美元，妻子最多願意付出七百五十美元。如果機票價格為一千美元，那麼只有丈夫會出門，獲利將是一千美元；如果航空公司提供的票價是七百五十美元，那兩人都會搭乘，獲利會增加至一千五百美元，這使得七百五十美元成為最適價格。但是情況可以更好。利用多人組合訂價，航空公司可以為這對夫婦設定總計一千七百五十美元的票價，這也是這個簡化例子的獲利，獲利比最適訂價增加一六．七％。多人訂價充分利用每個人的最高價格，以此實現更高的獲利。

當消費者為了爭取更大的折扣，自行組合他們的需求後，多人訂價的策略就不能奏效了。這個方法在購買加熱用燃料油（heating oil）的時候比較常用，也有些網站幫助團購，從而得到更低的價格。但總的來說，這個方法並沒有被廣泛使用。

買得愈多愈便宜？

以數量進行價格差異化最常見的方式是大量購物優惠。買得愈多，得到的折扣就愈

表 7-4　全額折扣對比遞增折扣

		全額折扣		遞增折扣	
折扣（%）	適用於	營收（美元）	平均價格（美元）	營收（美元）	平均價格（美元）
0	99 件以下				
10	100 ～ 199 件	9,000	90	9,000	90
20	200 ～ 299 件	16,000	80	17,000	85
30	300 件以上	21,000	70	24,000	80

大，這意味著顧客為每個商品付出的價格更低。所有人都知道這個普遍法則，並且習以為常。但即使是大量購物優惠，細節才是關鍵，結果取決於大量購物優惠如何設計。

大量購物優惠主要有兩種形式：全額折扣和遞增折扣。全額折扣代表折扣適用於全部的採購量；遞增退款代表折扣只適用於增加的採購量，而非全部數量。這個差別看起來並不起眼，但卻有很強的影響力。看表7-4的數據，再一次使用電動工具的例子。假設價格為一百美元，單位變動成本為六十美元。為了計算方便，假設固定成本為零。購買九十九件以下沒有折扣；從一百件開始打九折％；兩百件以上打八折；三百件以上打七折。

使用全額折扣，也就是所有購買量都適用折扣時，如果賣出三百件，賣家有兩萬一千美元的營收和三千美元的獲利。但如果採用遞增折扣，也就是在不同價格區間有不同折扣下，賣家的營收是兩萬四千美元（增加一四．三％），獲利有六千美元（增加一〇〇％）。這個折扣結構的變化看起來無關痛癢，實際上會使賣家獲利翻倍。賣家應該盡可能選擇遞增折扣，買家則相反，應該要求使用全額折扣。換句話說，買家和賣家不只該關注獲得的折扣率，同時應該留心折扣的結構。

是差異化還是歧視？

另一個常見的價格差異化是價格因人而異：同樣的商品對不同人的價格不一樣。這難道不是歧視嗎？「價格歧視」常常被當成是「價格差異化」的同義詞。在現實當中，因人而異的價格差異化是個敏感話題。如果朋友從賣家購買的商品比你買的便宜二五％，你一定會不高興。亞馬遜曾根據消費者的個人資料或使用的瀏覽器以不同的價格出售DVD，在公眾強烈的反對聲浪中，亞馬遜停止這種做法，並且賠償買家。[9]

隨著網路使用者增加，設計這種因人而異或因用戶而異的價格差異化機會激增，引導賣家採取行動的誘惑也增多。一項研究顯示，使用蘋果Mac電腦和其他電腦的用戶在預訂飯店時有顯著的行為差異。[10] Mac電腦的使用者平均每晚會多付出二十至三十美元。當上網預訂飯店的平均價格在一百美元的情況下，這個價格差異非常明顯。Mac電腦的使用者預定四星級和五星級飯店也高出四〇%。這些發現對根據用戶進行服務與價格差異化提供非常有力的證據。但正如亞馬遜的例子顯示，賣家利用這些發現的時候應該非常謹慎。

接下來有個因人而異的價格差異化形式，它是否會成為一套標準仍有待驗證。薩摩亞航空（Samoa Air Ltd.）根據乘客的體重設定機票價格。從薩摩亞飛至美屬薩摩亞的票價為每公斤〇．九二美元。薩摩亞擁有世界第三多的超重人口。執行長克里斯．蘭頓（Chris Langton）不顧最初的反對聲音，堅定地維持這個計畫。「這是根據體重結帳的系統，它在這裡扎根了。」他說。[11]在這個系統中這個邏輯是成立的。乘客的體重會影響飛航成本。為什麼貨物的運輸會根據重量來收費，而乘客的運輸不是呢？同時，薩摩亞航空採用「一公斤就是一公斤，只是一公斤」（A kilo is a kilo is a kilo）的口號，並持續形容這個訂價策略是「最公平的運輸收費方式」。[12]部分美國航空公司已經開始要求過度肥胖的乘客在客滿的航班購買兩張機票。我並不認為這侵犯他們的權益，不過社會接受度又是另外一回事。但誰知道呢？

另一方面，很多因人而異的價格差異化方案得到社會主流的認可。這包括所有對兒童、學生、退役軍人和老年人的規定。對於某個組織或俱樂部的成員可以享受特殊價格或折扣這個做法，人們似乎並不介意。消費者最關注、也是賣家最感興趣的是，如何根據不同的標準，成功進行差異化，例如根據購買力或價格敏感度。在買家和賣家單獨議價的情形裡，這正是雙方的目的。報價形式只是個別價格差異化的開端。當人們購買一輛汽車時，能挖掘出多少他們願意付出的價格，取決於銷售人員的才幹。

因人而異的價格差異化同樣可以反映人們之間的成本和風險差異。在義大利的聯合信貸銀行（Unicredit Banca），放款利率取決於貸款人過往的歷史信用和貸款行為。銀行獎勵忠誠和快速付款的顧客，提供他們更低的利率。在第一年至第三年，銀行提供比基準利率高出一％的利率。如果顧客還款準時，接下來利率每年降低〇．一％（最多降〇．三％）。以五十萬美元的房貸來計算，這意味著每年可以省下一千五百美元。

在網路上的嘗試比在傳統市場更為多樣化。電子商務網站從所有個人交易中了解到很多顧客的資訊，在極端的例子中，他們可以針對個人調整價格。據說網路商店採用一種高峰和非高峰的差異訂價方式，晚上比白天的訂價更高。這種以時間為基礎的價格差異化擁有非常有力的論據，這正是現實中因人而異的價格差異化形式。在白天，對價格敏感的青少年和學生更有可能上網。成人在白天很可能需要工作，但他們具有更強的購買力與更低的價格敏感度，而他們傾向在晚上下更多訂單。在白天訂價更低，晚上訂價更高不是很合理嗎？

最近我在德國大型購物網站 Zalando 買了一雙鞋。從此以後，每次我打開其他網頁都會出現鞋子的廣告。Zalando 和其他購物網站可以在其他網站投放廣告，並直接鎖定我。如果廣告可以做到這樣，那麼價格也可能做到。假設人們可以掌握個別客戶願意付出多少錢的準確資訊，那麼這將是從獲利矩形走向獲利三角形的一個方法。大數據這個對大量個人交易數據進行分析的方法，為因人而異的價格差異化打開不可思議的新商機。在這裡有個非常有趣的問題：消費者是否為了營造對價格高度敏感的印象，應該偶爾購買一個非常便宜的商品。這可以觸發特價活動和便宜商品的廣告，來個新型態的貓捉老鼠遊戲。

執行因人而異的價格差異化需要投入一定的精力。你需要確定這個潛在的顧客符合特定資格（例如學生證、生日證明）或是發放特定卡片（BJ 超市會員卡、AAA 卡或任何零售商的卡）。[13] 對於網路企業，顧客每筆交易都必須保存並進行分析。銀行和保險業從很久以前就開始蒐集每筆交易，但往往缺乏分析能力來加以利用，並提供客製化的服務。問題仍然是相關的：一家企業能在多大程度上影響個別顧客的行為？我在亞馬遜上購買幾百本書，但從沒有購買它們推薦給我的書。在我的例子中，它們的分析工作徒勞無功。而那些來自 Zalando 的煩人鞋子廣告只讓我感到反感，並沒有增加我再次購買的欲望。話雖如此，我並不反對這樣的做法，但我確信它需要改進，問題在於這些數據和演算法則並沒能反映背後的行為動機。訂價尤其充滿挑戰，因為線上賣家只知道顧客付出的價格，但缺乏額外的資訊（例如是來自測試嗎？），它們很難確定顧客的價格敏感度。

利用地點進行價格差異化

在過去，一件經典的名牌商品無論在哪個地方價格都一樣。製造商能向全國經銷商指定零售或終端價格。不過大部分國家在一九六〇至一九七〇年代終止這個做法。至此之後，只有特定商品會受制於所謂的維持零售價格（resale price maintenance）。這些規則在不同的國家有所不同。對於大部分的商品，零售商可以自由設定價格，這導致地域和銷售管道出現價差。與過去製造商指定價格不一樣，新的價格反映購買力的差異（在紐約，有些商品的價格比郊區要高，有些卻更低），以及競爭強度與成本的差異

（汽油站離煉油廠愈遠，或競爭愈少，汽油的價格就愈貴）。

儘管二〇〇七年美國最高法院頒布的法規推翻「謝爾曼反托拉斯法」（Sherman Antitrust Act）中一條長期存在的關鍵法規，但總體而言，反托拉斯法仍然禁止製造商影響零售商的訂價。[14]法院在Leegin Creative Leather Products, Inc. v. PSKS, Inc. 案的判決中聲明，控制垂直價格不再屬於違法行為，但應該遵循合理原則。換句話說，在特定環境下，供應商可以要求設定最低零售價格，或者停止向商品訂價太低的零售商供貨。在歐洲，由於製造商要求對零售價格擁有一定的影響力，爭議依然非常激烈。

價格在不同國家差異很大，這尤其受到制度特性、稅收和經銷體系的影響。在盧森堡，汽油的價格比德國低二〇%，這導致盧森堡和德國的交界地帶成為世界上加油站最集中的地區之一。部分價格敏感的顧客開近五十英里的車，只為了加滿油箱和汽油罐。香菸和咖啡在盧森堡也比較便宜，很多人在去加油的路上購買這些商品。這可能會導致荒誕、意想不到的結果。德國城市特里爾（Trier，靠近盧森堡的邊界）的肺癌罹患率遠高於德國其他城市。至今沒有人能說明這個現象，但有個假說認為，盧森堡的低價香菸與特里爾的高吸煙率相關。在二〇一一年，當歐元兌瑞士法郎大幅貶值的時候，急切的瑞士消費者湧進德國南部城市瘋狂購物，因為按照瑞士法郎計算，那裡的物價比瑞士便宜很多。[15]

地區性或全球性價格差異化的最大好處是有效進行市場區隔。如果在家門外五十英里的商店裡有一件只便宜一點點的商品，沒有人會開那麼遠的車去購買。另一方面，如前面詳細了解到的，理性行為並非必然。去盧森堡購買汽油是不是真的這麼省錢，尤其是在考慮開二十五至五十英里的車所耗費的時間和金錢等所有成本以後？人們通常只看到馬上省下的現金，而忽視購買所花費的全部成本。

有一個研究揭開距離的非理性行為。它研究夾克和風衣。A測試組看到的夾克一件是一百二十五美元，他們聽說另一家連鎖商店同樣的夾克價格少五美元，但開車需要二十分鐘。B測試組看到一件十五美元的風衣，然後知道在二十分鐘車程外相同的連鎖商店可以用十美元買到。在兩個例子當中，節省的成本都是五美元。在B測試組中，六八%的參與者願意為了較低的價格開二十分鐘的車，但在A測試組中，只有二九%的人願意做同樣的事情。[16]很明顯，為了在一百二十五美元的商品上節省五美元走這趟行程並不值得，但為了在十五美元的商品上節省五美元就另當別論了。你同樣可以換個方式來解釋這個現象：這段距離的效益（在這個例子裡是負的）並不是絕對的，而是相對的。這對於地區性的價格差異化和市場區隔有所啟示。

利用國界來進行價格差異化尤其有效，但同樣有例外的情況。如果價格差異明顯，同時套利成本較低（受運輸費用、關稅、官僚作風和產品調整等因素影響），那麼就會出現所謂的水貨（gray import）或平行進口（parallel import），也就是未經製造商授權的商品進口。在醫藥產業，平行進口發揮重要的作用。Kohlpharma 公司透過從歐盟國家向德國平行進口商品，二〇一二年的營收達到七億六千萬美元。在汽車市場，國際的價差同樣非常大。據估計，如果整個歐洲大陸統一價格，那麼汽車產業的獲利會下跌二五%。或者換種說法：四分之一歐洲汽車製造商的獲利來自國際的價差。儘管如此，平行進口在這個產業並沒有發揮重要作用，原因是獲取汽車非常困難（製造商控制各國的汽車供給量），而且套利成本相當高。

當統一的歐洲共同市場出現時，很多公司的反應是在整個歐盟引進單一訂價。這是一個簡單的策略，但無論如何都不算是聰明的做法。這些公司犧牲跨國間價格差異化所帶來的獲利潛力。當歐洲南部國家在經濟危機中愈陷愈深時，甚至可以說單一的歐洲價格愈來愈沒有存在意義，原因是北歐和南歐的購買力差距不斷增大。另一方面，跨國間的巨大價差不可能再持續，因為水貨會嚴重破壞市場。解決方法是用一種折中的方式。從這個目的出發，西蒙顧和開發一個稱為 INTERPRICE 的模型，建立最適的國際價格區間（international price corridor）。這些區間充分利用市場的差異性，同時將水貨保持在可容忍的範圍內。17

利用時間進行價格差異化

有一句古老的拉丁諺語說「Tempora mutantur et pretii mutantur in illis」，意思是「時代在改變，價格也跟著在改變」。要從獲利矩形走向獲利三角形，基於時間的價格差異化是最重要和廣泛應用的一項方法。它的形式千變萬化，從每天的不同時間到每週的不同日子，再到季節性的價格、預訂的優惠、最後一分鐘的折扣、冬季或夏季的清倉銷售、黑色星期五以及「特殊的宣傳品」。由於供需會隨著時間波動，價格也隨之調整，它同樣扮演「動態訂價」的角色。

就像討論價格差異化的其他形式一樣，基於時間的價格差異化成功的原因在於，消費者在不同時間有不同的付款意願。在度假或商業展覽期間，人們更樂意付更多錢給飯店。如果賣家錯過這些時機漲價就太粗心了。和這個做法高度相關的是供需的平衡。電力產業應用的傳統尖峰時段訂價追求的正是這個平衡。動態訂價同樣強調這個目標，但同時嘗試兼顧獲利增加，而不僅僅是控制供需。

停車場是動態訂價的典範。在這個例子中，「動態」意味停車位每個小時並沒有固定的價格。價格在任何時間都取決於停車位的利用率。倫敦希思羅機場（Heathrow Airport）的停車場採用的就是這個方式，全世界的停車場也一樣。價格隨時調整，因此願意付款的顧客總是能找到　個停車位。我曾經有兩次因為找不到停車位而錯過航班。我的付款意願在那兩次都非常高，但因為停車場是單一訂價收費，出現了兩個結果：停車場滿了，同時停車場錯過賺更多錢的機會。否則，我和停車場的經理人都將從動態訂價中獲益。

儘管如此，充分利用這個概念的公司並不少見。在我的家鄉，一個商業區的停車場擁有幾百個停車位，在上班日收取每小時二．五歐元的停車費，週日則降至一歐元。但是週日停車場幾乎都是空的。問題出現在哪裡？停車場經理人把低需求錯認為是更高的價格彈性。週日停車場會閒置並不是因為上班日每小時二．五歐元的收費太高，而是因為週日開車到市中心的人都很少。將價格降至一歐元並不能有效吸引更多客流，這個經理人只是白白流失賺錢的機會。

在與一家英國大型連鎖電影院合作的計畫中，西蒙顧和發現同樣的問題。這家連鎖電影院在特定上班日和特定時間提供二五%的優惠，但並沒有看到需求相應地提升。我們創造一個價格結構，幫助這家連鎖企業在尖峰時段獲取更高的獲利。這家連鎖電影院只在每週的某一天提供折扣，被稱為優惠日，但提供的優惠折扣很大，當天的電影院是滿座的。在廣泛採用這個新的價格結構之前，它先在幾個電影院試點。正如我們所料，客人的總量輕微地下降，但電影院的獲利大幅增加。從停車場和連鎖電影院的例子中得到什麼啟示？和最適動態訂價相關的並不是需求水準，而是在不同的時間點顧客對不同價格的反應，換個說法，就是價格彈性。除非你知道這個訊息，否則你只是在渾水摸魚。

容易變質的商品怎麼訂價？

容易變質的商品給基於時間的價格差異化提出一個棘手的難題：麵包店和蔬果攤在結束營業前該怎麼訂價？如果當天沒有賣掉，這些商品就沒有價值了，沒有人願意買已經放了一天的麵包或不新鮮的水果和蔬菜。類似的商品還包括飯店房間、飛機航班的座位、旅行團的空位，每個航班上的閒置座位都會損害航空公司的營收和獲利。

這裡的成本「沉沒」了，不再對「最後一刻」的價格決定發揮作用。從短期來看，解決辦法很簡單。任何高於零的售價都比商品過期或沒賣出座位更好。這意味著賣家應該提供誘人的「最後一刻價格，盡可能填滿座位或清空貨架」。

但這樣的策略有個漏洞：如果最後一刻的價格成為常態，顧客會了解到這個資訊，並為了享受低價盡可能在最後一刻購物。有個女管家告訴我，她通常在麵包店關門前不久購買麵包，這個時候麵包店會提供最後價格。正常價格和最後價格之間的圍牆坍塌了，正常價格的銷售量因此減少。這正是為什麼許多公司寧可讓商品變壞，讓位置閒置，也不願意求助於可以預見結果的最後一刻價格。保護較高價格的銷售量，以及寧可商品過期，失去潛在營收，這兩個相互牴觸的效應難以量化和權衡利弊。但在我的經驗當中，從很多例子來看，盡可能避免訂出最後一刻價格的做法會更為理性。

在高峰期和非高峰期的訂價機會往往是不均衡的。當電器需求較低時，你可以透過降價鼓勵人們購買洗衣機或洗碗機，你也可以在高峰期間漲價抑制需求。然而，餐廳和鐵路的需求情況不同。即使餐廳或鐵路在星期一晚上提供低價，也不會出現滿座的情形。另一方面，在高峰期間確實有機會收取更高的費用。但這是敏感的話題，因為消費者對這種「敲竹槓」的行為往往很反感。

爭奪動態訂價的主導權

接下來這個例子顯示爭奪動態訂價主導權的意義。Google在二〇一一年九月三十日提出動態訂價的專利申請。[18]這份專利摘要裡面提到其他事情，例如「動態決定電子內容價格的方法；系統和儀器，包括電腦軟體……調整購買電子內容相關商品的底價，並允許特定用戶以調整後的價格重新購買。」Google認為自己有專門的方法去根據時間進行價格差異化，並希望保護這個專利。

動態訂價的局限是什麼？有些公司在網路上使用的動態訂價方法看起來很魯莽。電子產品、服裝、鞋子和珠寶的價格改變最為頻繁，這些商品的價格在一個小時內變化好幾次並不少見。總的來說，每天可以在電子商務上看到數百萬種價格改變，前面我們只在航空業看到類似的現象。在電子商務中，賣家的主要目標是讓網頁出現在搜索結果的第一個。[19]這主要依賴價格調整，通常意味著降低價格，但這會損害獲利，創造價格進一步下跌的行為模式。這是典型的賽局理論兩難，只會對買家有利。企業在爭奪動態訂價的主導權和搜尋引擎排名首位的戰場上將引發怎樣的硝煙戰火，我們拭目以待。

利用營收管理調配閒置空間

基於時間的價格差異化有種特別複雜的形式，就是許多企業提到的營收管理（revenue management）或收益管理（yield management）。航空公司在實務上非常頻繁地應用這個工具，而且高度專業。模型、數據分析與預測技術扮演相當重要的作用，目標是每一次航班都能產生最大的營收，而且有獲利。為了達到這個目標，航空公司將產品和價格政策結合起來。舉個例子，航空公司可以讓隔板向前或向後移，來擴大或縮小商務艙的空間。根據需求預測，在可用空間下，每個價位將配置一定數量的座椅。隨著實際預訂情況的變化，航空公司可以不斷調整已分配好的價格與空間組合。這解釋許多人都曾遇到的現象，可能某個時刻能以五十九美元買到機票，但半小時之後相同航班的票價卻變成九十九美元，這種情況有時會讓人獲益，有時卻令人憤慨。營收經理的決定一定像這樣：現在以五十九美元的價格出售，或者基於調整過的模型或預測情況保留座位，希望之後有人以九十九美元買下。在後面的情況下，營收經理承擔座位最終無法出售的風險。

航空公司、連鎖飯店、汽車租賃服務與其他相似產業都有某種營收管理實務，這幫助他們管理空間與利用率。但這絕不是完美的解決辦法，我與芝加哥市區希爾頓飯店

表 7-5　價格與賣出的房間數量

	13 間房間閒置	50 間房間閒置	200 間房間閒置
價格（美元）	100	110	110
賣出的房間數量（間）	1,587	1,550	1,400
營收（美元）	158,700	170,500	154,000

營收經理的一次對話就反映出這點。

他說：「今晚一千六百間客房中有十三間是空的，雖然芝加哥其他分店的客房已經住滿了，但是空出十三間實在是太多了。」

我問：「你確定嗎？也許你把平均價格從一百美元提高至一百一十美元，空出五十間客房會更好。」表7-5比較當天晚上可能出現的兩種情況。

如果平均價格是一百一十美元，有五十個房間閒置，那麼營收會有相當大的提升。這個簡單的例子顯示營收管理的核心問題：沒有賣出的空間是「生硬的統計數據」（hard data），使價格有下降的壓力；當晚顧客潛在的付款意願是個「軟性數據」（soft data），具有很高的不確定性。希爾頓飯店的經理知道價格一百美元的客房有十三個房間閒置，意味著有一千三百美元的營收拋棄了。但他不確定是否有一千五百五十位顧客願意額外支付十美元的價格，而且只有三十七位顧客選擇到別的飯店訂房。假如只有一千四百位顧客願意付出一百一十美元，那麼營收會下滑至十五萬四千美元，如表7-5第四欄所示。營收管理是最有可能應對所有不確定因素並取得理想結果最好的可行方法。預測數據愈準確，獲利貢獻率就愈大。

災難時期怎麼訂價？

在物品短缺時期或緊急情況下，訂價是十分敏感的問題。桑迪颶風（Hurricane Sandy）侵襲時就是個很好的例子。二〇一二年秋天，颶風襲擊美國東海岸，導致全美國連續幾天陷入緊急狀況，有的地區持續好幾周災情嚴重。應急發電機的需求量急速上升。一個賣家在這種情況下應該怎麼做呢？此時賣家陷入兩難。如果維持正常價格，存貨會立即賣光。聰明的買家會買好幾個，導致其他人空手而歸，或四處尋找替代品，就像有人會囤積糧食一樣。至於多買發電機的買家，則會上網用高於兩倍的價格賣出去。

賣家的另一個做法是將價格提高到供給量（短期內數量固定）與需求量達到平衡的水準。這樣，更多的顧客可以買到短缺的商品，但賣家可能會被貼上謀取暴利的標籤，買家會認為他利用災難發一筆橫財，經濟能力有限的潛在買家則沒有辦法購買較貴的發電機。許多人認為這樣「哄抬物價」是不公平的，有些國家則完全禁止這種行為。[20]佛羅里達州一個加油站老闆在卡翠娜颶風（Hurricane Katrina）侵襲之後提高價格，因為它有「太多顧客」，而石油快用完了，結果違反國家反欺詐法被法院傳喚。[21]大量的例子一再表明，顧客在緊急狀況下會抵制價格上漲。儘管如此，這種基於時間，或者更確切說基於事件的價格差異化形式仍是熱門話題。

高低價策略和天天低價

零售業中的高低價策略（Hi-Lo）是另一種基於時間的價格差異化。在高低價策略下，零售商不定期將價格在略高於正常價格和略低於促銷價之間切換。與高低價策略相對應的是天天低價策略（Every Day Low Price）。在天天低價策略下，零售商長時間將價格維持在相對較低的範圍內。這就意味著消費者會一直看到有吸引力的價格，而不僅僅是在促銷期間才看到。

使用高低價策略的零售商會發現，在啤酒、果汁與大多數家庭用品中，促銷會占總銷售金額七〇％至八〇％。在這種情況下，實際的「正常」價格就是促銷價，而非原價。零售商以各種方式支持促銷活動，包括投放廣告，發放傳單，以及在商店的幾個地方擺放促銷商品。促銷期間的商品銷售量比原價時的銷售量成長好幾倍，這種情況並不罕見。特別是對一些強勢品牌，它們在促銷時有相當高的價格彈性，這就是為何零售商更樂意選擇這些牌子進行促銷。但這有可能與製造商的利益產生衝突，因為它們希望自己的品牌價格形象更為穩定。

高低價策略的影響十分複雜。這種策略是否真的促使銷售增加？還是說現在的銷售量上漲是以未來的銷售量為代價，就像在第5章討論通用汽車員工折扣的例子一樣？高低價策略下源源不斷的促銷活動是否會把消費者培養成專買便宜貨的人？產品的價格彈性增加是否是因為促銷活動呢？什麼類型的消費者會選擇高低價策略，什麼類型的消費者又會選擇天天低價策略呢？

把以上問題的答案綜合起來會發現，低所得的消費者會選擇天天低價策略的零售商，而高所得的消費者則會選擇高低價策略的零售商。零售商選擇哪個價格策略通常是由競爭對手行為而定。如果相關的競爭對手使用其中一種策略，你最好選用另一種。研究也顯示，經常使用高低價策略會使消費者對價格更為敏感，他們知道某個地方總有促銷價，而且總是找得到。但總的來說，證據還不明確。有文獻整理高低價策略與天天低價策略，結論是：「現有的研究無法給出確切的建議，價格策略最好還是透過營收、銷售量、客流量或獲利能力來制定。」[22]也就是說，零售商除了仔細觀察自身情況來決定適合高低價策略和天天低價策略外，別有其他辦法。基於現有的證據，無法確切判斷哪種策略更好。

預售價格與預訂折扣

預售價格、預訂折扣和「早鳥價」（early bird）是基於時間的價格差異化特殊變形。這些方法通常用於賽事、航空旅行和團體旅遊中。對於航空旅行而言，這種方法看起來是一種有邏輯的差異化方式。對價格敏感、有閒暇時間的旅客喜歡預訂，而商務旅客對價格的敏感度較低，通常在很快就預訂了。這似乎是一個相對有效的區隔機制。對於旅遊與賽事來說，支撐這些價格與折扣的論點就沒有那麼明顯。預訂的人真的對價格比較敏感嗎？或者人們拖著不預訂是認為等到最後一分鐘可以大降價？我認為在這些策略背後有個很重要的動力，那就是賽事推廣者和旅行社經營者想要盡快達到一定的銷售量。缺點就是這些早期折扣會損害利益，因為賽事將近或接近出發日期時，票價或套餐價格會更高，但這些折扣阻礙這些票務和套餐的銷售。在銷售早期很難判斷最後一天前的漲價是否會出現。

這個觀點的例子可以在體育賽事上看到。二〇一二至二〇一三年德國足球甲級聯賽

（Bundesliga）賽季在二〇一二年八月二十四日開始。就在當天，最優秀的球隊拜仁慕尼黑隊（Bayern Munich）宣布所有主場比賽門票已經賣完。這反映出這個價格策略並不聰明，顯然票價過低。這也讓提前搶購，然後在二手市場賣票的買家得到好處。只有在隊伍處於糟糕的賽季或人們沒什麼興趣的時候，拜仁慕尼黑隊的價格策略才有道理。它們應該在賽前宣傳最激烈的時候賣掉大部分的票。結果拜仁慕尼黑隊在二〇一二至二〇一三年賽季的表現十分精彩，輕鬆贏得聯賽冠軍。二〇一三年又贏得德國足球杯（German Soccer Cup），打進歐洲冠軍聯賽（European Champions League）決賽，還成為非官方的世界足球俱樂部冠軍。俱樂部提前把票賣完，賽季又無比精彩，肯定讓球隊經理人覺得苦樂參半。

大家也應該牢記來自蒙特內哥羅（Montenegro）的名言：「如果要對自己發火，就提前付款。」

滲透訂價策略

新產品的典型價格策略就是滲透訂價（penetration pricing）和吸脂訂價（skim

pricing）。滲透訂價是指企業將新產品以較低的價格出售來快速滲透市場，並透過產品快速擴展的積極回饋來引發連鎖效應。在經驗曲線（experience curve）效應或規模經濟效益（economies of scale）較強時，滲透訂價是首選策略。[23] 豐田在美國推出 Lexus 豪華型的時候，使用的就是典型的滲透訂價。儘管 Lexus 是個嶄新的品牌，而且廣告看起來跟豐田一點關係都沒有，但很快大家就知道 Lexus 是豐田旗下的產品。在美國市場一年的銷售量超過一百萬輛。豐田的 Corolla 和 Camry 車款因為高信賴度和高轉售價值而獲得很高評價，也帶來強勁的銷量。但很難讓大家相信豐田能成功生產並推出豪華車款。豐田在一九八九年推出 Lexus LS400，售價為三萬五千美元，第一年賣出一萬六千輛。圖 7-5 顯示 LS400 隨後在美國價格上漲的情況。

價格在隨後六年成長四八％。經過早期買家的口碑宣傳，第二年的銷量增加至六萬三千輛。在消費者報告（Consumer Report）的年度回顧中，LS400 受到高度好評，被評價為「結合高科技及優越的舒適度、安全感和優質配件，在我們測試過的車款中名列前茅」。LS400 成為豪華車款市場中具有優質性價比的標竿，並持續蟬聯消費者滿意度排名首位。先前對豐田能否打造豪華轎車的懷疑徹底消失。豐田不斷提高 Lexus 的售價，新產品的優惠價格有利於 Lexus 進入市場，並在有助於吸引消費者注意力的同時，

圖 7-5 Lexus LS400 在美國採取滲透訂價策略

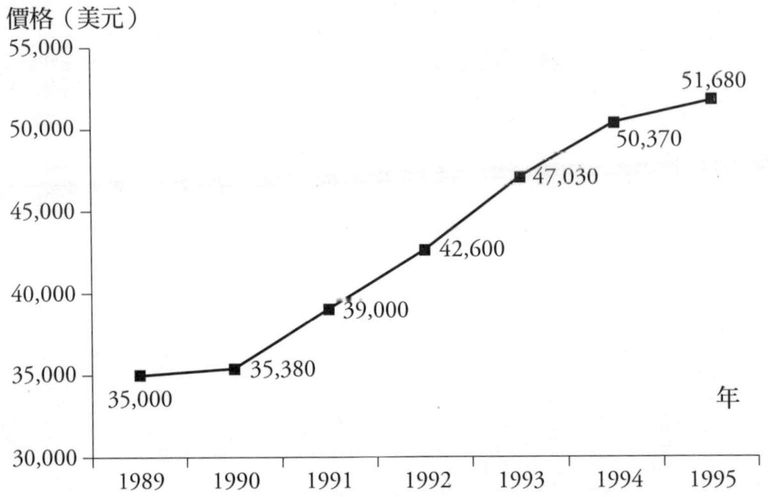

打造令人稱羨的聲譽。這是滲透訂價的一個經典例子，剛上市時，三萬五千美元的價格太低，無法使豐田的短期獲利達到最大，但我們仍可以解釋這是精確訂價的例子。與Lexus在美國的成功相對的是，它從未在德國扎根。其中一個原因就是，在德國，人們認為豪華汽車的價格是衡量品質與地位的重要指標。滲透訂價在這種情況下很發揮作用。

使用滲透訂價的風險就是上市價格太低，這是新產品很容易犯的錯誤。二〇〇六年初，Audi的新車款Q7 SUV價格太低，只賣五萬五千歐元，它們一共接到八萬張訂單，但年產量只有七萬輛。有人可能會說，長長的等候名單會讓人更加渴望得到這輛車，但也可能使喪失耐心的顧客最終去買其他性能相近的車款。

摩比玩具（Playmobil）的諾亞方舟模型在歐洲上市時的價格是六十九．九歐元。這個產品很快在eBay上以八十四．〇九歐元賣光，這證明上市價格過低。[24]惠普（Hewlett Parkard）創新系列第四代印表機在一九九〇年代初上市時的價格遠低於競爭對手的產品，一個月內就達到整年的銷售目標，因此惠普將這款印表機撤出市場，之後以高很多的價格推出相似的新產品。

另一個因為低價而失敗的例子發生在網路數據儲存業。英國公司Newnet在二〇〇六年提供「無上限儲存服務」，每月收費二十一．九五英鎊。最初的六百名用戶耗盡一百五十五MB的可用空間。隨後，公司將使用費提高六〇%，也就是每月收取三十四．九五英鎊。華碩在二〇〇八年一月推出小筆電時的價格是兩百九十九歐元，產品在上市後幾天內就賣光了，上市初期只能滿足一〇%的實際需求量。

滲透訂價也適用在體驗品（experience goods），這些產品需要經過用戶體驗才能知道真實價值。上市時的低價使更多消費者願意嘗試使用新產品，如果用戶體驗好，對產品評價高，而且開始宣傳產品，那麼公司會獲得很大的乘數效應。在網路上廣泛應用的「免費增值模式」（freemium）也可看作滲透訂價的一種形式。在這種模式下，消費者免費獲得產品基本功能的使用權，企業希望有盡可能多的「免費」用戶願意將產品升級至更高級的付費版本。我們將在第8章詳細探討免費增值模式。

吸脂訂價策略

蘋果公司在二〇〇七年六月發布革命性的iPhone手機，使用的顯然就是吸脂訂價策略。圖7-6顯示八GB版本的價格。

上市時價格設定為五百九十九美元。幾個月之後，蘋果公司將價格大幅降至三百九十九美元。是什麼原因使上市時的價格如此高呢？五百九十九美元的價格是技術水準與價格的保證，也是身分地位的體現。儘管售價非常高，想要購買的顧客還是在蘋果專賣店大排長龍。另一個原因是生產能力有限，蘋果公司想要在上市初期控制需求量，但也不排除蘋果公司有決策失誤的可能性。

價格大幅降至三百九十九美元使得需求量飆升。iPhone一上市就訂三百九十九美

圖 7-6　8GB 版本蘋果手機的吸脂訂價策略

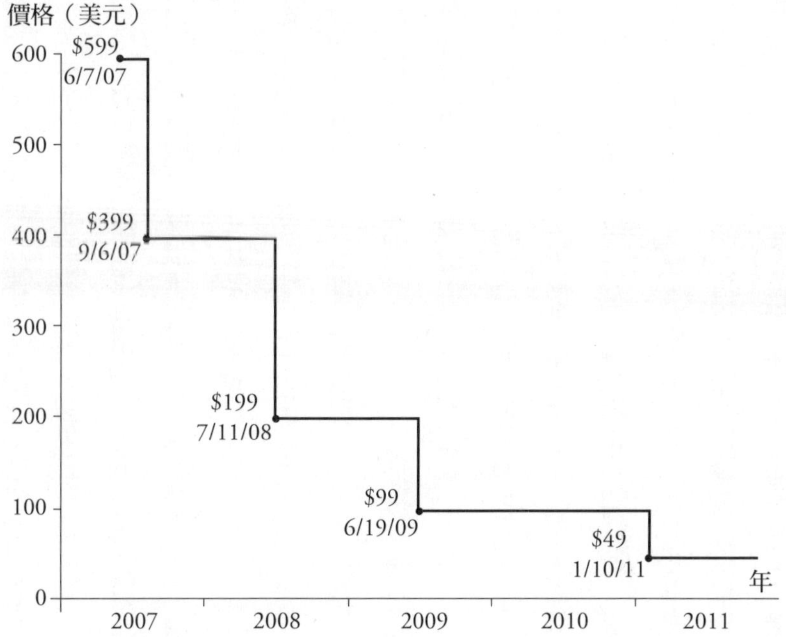

元，與高價上市，幾個月之後降至三百九十九美元，這兩種情況有顯著差異。展望理論認為，折扣能給買家帶來更多的優惠。但那些以五百九十九美元買進手機的消費者在突然降價時會覺得很失望。他們抗議之後，蘋果公司給早期買家一百美元的禮品卡。iPhone 價格在隨後的幾年裡持續下降。

蘋果公司使用吸脂訂價策略來不斷試探消費

者的購買意願，這不僅僅是由需求決定，成本也是相當重要的因素。由於技術愈來愈先進，使成本下降，而且銷量火熱，蘋果公司在二〇一一至二〇一二會計年度總共賣出一億兩千五百萬支 iPhone，獲得八百零五億美元的營收，差不多是蘋果總營收的一半。[25]用 iPhone 的營收除以銷售量可知，手機平均售價為六百四十美元。有趣的是從成本來看，研究機構 IHS iSuppli 的數據顯示，二〇一二年十六 GB 版本的成本為一百一十八美元，六十四 GB 的成本為兩百四十五美元。這巨額的毛利解釋蘋果公司為什麼在營收為一千五百六十五億美元的情況下，稅後獲利仍能達到四百一十七億美元，也就是說，稅後獲利率達到二六．六%。這使得蘋果公司一下成為全球最有價值的企業，當然價格策略在其中扮演不可或缺的角色。

蘋果公司的持續創新，讓吸脂訂價策略更加完善，並擴大生產線，這個過程稱作「版本化」（versioning），持續推出新版本，每個新版本都明顯優於上一代產品，這有利於蘋果公司將產品價格維持在一個相對穩定的狀態。這在電腦製造業是十分常用的策略。電腦的售價不會產生太大的波動，但新一代的產品總有更突出的表現。用性價比來解釋吸脂訂價策略的話，可以理解成消費者購買每單位性能的價格愈來愈低。

有些產品在行銷階段的價格看起來像是運用吸脂訂價策略，但其實是決策失誤下孤注一擲的行為。諾基亞新一代智慧型手機Lumia 900二〇一二年在美國上市，售價為九十九美元，並與美國電話電報公司簽下兩年的合約。僅僅過了三個月，諾基亞就將售價下調至四十九．九九美元，並宣稱是在運用吸脂訂價策略。諾基亞發言人稱：「這個作法是大部分手機在生命週期內都會執行的正常策略調整。」[26]這真的是這樣嗎？價格下調之後就是分析師說的「低迷」開端。在上市到下調價格前的三個月，諾基亞的股價下跌六四％。二〇一三年微軟收購諾基亞，一九九八至二〇一一年稱霸全球手機市場的諾基亞時代宣告結束。

下一個例子顯示吸脂訂價策略有些固有的風險。二〇一二年八月，製藥公司賽諾菲集團（Sanofi）在美國推出一種腫瘤藥物柔癌捕（Zaltrap），售價為每月一萬一千零六十三美元。全球領先的癌症研究中心紐約史隆凱特林紀念癌症中心（the Memorial Sloan-Kettering Cancer Center）拒絕購買。醫院在接受《紐約時報》的採訪時表示：「我們不會給癌症病人用如此昂貴的新藥。」[27]賽諾菲集團迅速做出回應，將柔癌捕的價格下調幾乎一半，[28]這樣誤導市場的行為令人十分不悅。迅速採取措施也許是賽諾菲集團在當時唯一能做的事，但提前仔細分析是降低出現這類錯誤風險的唯一辦法。

二〇〇三年，我收到彼得．杜拉克（Peter Drucker）的信。他在信中闡述對吸脂訂價策略的看法：

幾天前，我和一個全球最大的品牌消費公司參加訂價策略的研討會，它們說如果訂價太高，要降下來很容易；但如果訂價過低，要漲價就很難了。它們認為這樣訂價就夠了，但看起來它們並沒有意識到錯誤的訂價會破壞市場，損害市場占有率。這些人還被認為是最成功的行銷人員。[29]

這使我聯想到一句老話：「商人只有在賺夠錢的情況下才會降價。」

需要蒐集詳盡的資訊

在分析本章的例子之後，應該沒有人會懷疑訂價策略的藝術就蘊含在巧妙的價格差異化中。但我們也要清楚地認識到，企業要將這門藝術付諸實踐還是有一定難度。所以我要嚴正警告：這個課題必須嚴肅看待。現在來快速地了解最嚴峻的挑戰和問題。

制定完善的價格差異化策略比設定單一訂價需要更多詳細的資訊。這意味著要知道每個人願意付款的資訊，不然至少也要知道某個客群願意付款的資訊。在非線性訂價上，必須知道每增加一個單位的邊際效益。如果沒有消費者在不同時間、地點或其他條件下願意付款的資訊作為制訂價格差異化策略的基礎，經理人就只能在黑暗間摸索。分析價格差異的報酬是「個體」層面的工作，而不是「總體」層面的工作。因此這需要從個體角度分析，而不是粗略地估計。無論累積多少經驗所產生的直覺，在遇到價格差異化的問題時都有一定局限性。

需要這麼多的資訊是因為，只有了解每個人願意付款的詳細資訊，才能透過價格差異化加以利用。只有努力和勤奮才能從獲利矩形走向獲利三角形。如果企業把目標訂過頭，哪怕只超過一點（原因通常是缺乏詳細資訊），結果通常是跌下獲利懸崖（profit cliff）。

價格差異化需要完全掌握基本理論，系統性地蒐集數據與正確分析，並選擇合適的價格差異化模型。別太相信網路交易的數據或是所謂的「大數據」。這些數據包含實際交易的資訊與價格，但不一定含有消費者願意付款的資訊，[30]而消費者的付款資訊恰好是有效的價格差異化策略所需的重要資訊。因此，證券市場也對大數據的潛在利益抱持一定的懷疑。[31]

區隔消費者的機制

前面的例子顯示，成功的價格差異化策略需要有能力根據消費者的付款意願來有效區隔消費者。如果一個具有強烈付款意願的消費者發現低價購買商品的方法，那賣家在價格差異化上的嘗試就會適得其反。價格差異化只有在區隔機制（fencing）起作用時才有效。航空業使用最典型的區隔機制技巧就是星期六的過夜策略：要想買到低價機票，就必須在目的地度過至少一個星期六的夜晚，這是十分有效的區隔機制，因為商務旅客很少在目的地停留至星期六，他們都想在週末時待在家裡。去旅遊的乘客就不同了，他們並不在乎要在目的地多待幾天。

當兩種價格類型的價差夠大，而且賣方有控制權時，區隔機制才會有效。這就是說價格高的商品必須對應高的價值，價值低的商品必須將價格控制在較低水準。法國工程師朱爾．杜比（Jules Dupuit）早在一八四九年就注意到這個必要性。當時最低階的鐵路車廂沒有車頂。杜比解釋：「這並不是因為幫三等車廂裝車頂需要花幾千法郎，而是因為鐵路公司想要讓買得起二等車廂車票的乘客，不會為了省錢去買三等車廂的車票。這種方式雖然打擊窮人，但不是因為想要傷害他們，而是要警告有錢人。」[32]有效的區隔機制需要在跨多種價格類型上有適當的價值差距。這種機制現在還在使用。看看經濟艙座位前的伸腿空間就知道了。

為了建立有效的區隔機制，單純的價格差異化（pure price differentiation）還不夠。單純的價格差異化是指針對同一件商品收取不同的價格。產品調整、使用不同經銷管道、傳遞給目標消費者的精準資訊、控制權限、使用不同語言與其他相似的方法都是合法的選擇。價格差異化需要包含不同的市場機制，因此這不僅僅是單純的訂價。就此可見，價格差異化會產生額外的成本。

注意成本

在理想世界裡，你能要求每位消費者在結帳時出示心中最高的價格。儘管這個觀點只有在撇開價格差異化所涉及的成本不談時才成立。假定資訊成本、權限控制成本，或者是不成比例地執行一項不斷優化的價格差異化策略的成本是符合實際的。與此同時，隨著價格差異化的增加，獲利成長會愈來愈小。在本章一開始的例子中，當我們採用九十美元和一百二十美元兩個售價，而不是採用單一售價一百零五美元時，獲利貢獻率會提高三三%，假設我們成功找到兩個市場的區隔機制，如果選擇採用三種價格，分別是八十一．五美元、一百零五美元與一百二十七．五美元，此時獲利僅僅增加一二．五%。當價差變大時，獲利曲線會變平坦，而成本曲線會變陡峭，這暗示價格差異化應該有個最合適的水準，這個最適水準不是發生在價格差異化最大的時候，而是在價值與成本達到平衡時的範圍。這也說明在獲利矩形走向獲利三角形的時候，一旦開始考量價格差異化的成本，這時要獲取整個獲利三角形是沒有用的。

註釋

1. 獲利曲線有兩個高點。這會在艾里希．古騰堡定義所謂的雙拗折需求曲線（double-kinked demand curve）上出現。
2. Benedikt Fehr, "Zweitpreis-Auktionen – Von Goethe erdacht, von Ebay genutzt", *Frankfurter Allgemeine Zeitung*, December 22, 2007, p. 22; William Vickrey, "Counterspeculation, Auctions and Competitive Sealed Tenders", *Journal of Finance*, 1961, pp. 8-37.
3. Constance Hays, "Variable Price Coke Machine Being Tested", *New York Times*, October 28, 1999.
4. Evgen Morozov, "Ihr wollt immer nur Effizienz und merkt nicht, dass dadurch die Gesellschaft kaputtgeht", *Frankfurter Allgemeine Zeitung*, April 10, 2013, p. 27.
5. 二〇一三年三月十五日在 www.lufthansa.com 列出的價格。最低價的經濟艙機票是限定的往返機票，最高價的頭等艙機票則是可更改的單程機票。

6. 如果想要全面了解組合訂價，請見 Georg Wübker, *Optimal Bundling: Marketing Strategies for Improving Economic Performance*, New York: Springer 1999.
7. 美國最高法院在一九六二年禁止整批授權交易，視為價格歧視。
8. www.bmw.de, as of February 23, 2013.
9. Sarah Spiekermann, "Individual Price Discrimination – An Impossibility?", Institute of Information Services, Humboldt University; see also "Caveat Emptor.com", *The Economist*, June 30, 2012.
10. "On Orbitz, Mac Users Steered to Pricier Hotels", *The Wall Street Journal*, June 26, 2012, p. A1.
11. Lucy Craymer, "Weigh More, Pay More on Samoa Air", *The Wall Street Journal*, April 3, 2013.
12. http://www.samoaair.ws/.
13. ＢＪ是美國一家會員制商店，ＡＡＡ則是美國汽車協會（American Automobile Association）。
14. "Century-Old Ban Lifted on Minimum Retail Pricing", *The New York Times*, June 29, 2007.
15. "Ohne Schweiz kein Preis", *Frankfurter Allgemeine Zeitung*, February 7, 2012, p. 3.
16. Enrico Trevisan, *The Irrational Consumer: Applying Behavioural Economics to Your Business Strategy*, Farnham Surrey (UK): Gower Publishing 2013.
17. Simon-Kucher & Partners, INTERPRICE-Model for the Determination of an International Price Corridor, Bonn, several years.
18. US Patent Office, Application Number 13/249 910, 30. September 2011.
19. "Don't Like This Price? Wait a Minute", *The Wall Street Journal*, September 6, 2012, p. 21.
20. William Poundstone, *Priceless*, New York: Hill and Wang 2010, pp. 105-106.

21. Holman W. Jenkins, "Hug a Price Gouger", *The Wall Street Journal*, October 30, 2012.
22. 同上。
23. 根據經驗曲線（experience curve）的概念，當生產數量增加之後，單位成本會下降。上市時的低價使生產數量的增加加快，因此單位成本的下降幅度更大。當每個期間的生產數量增加時，單位成本隨之下降，這時就產生所謂的規模效應。
24. eBay, December 8, 2003.
25. 蘋果公司二〇一二年年報。
26. "Nokia Marks Lumia 900 at Half Price in the U.S", *The Wall Street Journal Europe*, July 16, 2012, p. 19.
27. "Cancer Care, Cost Matters", *New York Times*, October 14, 2012
28. "Sanofi Halves Price of Cancer Drug Zaltrap after Sloan-Kettering Rejection", *New York Times*, November 11, 2012.
29. 二〇〇三年六月七日彼得杜拉克的信件。
30. 有例外情況。如果使用與 eBay 制度相似的維克里拍賣，買家有動機表露出真正的付款意願。
31. Kenneth Cukier and Viktor Mayer-Schönberger, *Big Data: A Revolution that Will Transform how We Live, Work, and Think*, New York: Houghton Mifflin Harcourt 2013; see also "The Financial Bonanza of Big Data", *The Wall Street Journal Europe*, March 11, 2013, p. 15.
32. Jules Dupuis, "On Tolls and Transport Charges", reprinted in *International Economic Papers*, London: Macmillan 1962 (Original 1849).

8
創新的訂價手法

價格和人類一樣古老。它們早在貨幣出現之前就已經存在。那時價格並不是以貨幣單位的形式呈現，而是透過物品之間的交換比率來呈現，這是我們今天仍然熟知的實物交換。在我還小的時候，我和朋友經常玩彈珠，還會互相交換。要得到一顆顏色罕見的彈珠，你要拿好幾顆普通的彈珠交換。顏色罕見的彈珠價格比顏色較為普通的彈珠要高。

由於價格有久遠歷史，你可能會猜想這個領域的每件事都被發現了，所有可能性都被用盡了，創新寥寥可數。但從過去三十年來看，事情剛好相反。蒐集價格資訊與訂價的新構想、新系統及新方法一直不斷出現。其中一些創新方法有理論依據，包括聯合測量法等新的研究方法，以及利用行為訂價來解釋經濟謎團的革命性方法。再者，現代資訊技術和網路的出現，帶來更多不久之前還只是夢想層面的訂價商機。

這章我們會探討一系列訂價的創新方法，有些已經證明有效，有些有潛力成功，而我希望這股創新風潮能夠繼續下去。

價格透明度的徹底提升

與網路相關最明顯的創新就是價格透明度的徹底提升，同時這可能也是影響最廣泛的創新，因為它影響所有的產業。過去為了蒐集價格資訊，進行比較，人們需要探訪多家商店，拜訪多家供應商，詢問多種報價，或者研讀第三方報告。這個過程枯燥、困難，而且耗時。這意味很多顧客所能獲取的價格資訊非常有限。因此，供應商可以明目張膽地收取較高的價格，人們卻很難發現中間的價差。隨著網路的出現，任何人都可以上網，只要用幾分鐘，甚至低成本，就能輕鬆對不同供應商的價格有個整體了解，提供這類比價服務的網站數目多得數不清。

除了以上這些跨產業蒐集價格資訊的服務，還有很多特定產業網站提供相同的服務。如果你想去旅行，你可以上智遊網（expedia.com）、hotels.com、kayak.com、orbitz.com等。隨著智慧型手機在日常生活中的滲透，在地的價格透明度也受到影響。現在，打開手機App，掃瞄店裡的商品條碼，立刻就可以知道相同的產品在附近商店賣多少錢。這嚴重限制在地的價格差異化，傳統上，空間距離是進行價格差異化的有效掩護。相同的商品和服務訂出不同的價格將變得愈來愈困難。顧客對一切情況瞭如指掌，如果有疑慮，他們可以在其他地方以更低的價格買到相同的產品。透過阿里巴巴等特定網站的幫助，要找出價格最低的供應商不再是個問題。技術創新肯定會進一步發展，而每一項創新都會提高顧客對價格資訊的掌握程度、競爭的激烈程度和交叉價格彈性。

按使用情況收費

傳統的價格模式是：某人買下某件產品，付錢，然後擁有並使用這件產品。就像航空公司為飛機購買噴氣式引擎，物流公司為貨車購買輪胎，而汽車製造商會安裝噴漆設備，買油漆來為汽車噴漆。如果從需求導向思考問題，那麼訂價的基礎將大不相同。顧客的需求並不意味著顧客必須擁有特定的產品才能被滿足，他們更願意享有產品帶來的好處、性能表現，還有產品帶來的其他需求。航空公司不一定要為飛機買下噴氣引擎，其實需要的只是推力。同樣，貨車公司需要的是輪胎的性能表現，而汽車製造商需要的是噴好漆的車子。與收取產品的價格不同，製造商或供應商可以根據產品實際的用途收費。這就是創新的按使用情況收費（pay-per-use）或隨用付費（Pay as you go，編註：使用的時候才付費）訂價模式的基礎理念。

這解釋為什麼奇異和勞斯萊斯出售推力給航空公司顧客，而不是引擎。在這種模式下，它們根據產品每小時的性能表現來收費。對於製造商來說，這意味著完全不同的商業模式，這是從產品事業轉型至服務事業。企業不再出售產品，而是出售服務。從更深一層來說，和以前以產品為基礎的商業模式相比，現在這種模式可能為公司帶來更高營收。以奇異為例，每小時的價格可以包含噴氣引擎的運作、維護和其他服務。而航空公司顧客則可以從這種價格模式得到幾點好處，包括工作更簡化，資金投入更低，消除固定成本和固定人力。

汽車和貨車輪胎的全球市場領導者米其林（Michelin）就是開創對貨車輪胎按使用情況收費的先驅，這種收費模式對各種類型的運輸公司都很有吸引力，從物流、公車到垃圾車公司。俗話說：「模仿就是最真誠的恭維」就適用在這種訂價模式，因為其他輪胎製造商也開始提供類似的服務。在這種訂價模式下，運輸公司不需要再購買輪胎，而是按輪胎的使用里程來付費。和傳統的銷售模式相比，這種訂價模式能讓輪胎製造商提取並傳遞更高的產品價值。

在米其林的例子中，新款輪胎比舊款輪胎的性能高二五％，但要加收二五％的價格卻非常困難。顧客已經習慣輪胎的價格水準，隨著時間經過形成穩固的定錨價格。偏離這個價格都會引起抵制，就算新產品的性能表現更好。而按使用情況收費的模式克服這個難題。顧客根據輪胎的使用里程支付價格，如果輪胎的使用壽命延長二五%，那麼顧客就會自動多付出二五%的價格。這種收費模式讓賣方更能提取產品的附加價值。顧客也同樣獲益：只有輪胎在路上的時候才要負擔成本，那正好是公司在創造營收的時候。如果運輸需求低迷，卡車停在停車場，那輪胎也不會產生任何費用。這也讓卡車司機計算商業模式更簡單。他們通常按里程向顧客收費，因此當這項變動成本（這裡指輪胎成本）使用同樣的標準來計算時，對他們很有幫助。

同樣，汽車烤漆廠的全球市場領導者杜爾（Dürr）與汽車漆料全球市場領導者巴斯夫（BASF）聯手，為汽車製造商提供一套創新性的訂價模式：它們按烤漆的數量來收費。這個協定為汽車製造商提供確切的財務數據，因為這相當於把價格和成本的風險轉移到供應商身上。它同時簡化操作流程並降低資金投入的需求。工業汙水處理專家EnviroFalk免費為顧客安裝汙水處理設備，然後按處理汙水度數收費。這些按使用情況收費的模式為供應商提供持續穩定的現金流，也讓它們在生產或安裝時，與原料投入找到最佳平衡。

這類收費模式不會那麼快在某些產業中得到廣泛關注，例如保險業。不過即使在這個產業也開始出現。英國保險公司諾威治聯合保險（Norwich Union）專門針對年輕的司機提供「用多少，花多少」的保險產品。只要付一百九十九英鎊裝上設備，司機就可以每個月付基本費用來保火險和失竊險。每個月的前一百公里免保費，一百公里之後，每公里的費用是四．五便士。對十八至二十一歲的年輕司機，在意外機率高的時段（晚上十一點至凌晨六點），每公里的收費是一美元。龐大的保費價差提供年輕司機強大的誘因在酒精使用較高的時段放棄開車，把車停放在停車場。

對顧客來說，供應商提供的一條龍服務有更高的實用價值，因為它們能提供更有保障與效率的服務。澳大利亞公司 Orica 是商業爆破的市場領導者，它為採石公司提供一套完整的解決方案。Orica 不僅提供爆炸物，還會分析石頭的構成，放置炸藥的洞，以及讓它自我引爆。在這套完備的解決方案中，Orica 依據爆破出來的石塊噸數向顧客收費。顧客完全不需要擔心與爆破有關的事。Orica 提供客製化解決方案，所以顧客很難比價，想更換供應商就更難了。對於 Orica 公司來說，平均顧客營收、效率、安全都增加，這幾點相輔相成，驅動 Orica 持續不絕帶來營收。

如果能拓展這種需求導向思維，就能想到很多按使用情況收費的訂價模式。但這些模式的運作可能不符合成本效率，除非供應商的資訊系統在衡量和傳遞使用數據的成本夠低。舉個例子，沒有人會以每月固定付費的方式來購買或租用一輛車。你可以按實際駕駛情況來收費，比如按行駛的距離和使用的時間收費，電話費跟電費也是用同樣的方式。租車公司（如現在隸屬 Avis Budget Group 的 Zipcar 公司），已經往這個方向邁出了一步。按使用情況收費的訂價模式也開始滲透媒體產業。有線電視可以根據用戶的實際使用情況來收費，替代原本的每月固定月租方式。韓國 Hanaro 電視（現在成為了 SK 寬頻〔SK Broadband〕的一部分）推出這種收費方式後，很快就吸引一百萬顧客申請。按使用情況收費的訂價模式對於設備管理公司也很有用，例如暖氣或冷氣系統。與收取固定日租或月租相反，設備管理公司可以根據實際的使用情況或能源消耗情況來收費。類似卡車輪胎公司的模式，這種系統能讓供應商更有效地獲取產品價值，從獲利矩形向獲利三角形邁出一大步。

然而，按實際使用情況收費的模式並不是萬靈丹。西蒙顧和曾與一家製造商合作，嘗試在大樓電梯上開發一套按實際使用情況收費模式，這個想法是受到一個有趣的問題啟發：既然人們願意為橫向運輸（如汽車、火車等）付費，為什麼垂直運輸不可以呢？沒有任何內在的原因表明這樣不可以。基於按實際使用情況收費的精神，製造商免費為辦公大樓安裝電梯，而報酬就是長期擁有收取電梯使用費的權利。為了推行這個計畫，大樓裡的租戶都會收到一張專門的卡，用來追蹤電梯的使用情況，或者把電梯使用追蹤功能嵌入大樓租戶已經在使用的保全卡片中。

在電梯成本的分配上，按實際使用情況收費的模式相較於納入房租或增加附加費的一次性付款更為合適，也更「公平」。使用愈多，就應該付愈多錢。甚至可以根據樓層、使用密度或其他類似的標準來制訂價差。誠然，這種訂價模式還沒有得到廣泛的應用。是因為過於創新嗎？投資人和租戶還需要時間適應這類訂價創新模式。

制定新的價格衡量標準

有一種有趣的訂價模式，那就是改變價格的衡量基礎，換句話說，就是改變「價格的衡量標準」。本章前面提到的一些例子就涉及新的訂價衡量標準（例如里程VS輪胎數），但更多例子是企業改變商業模式，不只改變價格衡量標準。一個來自建材產業的例子顯示改變價格衡量標準的潛力。如果一家企業出售用來砌牆的建築磚塊，它可以按重量（以噸計價）、按空間（按每立方公尺計價）、按地面面積（按每平方公尺計價）或者按完成的牆體面積（按每平方公尺計價）收費。對於每一種衡量標準，企業可以收取非常不同的價格，同時面臨著非常不同的競爭關係。以一種新型的建築磚塊為例，如果以噸或立方公尺作為價格衡量標準，一家處於主導地位的製造商，訂價會比其他競爭對手高四〇%。但如果以平方公尺作為價格衡量標準，那麼價差只有大約一〇%。因為這種新型的磚重量更輕，能讓工班以更快的速度砌牆。如果根據完成牆體面積來計價，那麼企業還有一二%的價格優勢。這樣我們就可以很清楚地知道，這家企業應該嘗試以完成牆體的面積作為價格衡量標準。問題在於，做這種轉變並不是容易的事。產品的創新度愈高，或製造商的市場領導位置愈強勢，說服顧客接受新衡量標準的機會就愈大。

高品質電動工具的全球領導者喜利得（Hilti）就成功地改變價格衡量標準。在這個產業裡，傳統的做法是把產品賣出去，而喜利得引入一套「車隊管理」模式：顧客每月支付固定價格來獲得喜利得工具的使用權。喜利得會確保顧客收到一整套針對工作需求的最佳組合工具，包括替代品以防工具發生故障需要修理，以及因為工作需要或技術變更而導致的產品升級等。喜利得還提供維修、電池更換等全面性服務，這大幅減少顧客可能被耽誤的工時，並解決追蹤維修費用或者產生未預期到的費用的麻煩。

這樣一來，顧客反而能算出每月的固定支出，更專注在發展核心業務。

雲端運算技術的出現也給訂價帶來新的衡量標準。軟體不再以許可證的方式出售，然後再安裝到顧客的機器裡。新的趨勢是軟體即服務（Software as a Service），也就是在網路上提供軟體，並按需求收費。微軟 Office 365 套裝軟體不再以傳統的方式出售，而是收取月費或年費。以 Office 365 家用版為例，費用是每月十歐元或每年九十九歐元。顧客可以隨時在網路上取得最新版本，以及一系列額外服務。德國軟體公司 Scopevisio 採用相似的收費模式，提供中小型企業軟體，它根據軟體和使用者收取月租費。這樣，顧客可以根據需求，選擇搭配不同的網路應用軟體，而公司可以根據顧客需求來管理月租顧客。這種訂價模式可能會成為雲端應用軟體公司的標準收費模式。

引入新的價格參數

有時候企業可以引入新的價格參數，或是對原來免費的服務收費，來創造獲利機會。公共場所或辦公大樓設洗手間需要投入大量金錢，而且經營成本較高。在餐廳用餐的時候，洗手間的使用費也包含在餐費裡。那麼在從幾年前開始，高速公路休息區的洗手間變成免費使用的呢？甚至從來不在休息區加油，也不買食物或飲料的人也都能使用？當顧客與使用者都免費使用的時候，究竟是誰來負擔這些成本呢？

幾十年前在美國付費上廁所是再正常不過的事，那時是顧客承擔成本，直到一九七〇年代，某些城市和州明令禁止洗手間收費，導致在大樓裡面設公共廁所變得不再受歡迎。在德國，直到一九八八年，高速公路休息區的成本一直是由政府來負責。那時候，休息區由一家聯邦政府所有的公司負責管理。洗手間狀況之糟我永遠忘不了。之後，一家名為 Tank & Rast 的民營企業從聯邦政府手上接下經營權，展開大規模的升級改造工作。現在它拿到三百九十個休息區、三百五十家加油站與德國高速公路沿線的五十家飯店的經營權，在這類公路服務的市占率高達九〇%。二〇〇三年，它針對洗手間問題提出一個創新性的解決方案，稱為「Sanifair」概念。

首先，Tank & Rast 以最現代的標準對洗手間設備進行翻新。然後，每次使用收取顧客〇．五歐元，但特別的是，成年人需要支付全額才能通過一道旋轉式柵門進入洗手間，而小孩和殘障人士則會收到一個代幣，免費進入。這是對家庭友好的價格差異化。但是，〇．五歐元並沒有白白損失。客人會收到〇．五歐元的購物券，可以在休息區的任何一家商店或餐廳使用。以非常得體地方式把只想使用洗手間的客人（現在要付〇・五歐元才能使用）和實際購買東西的客人區隔出來，後一類客人依然免費使用洗手間。二〇一〇年，Sanifair 把價格提升到〇・七歐元，而客人仍然收到〇・五歐元的購物券。

Sanifair 的創新有幾個方面。對客人來說，也是最重要的是，它大幅改善洗手間的乾淨程度和衛生情況。維持清潔需要成本，因此，讓客人為這個大幅的改進支付小小的費用就變得順理成章了。收費標準也透過一系列的方式反映出差異化。小孩和殘障人士仍然能免費使用洗手間，使用洗手間後就離開的人支付足額的〇・七歐元，但會買東西的人可以享受〇・五歐元的折扣，實際上相當於有七一％的折扣，他們的淨支出是〇・二歐元。支付流程及進洗手間無需人工操作。客人在旋轉柵門處透過機器支付現金後即可得到印出的優惠券，而小孩則收到一個代幣。很多研究顯示，儘管他們實際上要支付一些錢，但客人有很高的滿意度。Sanifair 甚至還因為這個創新得到一個著名的獎項。試想一下，每年有大約五億的客人在休息區停留，Sanifair 的訂價和服務創新為 Tank & Rast 的成功做出不可磨滅的貢獻。德國境內外的公司在得到 Tank & Rast 的授權後，紛紛模仿採用這套 Sanifair 的系統。

亞馬遜 Prime 服務計畫

似乎美國每家零售商都會推出會員卡，附帶贈送某些福利。但極少有零售商對會員卡或會員身分可享受的服務和福利單獨收費。加入亞馬遜 Prime 服務計畫的會員在亞馬遜購物可享超過兩千萬種商品兩日內送達的免費送貨服務。時至今日，這項計畫增加其他一系列的優惠和特權，包括無限制觀看 Prime Instant Video 上超過四萬部電影和電視連續劇，以及免費閱讀來自 Kindle 電子圖書館超過五十萬本圖書。[1] 亞馬遜 Prime 服務計畫一年的費用在美國是七十九美元，而在歐盟地區則是四十九歐元。到二〇一一年，參加 Prime 服務計畫的顧客終於衝破一千萬的瓶頸。參加計畫的美國會員在亞馬遜上的消費金額成長三倍，達到每年一千五百美元。

在美國，Prime 會員為亞馬遜帶來的營收約占總營收的四〇%。雖然如此，據說 Prime 會員帶來的營收很可能不足以支付就此產生的直接成本，每位顧客的服務成本預計為九十美元。但亞馬遜把這個計畫視為維持顧客忠誠度的必要投資。「如果可以維持顧客的忠誠度，就能賺取更多的獲利，就算必須補貼 Prime 計畫。」一位亞馬遜前經理人說。[2] 二〇一四年，亞馬遜官方宣布提高 Prime 的年費至九十九美元，理由是儘管燃料和運輸成本在過去的九年裡都有所增加，但Prime年費卻沒有隨之調漲。

工業氣體

二維或者多維價格結構的應用很普遍。在電信、能源和自來水供應等產業的價格結構通常有一個基本的固定收費，外加一個根據實際使用情況的變動價格。以工業氣體為例，通常以不鏽鋼瓶出售。客人除了要支付瓶子每天的租用費，還要按重量支付工業氣體的費用。每天用完一瓶氣體的顧客就比十天才用完一瓶氣體的顧客要花得少。儘管對所有的顧客提供相同的計價方案，但顧客實際需要支付的價格隨使用密度的變化而大不相同。這是非常精妙的一套價格差異化方案。

安謀公司

在授權經營（licening）上，二維訂價模式也非常普遍。半導體智慧財產權的市場領導者安謀公司（ARM）就是收取一次性的授權費，之後按晶片數量收取專利使用費。智慧型手機裡有九五％都看得到安謀晶片的身影。這家公司的銷售金額從二〇〇〇年的二．二三億美元上漲至二〇一三年的十一．二億美元。[3]在二〇一三年，平均一片晶片的專利使用費是〇．〇四七美元，金額不算高。但以每年賣出一百二十億片來計算，數字就很可觀了。安謀大約一半的業務都來自授權費與專利使用費。[4]

對於它們來說，還有一套有趣的訂價方案可供選擇，那就是德國鐵路卡模式（BahnCard model）。區別就在於它們以年費來取代一次性預付費用。所有的多維訂價結構都會包含一些價格差異化的形式，因為固定價格已經根據不同的使用程度分配到收費標準裡。這類訂價系統有個優勢，雖然公司為所有顧客提供相同的價格，但顧客最終是按實際使用情況來支付不同的價格。

免費增值

免費增值（Freemium）是「免費」（free）和「溢價」（premium）組成的新詞。這是一種訂價策略，顧客可以免費享受基本服務，也可以花錢購買升級版服務。在網路產業，免費增值的商業模式數量快速成長。很多網路服務的邊際成本是零（或接近零），這意味著免費提供服務不會增加任何成本。類似免費增值的商業模式也存在於實體世界。銀行用免費開戶吸引顧客，一旦顧客不只想要基本服務，就必須付錢。無可否認，免費開戶通常有條件，例如有最低存款餘額要求。[5]但這類服務只是看來像免費增值模式，因為顧客的存款沒有產生利息，或只會產生很少的利息，所以他們要額外付錢。相似的隱藏性收費也出現在零售商或汽車經銷商提供的「零利率」貸款。[6]貸款成本已經隱含在售價中。

免費增值模式的目標就是要透過提供免費服務的方式吸引最多的潛在顧客。企業希望用戶慢慢習慣產品的基本功能之後，就會更有意願購買更強大、更先進或有額外功能的升級版商品。免費增值模式能很好地體驗產品，而顧客只有在有機會使用產品的情況下才能清楚產品的真正價值。你可以把免費增值模式理解為一種滲透策略。免費增值模式如今愈來愈受歡迎，使用這種模式的典型產業有：軟體（如 Skype）、媒體（如潘多拉〔Pandora〕）、遊戲（如 Farmville）、手機 App（如憤怒鳥）和社群網絡（如 LinkedIn）。

免費增值模式的關鍵成功因素是：

- **有吸引力的基本服務：**能帶來大量的用戶。
- **恰當的區隔限制：**明確區隔基本服務和升級服務，以便讓新用戶付錢購買。
- **顧客忠誠度：**把新用戶變為具有最高終身價值的回頭客。

前面兩個因素之間有取捨關係。如果基本服務太有吸引力，那會很難發展出有明顯差異的升級產品，吸引顧客升級。那企業肯定能吸引大量的免費用戶，但要把他們轉換為付費用戶就會困難重重；另一方面，如果基本服務沒有什麼價值，那可能根本吸引不了足夠的免費用戶。企業也許會有很高的升級率，但用戶數量會很少。基本服務和升級服務之間的區隔要透過產品特性、產品版本或使用強度的不同來達成。

相反，通信軟體 Skype 提供一系列完整的功能，但免費打電話的功能僅限於網內，它還提供網內免費傳送資訊和文件分享服務。Skype 的用戶一旦習慣軟體的直覺界面，打有線電話或手機的機會就會增加，並願意為此付費。剛開始的時候，Skype 主要是按通話時間來收費。之後它重整服務組合，重新打造出一套經典的通信服務組合。目前的付費服務包括指定國內電話的通話時間和單一費率的不同組合。

報紙業在飽受多年電子內容免費的模式所苦後，也已經開始引進免費增值收費模式。報紙網站以往的營收來源僅限於廣告，為了能從讀者身上直接得到營收，很多出版商都紛紛設置收費牆（paywall）。這裡主要的區隔手段並不是用一個更好的產品版本，而是讀者使用的頻率。例如《紐約時報》允許讀者每個月免費閱讀二十篇文章，點擊數更高的讀者往往需要付費，但是訂報的讀者可以免費閱讀網路版本。一家德國報紙《世界報》（*Die Welt*）也正在試行收費牆。[7]這些報紙都可以訂電子報，每月僅需〇・九九美元，儘管《世界報》的價格在四・四九歐元至十四・九九歐元，而《紐約時報》的價格在十五美元至三十五美元。《紐約時報》Kindle版本一個月要二十九・九九美元。每月〇・九九美元的訂閱價和真正的「免費」也差不多了，但事實是這些小額的收費在顧客和出版商之間建立一種有本質區隔的支付關係。

執行免費增值模式的最大難題就是讓顧客跨越最初的價格障礙，或是說讓他們第一次付錢買產品。出版商的挑戰就是要扭轉顧客對產品的「免費」認知，並把電子版內容打造為付費的產品體驗。ＩＢＭ的經理人索爾・伯曼（Saul Berman）稱這是「近十年的挑戰」。[8]德國報紙出版商公會會長史蒂芬・修澤（Stephan Scherzer）說，這是「決定我們未來的問題：出版商要如何讓讀者願意為網路內容付錢？」[9]目前，很少有媒體公司純粹靠網路內容賺錢。有個例子是由《法國世界報》（*Le Monde*）前總編輯艾德威．皮利內爾（Edwy Plerel）主導的調查和評論入口網站 Mediapart，這個網站每個月的訂閱費是九歐元，有六萬五千個訂戶，創造六百萬歐元的營收。數字不大，但這家公司有獲利，毛利超過一〇%。[10]而且 Mediapart 沒有任何廣告。

當西蒙顧和接到一家社群網路公司的計畫時，只有八%的用戶是付費顧客。透過網路價格測試，我們發現價格的變化幾乎不會影響營收，因為這家公司有很多實力不相上下的競爭對手，有些甚至提供完全免費的服務，在漲價之後付費用戶數量的下跌非常快。相反地，降價也沒有吸引多少新顧客。價格彈性大約是一，意思是價格的改變對營收沒有什麼影響，銷量的改變都會把價格的影響抵銷。然而，如果改變產品組合會有什麼影響呢？透過提供更好、內容更豐富的服務，付費用戶的比例從八%上升至一〇%，這代表用戶增加二五%，營收也以同樣的比例增加。這是這家公司有史以來最成功的計畫，也證實使用體驗是其中的關鍵。「免費」和「付費」的使用體驗之間的差別必須夠大，才能促使顧客第一次付錢。

在網路遊戲產業，免費增值模式深受歡迎，使得經典遊戲製造商開始提供很多免費的網路遊戲，並利用個別特性達到賺錢的目標。因為《極速快感》（Need for Speed）賽車遊戲深受歡迎，美商藝電（Electronic Arts）以此為基礎開發《極速快感：世界》

（Need for Speed World）的免費增值產品。玩家可以用真實的貨幣購買遊戲點數，用來購買額外的汽車或其他提升汽車性能的配備。

從企業的角度來看，免費增值模式是否比傳統的價格結構或計畫好，要看競爭情況、目標客群和產品特性。[11]關鍵的衡量標準就是付費顧客的轉換率和顧客終身價值。這類顧客能帶來幾百美元的營收，然而使用基本產品的用戶根本不會創造營收。根據西蒙顧和的經驗，使用免費增值模式對價格和產品系統性的優化，通常可以提高大約二〇%的營收。

然而媒體公司甚至可以在不採用免費增值模式的情況下做得很好。西蒙顧和在美國一家知名雜誌上驗證這個假設，最後建議電子與網路期刊的價格相同，但售價稍微增加到一年一百一十八美元。[12]而電子和網路期刊的合購價為一百四十八美元，比總價的兩百三十六美元優惠三七%。這個策略執行後，來自每位訂閱顧客的平均營收都提升一五%，並且沒有流失任何顧客。這裡必須指出的是，這家雜誌享有非凡的聲譽，顧客對其推崇備至，並認為能同時擁有紙本雜誌和線上版本的確能增加附加價值。

單一費率

單一費率（flat rate）是單一價格（lump-sum price）的現代用詞。顧客每月或每年支付一個固定的價格，然後就可以在這段期間任意使用某個產品或服務。單一費率現今在電信產業和網路服務業有非常廣泛的應用。有線電視訂戶一般每個月支付固定的價格，可以收看所有頻道，而且想看多少就看多少。BahnCard 100也屬於單一費率，持卡人可以頻繁搭火車，無論距離多遠都行。單一費率其實是非常有效的價格差異化手段，重度使用者使用單一費率的產品可以享有超低的折扣。例如，如果某個人經常要搭火車出遊，以正常價格計算的話，每年需要付出兩萬歐元的交通費，但如果買一張二等車廂的BahnCard 100，就可以享有高達七九．六%的折扣。而這種重度使用者正是企業提供單一費率產品的風險所在，它們應該預見到這些重度使用者創造的營收偏低，但潛在成本更高（例如，需要額外投資電信網路）。

但是，單一費率是最重要的訂價創新。我們可以看到很多博物館、電影院和健身房收取月費或年費，這些都有單一費率的特點；速食餐廳提供的汽水暢飲也是根據相同的原理；旅遊業中的「全包式」價格同樣是在組合訂價中隱含單一費率因素（如餐飲）。吃到飽餐廳是單一費率的另一個例子，餐廳老闆的風險有限，因為客人無論如何也只能吃喝到個人食量的某個程度。日本的酒吧有一種頗受歡迎的訂價模式就是單一費率套餐，它允許客人在某個特定期間內任意吃喝，價格從一小時一千五百日圓、兩小時兩千五百日圓到三小時三千五百日圓。這類單一費率套餐在日本學生中尤其受歡迎。時間的限制使酒吧老闆的風險得以降低。我去東京的時候特別去體驗這個服務，我也覺得購買單一費率套餐的客人享受到的服務比一般客人要慢一些。

對電信公司或網路公司來說，單一費率有個問題。一家歐洲公司提供顧客以下的服務：只要十九．九歐元就可以免費打電話、免費上網，還可以得到一台三星的智慧型手機。[12]這些單一費率套餐究竟有什麼問題？一個人一天最多只能聊天或上網二十四小時，但數據量沒有上限，還在持續成長。電信產業和網路業務的單一費率討論在一九九〇年代末期的美國得到熱切的關注，並很快擴散至國外。重度使用者是這種訂價模式的最大受益者，他們帶給企業更多壓力，迫使企業提供更多服務。二〇〇〇年十一月二十日，我在T-Mobile公司以〈網路和單一費率的策略考量〉（Internet and Flatrate – Strategic Considerations）為標題做簡報，講述兩大觀點：

- **觀點一**：單一費率意味著多數輕度使用者補貼少數的重度使用者。
- **觀點二**：單一費率導致更低的營收和獲利。從經濟學的角度來看，單一費率並不合理。

時至今日，少數重度使用者的說法是否跟實際情況吻合有待商榷。對於第二個主題，也是最重要的主題，我至今仍堅信我說的話。

數據的成長非常驚人。然而，正是因為單一費率，電信公司並沒有預期到這樣的成長，使營收陷入停滯。同時還需要投資數億美元去新建網路基礎設施。儘管這樣，它們並不能從這些投資中獲得任何成果，因為單一費率的訂價策略已經限制從每位顧客身上獲取的最大營收。我並沒有要主張任何一家電信公司單憑一己之力抵抗單一費率產品的潮流，整個產業盛行的單一費率產品已經對產業造成危害。近年來，愈來愈多電信公司開始停止提供吃到飽方案，我期望這種新的價格策略能成為這個產業的新標準，為電信公司提供一條走出單一費率陷阱的路。二〇一三年，我和當時德國電信公司（Deutsche Telekom，T-Mobile 母公司）執行長萊尼．歐柏曼（Rene Obermann）分享這兩個觀點的時候，他承認這種試圖扭轉局面的舉動「證明你和你的團隊真的在二〇〇〇年就已經預測到這個發展趨勢。」13

從消費者的角度來看，單一費率有多種好處。一些消費者依然選擇單一費率產品，就算並不是最經濟實惠的選擇。其中一個原因是，單一費率就像某種保障政策。它的費用固定，能避免超出預算的風險。當人們把單一費率視為沉沒成本的時候，消費者邊際成本就變成零。這時人們往往有種錯覺：使用這些服務沒有「任何」成本。他們還避免「計程車跳表效應」（taxi meter effect，編註：倫敦商學院助理教授安嘉．藍布雷希特〔Anja Lambrecht〕的研究發現，消費者會喜歡單一費率另一個原因是討厭知道每增加一分鐘或一公里會多花多少錢）。從展望理論的角度來看，每通電話或網路互動都會產生正面效用。我們在日常生活中也有這種經驗，而單一費率帶來的正面效用比負面效用更大。

如果不對消費或使用量設定自然或人為的限制，那麼公司就應該要小心看待單一費率產品。這時，清楚地掌握輕度使用者和重度使用者的詳細分布情況，以及進行嚴謹的情景模擬是關鍵。不然，你很可能就會對單一費率帶來的棘手問題嚇到。如果重度使用者的數量太多，那單一費率就會對獲利造成很大的傷害。

預付收費系統

預付收費系統要求用戶在享用商品之前付費，這可以看作預售或預訂的變形。一九九〇年代，西蒙顧和幫助手機服務先驅 E-Plus 率先推出預付卡這種先進的服務形式。現在，在星巴克這樣的咖啡店都很常見。它提供儲值卡，並以此建立一個贏得顧客忠誠的服務計畫，包括向「金卡」持卡人提供折扣優惠和免費飲品。星巴克沒有公布流通的儲值卡數量與儲值卡裡的金額，但可以從星巴克因為丟失或失效的儲值卡產生的獲利，猜想儲值卡的受歡迎程度。在二〇一三會計年度，星巴克從「休眠」的儲值卡中獲取三百三十萬美元的額外獲利。[14]

一般來說，消費者會透過購買儲值卡或加值的方式使用預付收費系統，這樣可以拉低購物的平均價格。預付收費對賣家和消費者都有好處，因為消費者（透過在卡片儲值）預先付款，賣家可以避免顧客賴帳的風險，而買家也可以知道花費金額，避免超支，這也是預付收費系統在沒那麼富裕的地區更加流行的原因。對賣家來說，預付收費系統有個缺點，相較於在特定時間有實際買賣契約的買家，預付買家的客戶關係會相對鬆散。在新興市場，我們發現預付卡被用在一些特殊的地方。在墨西哥，蘇黎世保險公司（Zurich）會透過預付保險卡為消費者提供三十天的保險計畫，保險計畫生效日為顧客登記使用保險卡當日。

顧客導向訂價

在一九九〇年代第一波電子商務浪潮中，市場期望一種新的訂價模式：消費者提出報價，賣家決定是否接受。無論這種訂價模型稱為「自訂你的價格」（name your own price）、「顧客導向訂價」（consumer-driven pricing），還是「反向訂價」（reverse pricing），都是基於消費者會表露真實付款意願的假設。報價對消費者有約束力，消費者必須提供信用卡帳號或允許在帳戶中記帳，確保付款得到保障。一旦消費者報價超出設定的最低價（只有賣家知道），消費者就按照報價付款，得到競價的商品。人們可以根據這些有約束力的報價集合，描繪出一條需求曲線，這是歷史上第一條「真正」的需求曲線。這是顧客導向訂價模型一個有趣的副產物。

顧客導向訂價模型最早由一九九八年成立的 Priceline.com 應用，德國的 IhrPreis.de[15]、tallyman.de 很快紛紛跟進。在成立初期，這些公司提供種類眾多的產品，但大部分消費者報出的是不切實際的低價。不是這些網站只能吸引搶便宜的獵人，就是消費者隱藏自己真正的付款意願，試著讓產品變得非常低價。不管怎樣，這個模式最後沒能持續下去。IhrPreis.de 和 tallyman.de 很快就消失了，Priceline.com 存活下來，變成傳統的網路零售商，年營收五十億美元。「自訂你的價格」模式僅僅扮演一個邊緣角色，成為供應商處理超額庫存的方法。或者就像 Priceline.com 在網頁上描述的那樣：「『自訂你的價格服務』利用買家的彈性，使賣家在不擾亂現行銷售管道及訂價系統的基礎上，採取較低的價格去銷售產能過剩的商品。」[16]

儘管從理論上希望發現消費者真實的付款意願，但顧客導向訂價模型沒能滿足原訂目標。我們不能排除它捲土重來的可能，即使它已成為賣家處理庫存的一種常用方法。

隨意支付

「隨意支付」（pay what you want）模式比「需求導向訂價」更進一步。在「隨意支付」模式下，賣家有義務接受買家的訂價。二〇〇七年，電台司令樂團在網路上公布「彩虹裡」（In Rainbows）專輯時，就採用「隨意支付」的訂價模式。這張專輯的下載量超過一百萬次，有四〇%的買家平均付出六美元。[17]有時我們發現餐廳、飯店或其他服務業也試著用類似的方法。在用餐完畢或退房後，顧客按個人意願支付費用。訂價完全取決於買家的「仁慈」。賣家發現，在這種情況下，有一定數量的顧客給出的價格能打平成本，但一些顧客則會利用這個機會占便宜，給得很少，甚至一毛錢都不給。

相對於動物園、博物館、電影院等場所，應用「隨意支付」訂價模式時，飯店、特別是餐廳，會出現更多不同的支付情況，這加大「隨意支付」訂價模式的風險。最壞的情況是一些顧客會完全不付錢。我還沒看到這種訂價模式能建立自己的實務標準，它更像是一場白日夢。有些人會將「隨意支付」理解為捐贈，但誰會在捐贈時提到「價格」呢？捐贈不會催生義務，也不會帶來回報。

「隨意支付」和「顧客導向訂價」模式有兩個基本的區別。在達成商品或服務交易前，顧客導向訂價的賣家有權力決定是否接受買家的價格。而在「隨意支付」模式下，商品或服務的交易可能發生在付款及訂價前，也可能發生在付款後，就好像進入動物園或博物館一樣，賣家對價格沒有任何決定權。折中做法是「建議價」（suggested price），紐約和華盛頓一些博物館嘗試這種做法，暗示「支付標準」。紐約的機構看來正在摒棄這種做法，但這種模式在不少地方還是很受歡迎，華盛頓國家廣場周邊的很多機構都還在使用。

雖然有各種情況，但「隨意支付」完全依賴買家的「好心」。買家是否付款，付款多少，完全取決於個人，沒有任何的約束和條件。總而言之，做生意應該避免採取「隨意支付」這種訂價模式。

以獲利為導向的誘因制度

我在本書的很多地方都提到過，從長期來說，只有以獲利為目標才能指引我們理性訂價。其他目標，例如營收、銷售量或市占率，都無法得到最適的結果。這點對於誘因制度來說也是成立的。不過儘管有這樣的觀點，以營收來計算獎勵仍然是激勵銷售人員最普遍的做法，這很容易導致折扣過高或售價過低。在正常的情況下，能帶來最多營收的價格遠低於能帶來最大獲利的價格。如果需求曲線和成本函數都是線性，營收最大時的價格只有最高價格的一半，而獲利最大時的價格則是最高價格和單位變動成本加總的一半。以我們提過電動工具的生意來說，你應該記得最高價格是一百五十美元，單位變動成本是六十美元。這意味著有以下「最大化」的價格選擇：

- **營收最大時的價格：**七十五美元，將虧損七百五十萬美元；
- **獲利最大時的價格：**一百零五美元，將獲利一千零五十萬美元。

這兩個價格導致的獲利差距巨大無比。如果銷售人員因為營收最高而被獎勵，我們可以推想他們很自然會把這當成目標，如果不這麼做，從他們的角度來看就是不理性。如果有人授權他們可以決定價格，價格很容易會下跌，獲利也會隨之下跌。當然，在電動工具這個例子裡，經理人應該設定價格上限或限制，防止公司陷入虧損。但價格趨勢依然會下跌。為什麼基於銷售額或營收的獎勵機制這麼普遍？可能有幾個原因：單純的習慣、操作的簡單性，或銷售人員沒有動力去學習獲利和毛利等新知。

與其固執地堅守以營收為基礎的計畫，我更強烈建議企業轉向以獲利為導向的誘因計畫。在轉變時，企業無需犧牲原計畫的簡便性或保密性。其中一種簡單的方式就是把佣金或激勵和折扣高低連結。銷售人員承諾的折扣愈低，得到的佣金就愈高。在西蒙顧和，我們為各產業裡的企業設計很多這類的誘因計畫。正常情況下，這些計畫都能在無損銷量或不引起任何顧客變節的情況讓折扣減少幾個百分點。談判過程中，當銷售人員能在電腦或表格中確切看到自己的佣金變化時，就會加強這種誘因計畫的效果。現代資訊技術在創造和維護誘因方面扮演重要的角色。相比之下，誘因的實際形式與變數，並沒有實際獲利數字（而非營收數字）的高低重要，因為這才是決定銷售人員報酬的根本。

更精準的價格預測

在商品市場，個別供應商對價格沒有任何影響。正如第1章描述的菜市場和毛豬價格，價格是由供需關係所決定，這是否意味著人們在價格面前沒有任何權力，只能靜觀事情變化？不一定！人們如果能提前知道價格的走向，就可以提前或延遲買賣。也就是說，可以在高價時賣更多產品，在低價時賣更少產品。

一家大型化工企業正面臨著這個挑戰。銷售人員每隔幾周會拜訪紡織產業的客戶，希望能知道客戶下訂單的時間。西蒙顧和與這家公司聯手，設計出一套價格預測模型。這套模型結合需求和供給關係，並根據銷售人員在拜訪顧客後回報的訂單量估算，對未來價格進行預測。圖8-1呈現的就是未來三十天至九十天的價格預測。

公司確保銷售人員能獲得這些價格預測動態。關鍵點就在於要清楚價格趨勢預測中

圖 8-1　化工商品的價格預測

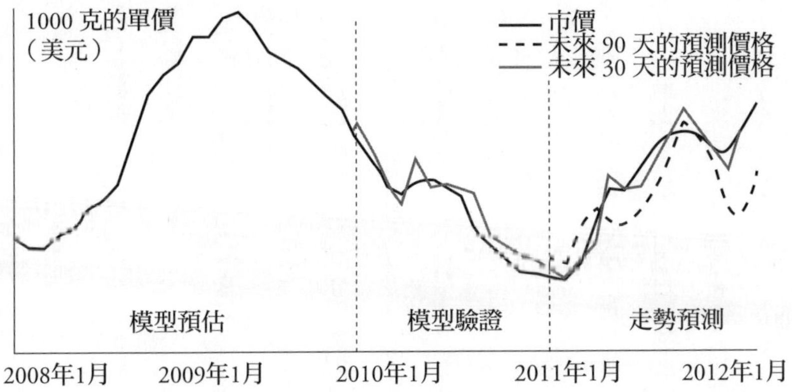

的各個時間點。價格什麼時候上升？什麼時候下跌？如果模型顯示價格馬上會上升，公司就會給銷售人員下達指令：「現在別賣那麼多，把採購日期往後推。」如果預測顯示價格即將下跌，那麼建議就剛好相反：「現在多賣一些，把採購日期往前移。」這種情況類似於股市交易。誰對未來的趨勢掌握更多的資訊，誰就有機會賺更多錢。這些預測與交易時間點的影響，使得公司的毛利提升一個百分點。在商業市場中，這是非常大的進步。

「聰明的」附加費

過去幾年間，西蒙顧和觀察或發起的很

多訂價創新都是基於附加費。根據附加費的形式和目的可以分為幾類：

- **分拆訂價：**把以前合在一起計算價格的產品或服務分開訂價（以一項附加費或額外費用的形式）。
- **新的價格要素：**以前未被標價的產品或服務，現在有個獨立的價格。這創造出一項新的價格要素，Sanifair 概念就是個很好的例子。
- **將上漲的成本轉嫁：**企業以附加費的形式將成本上漲轉嫁給顧客，通常會在合約中連結一些指數來決定。
- **價格差異化：**附加費被視為一種差別訂價的方法，基於時間、地理位置、個人特徵等差別訂價。

瑞安航空在創造和收取附加費上特別有創造力。二〇〇六年，這家廉價航空公司成為全球第一個單獨收取行李托運費的航空公司，這在當時是全新且富有爭議的舉動。當時，旅客每托運一件行李需支付三．五歐元；現在，一件行李（不超過二十公斤）在淡季的價格是二十五歐元，旺季則是三十五歐元。瑞安航空沒有提供從這項附加費上獲得淨利的詳細解析，但它每年運送超過一億名乘客。[18]即使只有小部分乘客托運行李，瑞安航空也能從中賺取數億歐元。瑞安航空選擇一種出人意料的方式來引進行李托運費：「沒有托運行李的乘客整體上可以節省九%的票價。」從此誰還會反對收取行李托運費呢？

除了消費者密切關注、具有高價格彈性的低基本票價，瑞安航空還想出一長串很少人關注、價格彈性更低的附加費用：它們收取二%的信用卡手續費與六歐元的行政管理費，保留座位需要十歐元，攜帶體育裝備或樂器要收五十歐元。名目愈來愈多。如果乘客不在網路上預訂，附加費會更高。有時候，瑞安航空的執行長麥克·奧萊利（Michael O'Leary）會威脅要引進更多附加費計畫，比如使用飛機上的廁所，但並沒有每次都貫徹到底，也許瑞安航空的乘客對此非常感激。

在尖峰期間，附加費是利用高支付意願優勢的合適方法。一位鐵路乘客在週五下午和週日晚上搭車時收取附加費，這會產生兩個效果：這會增加企業獲利並抑制需求，可以降低火車在尖峰期間超訂或超載的機率。在離峰期間，降價通常會產生很小的影響，但在尖峰期間，漲價會產生至關重要的影響。我們在很多產業中都能看到這種基於時間的價格差異化的不對稱效果。

如果一家企業提供顧客額外價值，附加費就提供一個提取出這類價值的方法。如果法國航空的乘客想要緊急出口那排的座位，需要為這項權利付出五十歐元。如果航班飛行超過九小時，附加費就是七十歐元。法國航空為金卡和銀卡持卡人免去這些附加費。其他航空公司也執行類似的附加費政策。座位空間更大有很明顯的附加價值，為什麼不讓想要這種附加價值的顧客多付點錢呢？這也是一種非常精彩的區隔機制。

通常，產品的價值會根據多快變得可用，或是消費者多快能使用它來計算。如果礦場的自動傾卸卡車有個輪胎壞了，貨車就沒有用，對採礦公司來說，卡車閒置的每個小時都會損失營收。如果有公司能盡快提供新輪胎，而且完成安裝，停工的時間就會縮短。這意味著採礦公司會願意購買更快的服務。這反映在重型工業用汽車輪胎龍頭製造商的訂價模型中。標準的交貨時間依據輪胎的類型而不同。需求量大的輪胎都在倉庫裡可以隨時取用。對於這類輪胎，公司可以馬上交貨，不收額外費用。不常用的輪胎可能需要幾天才能交貨。如果顧客希望更快拿到輪胎，就要收額外費用。這個例子反映出附加費如何幫助企業使用這個模型，透過更好或更快的服務賺錢。

透過正常的產品價格轉嫁更高的成本通常很困難，但如果一家企業為特定的成本變數引入附加費，那就會讓顧客更容易接受。燃料價格的上漲促使醫藥產品批發商添加一項燃料附加費，它的競爭對手也跟進。這個產業的獲利吃緊，毛利不到一%，這項附加費可以增加三〇%的獲利。一家英國的預拌混凝土公司在原價六百英鎊之上設定附加費，週末交貨一卡車七十英鎊、晚上交貨一卡車一百英鎊。同產業的一家德國公司要求在氣溫低於冰點交貨時，每立方公尺收取八歐元的附加費。

另一個有趣的點子是透過額外服務換取附加費。奢華的杜拜卓美亞海灘飯店（Jumeirah Beach Hotel）允許客人支付大概五十美元使用貴賓室，這個價格中包含貴賓室裡的早餐，早餐單價大概三十七．五美元左右。這意味著，貴賓室每天的使用附加費是十二．五美元。這項服務非常受歡迎，而且使飯店的顧客平均營收提高。

我們可以將小費視為特殊形式的附加費，甚至是「隨意支付」的變形。在一些國家，比如日本和韓國，給小費是非常奇怪的行為。但其他國家則有給小費的習慣。在美國的餐廳，你「必須」支付一五%的小費，儘管你可能付更多。對於超過一定規模的團體客人，有些餐廳會強制性收取一五%至一八%的小費。直到幾年前，紐約的計程車司機還只接受現金，客人決定增加小費的平均金額大概在一〇%左右。司機後來開始接受信用卡。現在，客人需要做的就是把卡放在伸手可及的讀卡機上，手動點擊預設好的小費選項：二〇%、二五%和三〇%。引進這個系統後，平均小費升至二二%，這帶動紐約計程車司機每年增加一億四千四百萬美元的額外營收。[19]還不錯，而這些全都來自聰明的訂價！

附加費也是降低某些選項吸引力、將顧客引導到其他選項上的辦法。二〇〇二年，德國漢莎航空對傳統預訂的顧客收取五歐元的附加費，同時以「上網免費」（e for free）為口號推出電子預訂。這些方法大大提高電子預訂比例。一旦顧客逐漸習慣網路預訂，漢莎航空就取消傳統預訂方式的附加費。

一般來說，附加費的價格彈性低於基本價格的價格彈性，但有時可以看到相反的效果。例如在二〇一〇年，所有德國公共醫療保險公司要為每個人／每個會員多負擔一筆費用。對於那些不夠彌補成本的公司，如果想獲得更多營收，就需要直接向會員收取附加費。有些機構按月收附加費。即使這些附加費（一般是八至十歐元）相對於這些基礎貢獻成員每月透過工資扣除的支付金額來說非常小，但在執行上卻遭到強烈的抵制。增加附加費的保險公司失去很多會員，最後陷入財務困境。最大的公共保險基金公司執行長說：「附加費發出一個幾乎沒有任何正面財務影響的價格訊號，相反，它們使會員更快流向競爭對手：這項附加費對於提高營收沒有任何效果。」[20]

這些強烈的負面影響有心理學上的解釋。會員們感覺到的差異在於沒有附加費和類似某種負面事物的額外價格，即使額外價格相對於總價來說非常小。進一步來說，會員對於實際繳納的保費沒有概念，因為公共保險公司多年以來列出的「價格」是會員所得的一個比例，而非歐元。這個價格由員工和雇主分別承擔，所以看起來就像是每月薪資單上莫名其妙的眾多項目之一。反之，會員需要從口袋裡直接付出附加費，根據展望理論，被感受到的負面效用是很高。

德國汽車租賃公司席克斯（Sixt）因為試圖在駕駛超過兩百英里時，對全部里程徵收附加費而遭到抵制。在收到顧客的抱怨和抗議之後，席克斯撤銷這項附加費。德國聯邦鐵路在收取附加費上也遭遇過失敗，它試圖對每張人工發售車票額外收取二．五歐元費用。在這件事上，不僅消費者，連主管的政府官員也抱怨，這促使公司在兩周後取消附加費。美國銀行在試圖對使用金融簽帳卡的顧客每個月收取五美元費用時，經歷類似的災難。顧客很不高興，導致銀行比前一年流失超過二〇%的顧客，[21]銀行很快取消附加費。只有在經過精心計畫和確實的市場調查之後，一家公司才有可能避免這類行為損害公司的形象。

「點菜」式訂價

想買一首歌曲的人都必須買下平均十四首歌的唱片，這是單純組合銷售的典型例子。除非唱片公司發行的是單曲，否則不能單獨購買某一首歌。一張唱片往往既包含一些很受歡迎與沒那麼受歡迎的歌曲，這和電影製片廠的「整批授權交易」（block booking）一樣。透過這種方式，唱片公司把顧客對榜首歌曲願意多付錢的意願轉移至其他歌曲身上，如同前面所提到的組合訂價。顧客通常要一起買下所有歌曲，沒有其他選擇。很多顧客討厭必須一次買十四首歌，即使只想聽其中兩三首歌，很明顯希望有另一種訂價模式。

當蘋果公司在二〇〇三年四月二十八日推出 iTune 商店的時候，它使用一種創新的「點菜」式訂價模式。顧客現在可以單獨購買一首歌。據說史蒂夫・賈伯斯親自拜訪所有主要唱片公司的大老闆，就是為了爭取在 iTune 上按「點菜」式訂價模式賣出所有歌曲的權利。這開啟音樂的「分拆訂價」之路，發展到後來還引進價格差異化的概念。iTunes 提供三千五百萬種產品，包括音樂、電子書、手機 App、電影和其他產品。一首歌曲售價分為〇・六九美元、〇・九九美元和一・二九美元。iTunes 對其他產品或歌曲根據不同的價格定位進行分類，同時還提供每週特惠活動。在某個時期，iTunes 每分鐘賣出兩萬四千首音樂。以每天二十四小時、每週七天來計算，它占網路音樂市場三分之二的市占率，到了二〇一三年占唱片總市場的三四%。[22]在這個平台推出的前十年，顧客總共下載超過兩百五十億首歌曲。

這種創新價格模式在 iTunes 的巨大成功上扮演著重要角色，但不能確保未來會持續成功。Spotify、潘多拉和 Google 這些公司全都提供每月單一費率的音樂服務。蘋果則推出 iTunes Radio 進行反擊，提供補齊我的專輯（complete my album）服務：用戶以一個固定的價格就能買下某張唱片剩下的歌曲，在此基礎上還能再享受組合折扣價，這讓用戶覺得撿到大便宜。[23]但是競爭繼續加劇。二〇一三年，一共有兩千萬名聽眾預訂 Sirius XM Radio 的衛星廣播服務。Spotify 在二〇一五年有兩千萬名付費用戶，其中七十五萬是活躍用戶。以耳機產品著稱的 Beats Electronics 推出一種音樂串流服務，其中包括超過兩千萬首歌曲，並攜手 AT&T 行動通訊公司（AT&T Mobility），透過與智慧型手機服務搭配的方式推出家庭音樂套餐。二〇一四年五月，蘋果宣布以三十二億美元的高價收購 Beats Electronics。時間和價格方案都還在持續改變。

哈佛商業評論出版社

「點菜」式訂價模式適用於多種產業。哈佛商業評論出版社以每章或者每篇六・九五美元的價格單獨出售《哈佛商業評論》（*Harvard Business Review*）中的文章。其他出版公司也紛紛採納相似的訂價模式。這種模式對於對某個主題或領域有強烈興趣的顧客來說很有吸引力。這應該給出版商足夠的理由去重新思考整體的訂價策略。訂閱《哈佛商業評論》一年的費用是八十九美元，其中包含印刷版本和網路版本，或者是九十九美元方案，使用這個方案的訂閱人可以透過手機平台任意瀏覽雜誌內容。[24]如果一個人每年閱讀少於十三篇文章，那麼「點菜」式訂價模式對於他來說更划算。如果有些人每年只需要閱讀六篇文章，那麼與訂閱整年相比，「點菜」式訂價模式能節省五三%的支出。「點菜」式訂價模式也有一定的風險，在使用前必須經過仔細考慮。

拍賣

拍賣是最古老的一項訂價方式，本書以發生在菜市場的拍賣故事開始說起。農產品、鮮花、商品、藝術品與公共合約似乎都是透過拍賣的方式訂價。拍賣有很多不同的方式，每一種方式都為特定情況設計。[25]近幾年拍賣愈來愈重要，也發生很多創新，部分原因是電信寬頻、能源經營權、油氣開採權等大量政府拍賣活動的出現。公司在採購活動中採用這種模式也愈來愈多。從二〇一三年開始，Tank & Rast 公司採用新的拍賣模式銷售一百多個公路加油站的汽油運輸權。

網路使大眾更習慣拍賣，也促使更多的拍賣訴求。最廣為人知的例子是 eBay。在 eBay 拍賣中，最高出價者勝出，但成交價是第二高價小幅加一點費用。這和德國大文豪歌德（Johann Wolfgang von Goethe）在一八〇〇年左右使用的訂價模式幾乎一樣。歌德將創作手稿賣給出價最高的出版商，但實際成交價按第二高價執行。哥倫比亞大學的教授威廉・維克里（William Vickrey）證實拍賣活動是促使出價者透露心中最高報價意願的最佳途徑。他因為這個重要見解獲得一九九六年的諾貝爾獎。現在，這種拍賣模式以他的名字命名。

Google 採用一套聰明的拍賣系統來銷售網頁廣告版面。這套系統同時兼顧搜尋引擎用戶的使用需求與廣告商的支付意願。Google 還會向廣告商回饋廣告相關的關鍵數據，讓它們了解廣告的有效性。這套系統由著名的經濟學家哈爾・瓦里安（Hal Varian）發明。哈爾・瓦里安從二〇〇七年起擔任 Google 首席經濟學家。

拍賣的本意一般是挖掘出價人願意付出的最高價格。但對於公共事業合約而言，其他目的可能更重要，例如，確保參與競價公司的財務實力、保證能源供給，或是避免產能限制情況的出現。為了達到這些目的，經濟學家研發出專門的「市場設計」（market design）。[26]有時這些拍賣活動能以非常高的價格成交。二〇〇〇年，德國的電信公司在一次政府拍賣活動中以總價五百億歐元的高價標到通用行動通訊系統（Universal Mobile Telecommunications System）頻寬的經營權。二〇一三年，荷蘭的一起頻寬經營權拍賣活動淨賺三十八億歐元，遠比預期的金額要多。二〇一三年春季，捷克的監管部門擔心競價勝出的公司可能會因為財力不足導致無法對新的基礎設施進行必要的投資，因此中止一起頻寬拍賣活動。電信公司現在都很害怕頻寬拍賣活動。有家規模最大的電信公司執行長親口告訴我，這些拍賣活動對於自己的產業是個難題。拍賣和市場設計是現代經濟研究中最創新的領域。我們可以預期，愈來愈多的價格會按照時間與市場情況，以不同的拍賣方式來確定。

註釋

1. Email to Amazon Prime customers in the US, March 13, 2014.

2. Stu Woo, "Amazon Increases Bet on Its Loyalty Program", *The Wall Street Journal Europe*, November 15, 2012, p. 25.
3. *Financial Times*, March 20, 2013, p. 14 and Lisa Fleissner, 'Internet of Things' Gives ARM a Boost", *The Wall Street Journal Europe*, April 24, 2014, p. 19.
4. Lisa Fleissner, 'Internet of Things' Gives ARM a Boost", *The Wall Street Journal Europe*, April 24, 2014, p. 19.
5. Direct mailing from Commerzbank dated March 26, 2013.
6. "Nicht jedes Angebot ist ein Schnäppchen. Null-Prozent-Finanzierungen werden für den Handel immer wichtiger," *General-Anzeiger Bonn*, April 3, 2013, p. 6.
7. "Axel Springer glaubt an die Bezahlschranke", *Frankfurter Allgemeine Zeitung*, March 7, 2012, p. 15.
8. Saul. J. Berman, *Not for Free – Revenue Strategies for a New World*, Boston: Harvard Business Review Press 2011.
9. "Das nächste Google kommt aus China oder Russland", *Frankfurter Allgemeine Zeitung*, March 18, 2013, p. 22.
10. "Enthüllungsportal Mediapart bewährt sich im Internet", *Frankfurter Allgemeine Zeitung*, April 4, 2013, p. 14.
11. "Eine kompakte, gute Analyse von Freemium bietet Uzi Shmilovici, The Complete Guide to Freemium Business Models", *TechCrunch*, September 4, 2011.
12. *ADAC Motorwelt*, March 2013, advertising section from tema.
13. 寫給作者的信。
14. Starbucks fiscal 2013 10-K.

15. 作者是 IhrPreis.de AG 的董事會成員。
16. Priceline 網站首頁上的投資人關係。
17. Eliot van Buskirk, "2 out of 5 Downloaders Paid for Radiohead's 'In Rainbows'", *Wired Magazine*, November 5, 2007.
18. http://www.ryanair.com/en/investor/traffic-figures.
19. www.slate.com/blogs/moneybox/2012/05/15/taxi_button_tipping.html, May 15, 2012.
20. "Wir müssen effizienter und produktiver warden", Interview with Christoph Straub, *Frankfurter Allgemeine Zeitung*, January 30, 2012, p. 13.
21. Marco Bertini and John Gourville, "Pricing to Create Shared Value", *Harvard Business Review*, June 2012, pp. 96-104.
22. Marcus Theurer, "Herrscher der Töne", *Frankfurter Allgemeine Zeitung*, April 20, 2013, p. 13.
23. "Apple's Streaming Music Problem", Fortune, April 8, 2013, pp. 19-20.
24. 價格引述自二〇一四年五月的哈佛商業評論出版社網站。
25. Vijay Krishna, *Auction Theory*, London: Elsevier Academic Press 2009 and Paul Klemperer, *Auctions: Theory and Practice*, Princeton: Princeton University Press 2004.
26. Axel Ockenfels and Achim Wambach, *Menschen und Märkte: Die Ökonomik als Ingenieurwissenschaft, Orientierungen zur Wirtschafts- und Gesellschaftspolitik*, Nr. 4, 2012, pp. 55-60.

9
市場急凍時該如何訂價？

在本書的背景中，我們把需求的崩塌視為危機，這會給訂價造成幾個後果。和一個供需平衡的市場不同，危機會導致「買方市場」（buyer's market）的出現，權力的天平向買方傾斜。以下是出現這種情況的幾個跡象：

- **產能利用率不足**：在公司內部，生產能力和員工未被充分利用，這將導致休假、裁員或減薪。
- **庫存**：賣不出去的商品堆在倉庫、工廠或經銷商。
- **價格壓力**：當顧客嘗試利用這個新的權力平衡，或當競爭對手競相削價時，價格壓力就會出現。當要求清理庫存的聲音愈來愈大時，內部的價格壓力同樣會增加。
- **銷售壓力**：銷售團隊不斷被要求賣出更多的商品，而同時顧客抵制購買的情緒也愈來愈濃，這使銷售人員達成業績目標的希望愈來愈渺茫。

供需關係的發展給價格帶來大幅的影響。一次危機可以導致價格、銷量和成本等一個或多個獲利引擎損害公司。在現行的價格下，銷量下降。為了應對需求減少或競爭

圖 9-1　價格或銷量下跌的結果

下跌 5%之後　　　　**導致獲利下跌……**

	獲利引擎		獲利	
	原來的情況	新的情況	原來的情況	新的情況
獲利引擎	100 美元	95 美元	1000 萬美元	500 萬美元
獲利引擎	100 萬個	95 萬個	1000 萬美元	800 萬美元

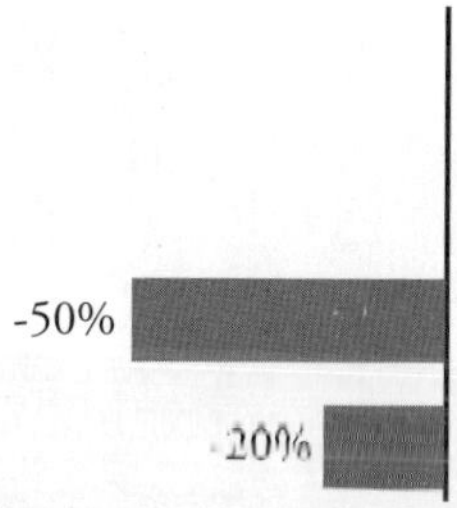

對手降價，公司也許認為有必要降低價格。

為了了解對獲利的負面影響，讓我們再次回到電動工具的例子。這次我們站在防守方而不是進攻方。一開始價格是一百美元，單位變動成本為六十美元，固定成本為三千萬美元，銷量有一百萬。圖 9-1 顯示當價格或銷量下跌五%的時候，獲利將會受到多大的衝擊。

降價五%會使獲利減少五〇%，遠遠大於銷量下跌五%所帶來的二〇%獲利減少。從獲利的角度出發，當危機來襲時，寧可銷量下跌也不要降低價格。原因很容易理解，價格的下降會直接、全面的影響獲利。毛利（包括固定成本的配置）下跌一半，從每件十美元跌至只有五美元。因為銷量和變動成本不變，固定成本也不會改變，獲利同樣會下跌一半。然而當價格保持不變、銷量減少五%（五萬個）的時候，情況卻大不相同。銷量下降意味著變動成本減少三百萬美元（六十美元乘以五萬個），因此總獲利只下降兩百萬美元而不是五百萬美元。

當附上這張圖讓經理人在A選項和B選項中選擇時，你會看到非常熱烈的討論：

A選項：接受降價五％，銷量保持不變。

B選項：接受銷量減少五％，價格保持不變。

在研討會和工作坊中很多經理人討論這兩個選項，幾乎所有人都傾向選擇A，即使獲利低三百萬美元。總體來說，這些經理人都提出同樣的論點，也就是銷量、市占率、員工利用率在A選項更高，他們要避免員工休假或裁員。我們在第5章中已經檢驗過獲利和銷量目標之間的衝突。在正常的情況下，經理人傾向於「降低價格，銷量保持不變」，但在危機時期，這種傾向變得更為顯著。努力保持銷量和生產力的利用率，保證員工正常上班，這種想法占上風。但在危機時期恰恰是錯誤的做法。

在電動工具的例子中，價格和銷量只有一個下降已經夠糟糕了，但是與價格和銷量以同樣的比例雙雙下跌的危機相比，這種情況算是輕微的。圖9-2顯示這個毀滅性的影

圖 9-2　價格和銷量以相同比例下跌對營收的影響

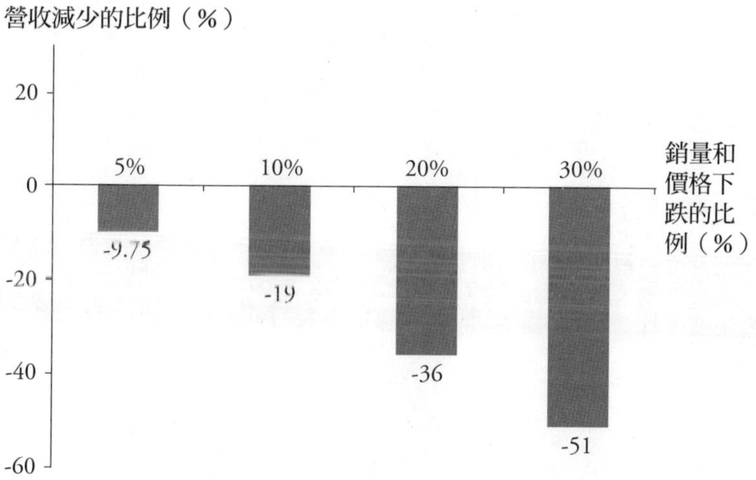

響。

如果銷量和價格同時下跌五%，營收會減少九．七五%，獲利則大跌六七．五%。如果銷量和價格同時下跌二〇%，營收會減少三六%，我們會看到一千四百萬美元的獲利損失。如果銷量和價格雙雙下跌三〇%，營收會驟跌五一%。乍看之下這些下跌似乎是極端的例子，但這樣劇烈危及生存的重挫在經濟大蕭條最為嚴峻的二〇〇九年並不罕見。

減量還是降價？

應該如何應對危機？降價和減量

哪個更好？以下的說法來自兩位汽車產業的執行長，顯示出在危機時期，經理人對於價格和銷量的管理有多大的歧見。

通用汽車的前執行長理查・瓦格納（Richard Wagoner）說：「固定成本在我們產業特別高。我們發現，在危機時期採取低價比減少銷量更好。總而言之，和一些競爭對手相比，我們採取這個策略仍然是賺錢的。」[1]保時捷的執行長文德林・魏德金（Wendelin Wiedeking）表達相反的意見：「我們有個保持價格穩定的政策來保護品牌，並防止二手車價格的下跌。當需求減少時，我們會降低生產量，而不是降低價格。」[2]他在解釋時進一步強調：「對我們來說，有件事非常清楚：當沒有需求時，我們不會讓市場上充滿汽車。我們總是希望比市場的需求量少生產一輛汽車。」[3]

兩位高階經理人都對危機導致的需求下跌發表意見，但結論完全相反：

- 通用汽車降價，藉此阻止或減少生產量的下降。
- 保時捷減少生產量，藉此阻止或減少價格的下跌。

我們過去的分析顯示，從獲利的角度出發，接受減量比降價好。是的，管理銷量是危機時期非常重要的手段。但什麼才是正確的選擇？經濟定律在這裡呈現出冷酷無情的一面。如果一家企業或一個產業有太多產品在市場上，價格和毛利下降是不可避免的。問題首先出現在工廠。如果有壓力需要讓人們保有工作和生產相應數量的商品，那這些過量的商品會壓低價格。低單位變動成本和高固定成本在太平盛世被認為是好事，但在危機時期卻成為禍害。高固定成本需要分攤到盡可能多的商品中，同時，低單位變動成本意味著即使在低價中，仍有可能取得正的單位邊際貢獻。這些因素湊在一起，給銷售團隊施加可怕的壓力，使它們透過價格的讓步試圖達到銷量要求。

在危機時期，盡快解除銷量和供給之間的惡性循環是其中一個目的。在二〇〇九年，不同產業的很多公司都這樣做，當危機加深的時候，它們的反應沉著而冷靜。它們引進更短的輪班制和關閉工廠。幾乎所有汽車公司都採取這些措施。全球化工巨頭巴斯夫讓全世界八十個工廠停工。鋼鐵市場的世界領導者安賽樂米塔爾（Arcelor-Mittal）甚至更早做出反應，早在二〇〇八年十一月就減產三分之一。[4]達美航空在二〇〇九年六月宣布縮減一五%的海外運量和六%的美國運量後，美國的航空公司隨即跟進。接下來，美國航空公司（American Airline）減少七・五%的運量。[5]二〇〇九年法國的香檳需求下跌二〇%。相對於降價，香檳區的酒商選擇把三分之一的葡萄留在田裡，使價格維持在一個相對穩定的水準。這些都是聰明的行動，但有時候降價仍然無法避免。

智慧型降價

「在這次經濟蕭條中最重要的一項決定就是如何處理價格。在經濟繁榮的時候，你不用百分之百地準確訂價。現在你要！」《財星》雜誌編輯暨專欄作家傑夫．柯文（Geoff Colvin）在二〇〇九年寫道。[6] 危機時期，價格成為至關重要卻沒有被完全了解的工具。智慧型訂價（intelligent pricing）必不可少的前提是對價格和銷量的關係有精準理解。當危機來襲時，什麼改變了？與正常或穩定的環境相比，危機時期的價格變化會產生不一樣的效應嗎？在危機時期最常見，同時也是最不正確的反應是：降價或提高折扣。我們怎麼解釋這種會產生副作用的行為呢？在大部分的例子中，首要的動機是為了保護現有的銷量水準，以及讓員工利用率保持在不需要休假或裁員的水準。

銷量危機指的是一家企業以同樣的價格賣出更少的商品，但反過來並不成立：如果一家公司降價，並不意味著能賣出和以前相同數量的商品。這個不切實際的幻想很少會實現。為什麼？原因有兩個：第一，危機使需求曲線改變，往下移動，這意味著在特定價格下，公司不可能賣出與以往一樣多的商品，過去的需求曲線不再適用；第二，降價或幅度更大的折扣不會帶來預期的銷量好轉，因為競爭對手也在降價，僅僅這件事就會讓企業想要增加市占率或保持先前銷量的希望破滅。

高價並不是阻礙消費者在危機中購物的原因，他們停止購物是因為感受到很高的不確定性，把現金存下來。正常範圍內的降價並不能減緩這個不確定性，因此在危機中應該避免採取激進的價格措施。最有可能的結果是，公司開啟一場對任何人的銷量都毫無裨益的價格戰，卻損害長期毛利。另一方面，期望不做任何價格讓步就能夠駕馭整個危機也是不切實際的。

如果降價或價格讓步無法避免，那就應該以一種對毛利負面影響最小和對銷量正面影響最大的方式來制定價格。供應商漲價或降價會產生不對稱的影響。在理想的情況下，顧客不會察覺到價格的上漲。而顧客愈容易察覺到價格下降，對銷量的正面影響就愈大。這把利用宣傳去加大商品或服務的價格彈性責任放到供應商的身上。實證研究顯示，如果降價行動得到特殊的降價廣告、額外的宣傳或特別看板，銷量的提升會更為顯著。在危機時期，銷量提升比以往任何時候都更有必要，但恰恰是在這樣的困難時期，宣傳預算也非常緊缺，這讓公司陷入進退兩難的境地。公司也許需要更多的降價行動，但缺少有效宣傳的經費。

二〇〇九年的「舊車換現金計畫」（cash for clunker）就是價格誘因廣為人知的典範，而且的確使銷量激增。如果消費者將舊車換成新的省油車，就可以獲得三千五百美元至四千五百美元的補貼。Edmunds.com 估算這些舊車的剩餘價值是一千四百七十五美元。因此，這項補貼帶給美國消費者巨大的利益。[7]這項政府支持計畫在推出兩周後用完首期十億美元的經費，因此國會撥出二十億美元延續計畫。同類的計畫在德國甚至更受歡迎。汽車製造商在政府提供的三千五百美元的補助外提供更多誘因，使價格折扣超過三〇%。德國政府最初為這個計畫撥出二十億美元，不過最後合計撥出七十億美元。[8]巨大的價格降幅結合高度的關注度壓過很多目標族群可能有的拒絕購買心態，這些計畫展現出大型、廣為人知的誘因方案可以成功運作，但並非每個產業都那麼幸運可以在危機中得到政府補貼。

對於沒有政府支持的成功例子，我們可以來看德國的居家修繕連鎖商店 Hela。直至今天，德國的零售商店週日還是休息，除了全年指定的四個「開放日」（open day）。二〇〇九年春天的一個週日，一家 Hela 的購物商場全面打八折，[9]這導致停車場和附近的交通全面堵塞。Hela看到這個銷售策略奏效，大幅度的降價和有效的宣傳（因為週日開放日受益），鼓勵消費者拋開不確定性，前往購物。Hela能否將大量的客流轉化為實際獲利則是另一回事。額外的銷量是否能抵銷每筆銷售「犧牲」的二〇%營收呢？如果假設Hela的毛利率為二五%，那需要賣出平日銷量五倍的商品才能賺到同等水準的獲利。即使是在危機環境中，就算大幅度降價和密集宣傳的結合有非常大的潛力，還是要對類似的降價謹慎看待。

提供現金或商品取代直接降價

價格讓步可以用現金退款的形式出現，減少交易的價格，或提供額外的商品或服務。在危機中，以提供商品或服務取代降價在三個方面上有好處：

- **價格**：名目價格水準沒有受到損害。
- **獲利**：假設減少的價格比例相同，相對於直接降價，提供商品或服務在獲利方面對供應商更有利。

● **銷量：**這種形式的折扣帶來更大的銷量，使員工繼續保有工作。

為了說明這點，我們來看一家遊戲設施製造商的例子。當危機來襲時，它的反應是給經銷商一個特殊的交易條款：每買五件商品，第六件免費。在一件商品一萬美元的情況下，這代表價格實際降低一六．七%，因為經銷商收到六件商品，但只需要支付五件的價格。獲利數字顯示商品折扣和直接折扣對比的效果。在價格一萬美元，一件商品免費的情況下，製造商每賣出六件的營收是五萬美元，賺到一萬四千美元的邊際貢獻。但如果製造商直接提供一六．七%的折扣，那麼每件價格為八千三百三十美元（等於一六．七%的折扣）。製造商獲得四萬一千六百五十美元的營收，銷量為五件，賺到一萬一千六百五十美元的邊際貢獻。

利用商品作為折扣可以提高銷量、員工利用率與獲利。這種做法還有另一個好處：如果製造商表示這是危機期間的短期做法，當危機結束時，能夠輕鬆撤回。而將「危機時期」八千三百三十美元的價格水準恢復到危機前一萬美元則困難很多。

一家設計師家具製造商用商品折扣的形式，同樣在二〇〇九年的經濟危機中經營得有聲有色。這個領導品牌非常強調價格的一致性和連續性。它們不時會提供折扣，在經濟危機期間有時會持續有折扣。而每當顧客吵著要折扣的時候，每次的讓步都會包含一件額外的家具，而不是價格折扣。在大部分的例子中，顧客都會對這個方案表示滿意。這個策略能帶來更高的產能利用率（對比價格折扣可以賣出更多商品），以及更高的邊際貢獻。更高的邊際貢獻來自於製造商和顧客對額外家具感受到不一樣的價值。顧客因為零售價格感受到額外家具的價值，而製造商關注的是變動成本。也就是說，製造商可以提供一件在顧客眼中價值一百美元的禮物，但只需要花六十美元的成本。如果是直接提供折扣，製造商需要放棄實際一百美元的成本來給顧客提供同樣價值的「禮物」。

同樣的原則不僅適用於購物，還包括租屋。總體而言，與按面積提供房租折扣相比，免費延長新租戶幾個月的租期對出租人來說更為有利。一棟建築物的估價取決於租金倍數，銀行在決定貸款時也會採用類似的衡量標準。這促使出租人傾向於收取更高的名目租金，即使前幾個月不收租金。有趣的是，租戶也感受到租金免費有很高的價值。這也許是因為在租約初期，他們需要承擔搬家，購買新家具等其他迫切的工作。

遠離顧客的監控

儘管承擔巨大的價格壓力，但在危機時期仍有機會選擇性地漲價。另一方面，由於部分的價格結構過於複雜，顧客從來沒有透明掌握價格。這可能來自於產品的龐大分類、眾多的個人價格因素，或是交易條件複雜而難懂的體系。例如，在銀行的價目表上，很多顧客甚至連一些細項產品都沒注意，更不用說回想具體價格了。正常來說，顧客只會注意某些突出的價格或價格要素上。在銀行業可能是基本服務的月費、投資基金的交易費，以及儲蓄、定期存款或貨幣市場帳戶的現行利率。企業顧客可能更關注在主要的國際利率和匯款手續費。個別客戶則很少會了解投資基金的管理費、透支的利率，甚至信用卡的確切利率都不清楚。後面這些價格要素提供漲價的機會。

在近期的經濟危機中，一家地區銀行在顧客可見的範圍內成功提高部分價格，在沒有引起顧客抱怨下帶來幾十萬美元的額外營收，這樣做的前提是進行一項全面的調查，包括所有價格和產品的交易量、資產、獲利以及顧客對潛在價格上漲的敏感度等等。銀行的顧客關係團隊透過一項調查得到這些資訊，這個過程快速、成本效益高。

當你擁有大量的產品種類時，很多地方都有潛力，可以選擇性的漲價。這適用於零售業、零組件或旅遊業。它們的顧客通常會關注在少數主要的產品並深入了解，但很少或不知道其他產品的價格。這種情況尤其發生在顧客很少購買的產品上。你也許會想起我買穀倉掛鎖的經歷，當時我對掛鎖的價格一無所知，在眾多產品中選擇中間價位的掛鎖。

零組件有幾個地方可以提供企業在危機中以不損失銷量的情況下漲價。第一，無論有沒有危機，顧客始終需要零件。其中一個值得關注的地方是根據顧客願意支付的不同價格專注於市場區隔。例如一類是高級零件，只有原始製造商可以提供；另一類是普通商品，人們可以從原始製造商或者其他眾多供應商處獲得。在這裡的挑戰是，為每個銷量等級建立準確的價格政策。西蒙顧和就曾幫助一個汽車製造商將零組件價格平均調漲一二%，結果比一般情況增加二〇%的獲利。它的成功源自於選擇價格彈性非常低的零組件進行漲價，而這個發現得益於對買家需求和行為的深入分析。

另一個值得考慮的部分是價格差異化性質的改變，危機會使人們改變習慣，這時就創造出全新的機會。研究發現，在危機時期，人們會更少在外就餐，但同時會因為有更多時間待在家裡或有更多的閒暇時間，因此會閱讀更多的書籍。這些變化會透過更高或更低的需求水準，以及增高或降低價格敏感度顯示出來。這意味著在危機來襲時，無法對價格和價格策略該如何改變提出概括的做法。只有深刻地理解這些效應、效應強度和持續時間，才能得到正確的答案。

產能過剩的挑戰

訂價在當今世界面臨的最大挑戰是產能過剩。隨著時間的推進，這個結論對於我來說變得愈來愈明確，在最近的經濟危機中也得到許多支持。即使是新的成長產業，如風力發電技術和智慧型手機，也都面臨這個問題。

「風力發電產業的生產力超出全球需求量有兩個原因。」一個同業公會的主管在二〇一三年說。[10]產能過剩幾乎隨處可見。在西蒙顧和其中一個建築材料產業的計畫中，產能過剩是經理人最嚴肅看待的問題。鋼鐵業時常為過剩的生產力自怨自艾，這似乎也是汽車產業長期存在的問題。這個產業在二〇一一年售出創紀錄的八千零一十萬輛汽車，但全球生產量達到一億輛並不斷在擴張。當一個市場進入成熟階段、企業對成長潛力過度樂觀，以及當一個市場進入衰退階段而企業又常不自知時，產能過剩尤為常見。新興市場甚至會更快進入產能過剩的狀態。

「汽車製造商的全球產能過剩問題不僅僅發生在歐洲成熟市場，」一位專家稱，「繁榮的新興市場迅速地提升汽車產量，遲早會成為汽車製造商的麻煩。」[11]

我們可以從以下這位工程公司執行長的聲明中，肯定產能過剩給價格和獲利帶來的影響。他的企業是全球市場的領導者，他一針見血的說：「我們這個產業沒有人能賺到錢。每一家公司的產能都過剩。每次出現投標計畫，總有人不顧一切的自殺式殺價搶標。有時候是我們，有時候是競爭對手。即使四個供應商占據這個產業全球八〇%的市場，沒有一個是賺錢的。」

我很快就提出我的答案：「只要產能過剩存在，什麼都不會改變。」

二〇〇九年的經濟大蕭條促使其中一家公司退出市場，而存活下來的企業都降低產能。接下來發生什麼事？這個產業迅速恢復獲利。和我談話的執行長所在的工程公司，股價同樣從這個產業的根本改變中獲益。在多年的苦苦掙扎後，二〇〇九年的股價僅為十三美元，在產能得到控制後的二〇一五年上漲至一百美元。在這個產業裡，沒有一家企業能憑一己之力消除痛苦的產能過剩。只有在幾個競爭對手都降低產能後，價格才能恢復到獲利的水準。這次危機實際上是有益的，因為最終促使所有競爭對手根據需求調整自己的產能。

產能過剩的出現，以及它對價格施加的壓力，並不總能阻礙在產能上更多的投資。豪華飯店就是一個成功的例子。一些評論，像是「產能過剩正衝擊一流飯店的價格」、或是以「標準愈高，獲利愈低」來描述這個產業的狀況。[12]儘管價格低迷，但是對新豪華飯店的投資仍然穩健，這只會使問題惡化。在許多公司和產業，我目睹許多努力和討論，有些拖延多年，經理人急於執行能夠賺取合理獲利或保證企業生存的價格。但只要市場上仍然產能過剩，大部分獲取更好價格的努力就成效有限。問題並不在於這些徒勞無功的漲價嘗試，在於產能的削減。這意味著價格和產能之間複雜的相互作用是高階主管最需要優先處理的問題。

儘管如此，如果一家企業減少產能，但其他企業不為所動，那應該怎麼辦？或更糟糕的是：當競爭對手利用其他企業降低產能的機會增加市占率，那該怎麼辦？和漲價的情形相似，我們面臨另一個囚徒困境。如果競爭對手沒有跟進，反而增加產能，那削減產能是非常危險的舉動。公司會失去市占率，甚至危害長期建立的市場地位。出於這個原因，就像漲價的情況一樣，企業應該緊密地觀察競爭對手的動態，並在法規允許的範圍內解釋整個產業降低產能的需要。當然，反托拉斯法禁止競爭對手在價格和產能上合作或簽署合作契約。在囚徒困境時，發出訊號，或是公告企業的想法或計劃，都是幫忙做出適當舉動的合法途徑。因此企業可以考慮系統地發出訊號，這不只是價格管理的工具，還能用來管理產能。有效的訊號包括公告公司會捍衛市占率，或是在競爭對手利用供給改變而獲利時，公告會採取反擊措施。

在談到訂價時，讓公告的內容和行動一致非常重要。為了保持信譽，公司必須貫徹公告所提到的價格改變與實行的時間點。對於價格、折扣的變動或其他銷售政策，經理人同樣要確保銷售團隊徹底服從並保持克制。如果經營階層公布一個自制的行動計畫，但銷售人員繼續採用激進的價格，這可能會引發對手激烈的反擊，不僅傷害企業，更會影響整個產業。經濟學的聲明和寡占下價格管理的行銷文獻同樣可以用在產能管理上。[13]

在危機時，競爭對手更有可能理解降低產能的需求，因為這與自身利益息息相關。[14] 很多產業在二〇〇八至二〇一〇年經歷總體產能的大幅削減。旅遊業巨頭途易（TUI）和湯瑪斯庫克集團（Thomas Cook）削減歐洲的產能。很多航空公司取消前往冷門地點的航班。市場的價格壓力往往有根本原因，產能過剩通常是其中一個。只要根本原因沒有被解決或發現，企業的任何改變都是治標不治本。通往理性、合理和獲利的價格道路上，往往要求要清除過多的產能。

趁危機時期漲價

危機改變市場供需的狀況，從而為企業創造一個分析和重新思考價格定位的機會。企業不應該局限在降價上，應該要放寬視野，考慮其他可能性。例如，在二〇〇八至二〇一〇年經濟危機期間，餐飲業受到重創。[15]畢竟外食比在家吃飯花費更大。但當時在美國有大約一千三百家連鎖店的帕納拉麵包（Panera Bread）在應對危機衝擊時，採取和競爭對手不一樣的做法。帕納拉麵包並沒有降價或促銷，而是將菜單升級並漲價。這包括在菜單中增加售價十六・九九美元的龍蝦三明治。帕納拉的執行長羅恩・謝赫（Ron Shaich）解釋這些變化：「全世界大部分人似乎都在關注失業的美國人。我們關注九〇%仍在就業的人。」[16]在產業趨勢中逆流而上，帕納拉麵包二〇〇九年的營收增加四%，獲利成長二八%。[17]很顯然，帕納拉麵包的目標顧客願意為更高的價值付出更多的金錢。

二〇〇九年六月危機高峰的時候，美國不鏽鋼製造商漲價五%至六%。當時產業的產能利用率只有四五%，這很自然地會增加單位成本。由於所有製造商都受到大致相同的影響，漲價的嘗試取得成功。美國環球不鏽鋼公司（Universal Stainless & Alloy

Products）執行長丹尼斯‧奧茲（Dennis Oates）評論：「我們漲價是因為在目前需求水準較低的情況下，工廠的經營成本大幅增加。」他接著補充說：「產業的心態在改變。有時候必須接受漲價有風險的現實，但最好不要追求用最低價來銷售。幾乎所有的顧客都會接受上漲的價格。」[18]即使在事後，這次的價格調漲仍被認為是明智的行動。

價格戰

世界各地的各行各業都會發生價格戰。在西蒙顧和的〈全球訂價研究〉中，受訪的經理人中大概有五九%表示公司曾參與價格戰。[19]日本的情況更加糟糕，七四%的受訪者稱正在經歷價格戰。德國的比例為五三%，略低於平均值，而美國（與比利時）的發生率最低，為四六%。[20]

然而在問到誰發起價格戰時，答案讓人非常驚訝。高達八二%的受訪者說是競爭對手發起價格戰，就像生活中的多數例子一樣，煽動的總是其他人。大概一二%的受訪者說是公司故意發起價格戰。剩下的五%承認是公司在無意中發起價格戰，這只能說明他們沒有正確地預見競爭反應，採取錯誤的行動。

圖 9-3 價格戰產生的原因和對價格的影響

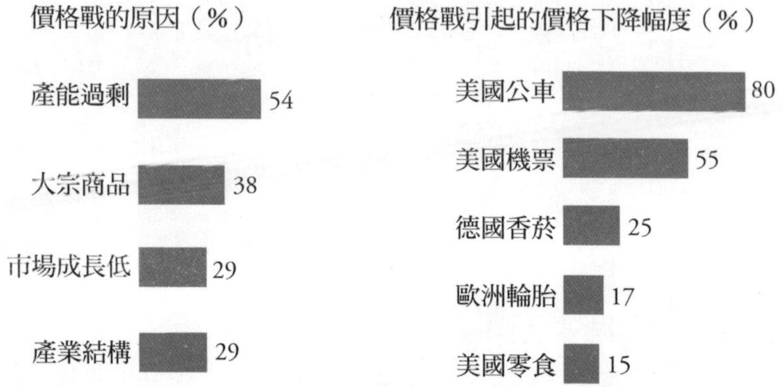

* 可能引發多種反應

價格戰是破壞產業長期獲利最有效的手段之一。有個美國經理人很精闢地總結這個情形：「在戰爭中，原子彈和價格都受到同樣的限制：兩個都只能使用一次。」這樣的說法也許有點誇大，但相似之處非常清楚。在產業中發起價格戰很容易，要終止卻非常困難，這會產生巨大的不信任，只留下一片焦土。是什麼因素造成價格戰？它對價格水準造成多大的損害？圖9-3做出回答。[21]

這個研究顯示，產能過剩最常引發價格戰。大宗商品或服務尤其如此，也就是差異很小，而且價格往往是交易決定因素的商品。緩慢的成長同樣增加價格戰發生的機率。正如圖9-3右欄顯示，價格的崩跌可以很災難。類似的價格暴跌後，賺取獲利事實上

圖 9-4　價格戰發生頻率最高的產業（%）

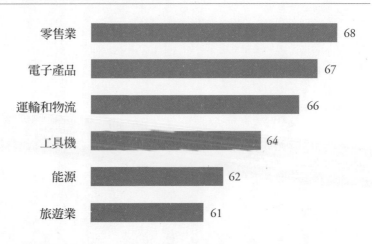

是不可能的。

如果按照產業來看價格戰的機率，結果和這個診斷非常一致。圖9-4顯示全世界價格戰發生頻率高於平均值的產業。[22]這些頻率和產業相似度之高都值得注意。

一家企業如何阻止價格戰？又怎麼終止價格戰？這絕對不是簡單回答的問題。首先要澄清一點：這些問題沒有絕對、放諸四海皆準的答案。除了圖9-3中右邊所顯示的因素外，經理人的積極態度也扮演重要的作用。我屢次遇到唯一目標似乎就是徹底摧毀競爭對手的經理人。我曾目睹一個執行長向銷售副總裁直接了當地說：「將某某對手逐出市場要花多少錢？」

「二十億美元。」銷售副總裁說。

「那就做吧。」執行長下指令時沒有一絲猶豫。

當老闆向團隊，尤其是向銷售團隊傳達這樣的態度時，這樣的公司在市場上推出激進的價格策略並不令人意外。最終，那家公司並沒有採取明確的行動。

不切實際的目標會造成同樣的結果。舉個例子，通用汽車是傳統重視市占率的公司。商學院教授羅傑．莫爾（Roger More）說：「歷史上，通用汽車的財務衡量標準側重在市占率和營收，而不是現金流和獲利。」[23]通用汽車的經理人身處在這樣的理念下。在二〇〇二年的銷售大會上，企業的經理人都佩戴一枚刻著「29」的別針。公司在美國的市占率長年下跌，當時的情況比二九%低得多。別針上「29」這個數字代表著新的市占率目標。[24]外人認為通用汽車不可能逆轉頹勢並實現這個目標。即使現實顯示市占率二九%是不切實際的目標，但經營階層仍然信念堅定。

「當達到二九%的目標前，29就會在那裡。」當時通用汽車北美董事長蓋瑞．考格（Gary Gowger）在兩年後說，「（如果達到目標，）到時候我很可能會衝30。」[25]抱著如此不切實際的態度和目標，結果是發動價格攻擊和價格戰，最終走向破產。通用汽車的劇烈變化印證這點。從二〇〇二年起，通用汽車的市占率連年下降，從二〇〇九年的一九．九%降至二〇一二年的一七．九%。避免價格戰的最佳方法是停止激進的聲明和行為，設定符合實際的營收、銷量和市占率的目標。我強烈建議經理人對競爭對手多一分平和，與顧客的談判少一分固執和教條。我承認這樣的建議與大部分管理和行銷書讀到的內容正好相反。

但價格戰絕不僅僅發生在汽車產業這樣的成熟市場，在新興市場同樣也看得到。二○一四年四月，《華爾街日報》寫道：「雲端運算產業爆發價格戰。」[26]亞馬遜、微軟和Google在各種服務上降價高達八五％，引發三方的價格戰。唯一受益的是顧客。「這對於我們的事業來說簡直是太棒了。」一個顧客說。

宣傳和發出訊號是避免或終止價格戰的關鍵。以下的建議抓住這點：「成功避免價格戰的公司會持續寫文章和公開談話，強調價格戰的可怕結果和價值競爭的好處。它們會在文章、內部刊物、在產業協會會議上和每個公開的論壇不斷地發出類似的呼籲。」[27]

對競爭採取溫和的立場是領導廠商所採取的方式，就像豐田執行長奧田碩（Hiroshi Okuda）的聲明所顯示的。他告訴記者「日本的汽車產業需要給底特律（Detroit）喘息的時間和空間」，並暗示豐田可能提高在美國的車價。這個舉動仍有私利的成分，因為高價很可能會提升豐田的獲利。但同樣創造一個讓美國汽車製造商獲取額外市占率的機會。28

價格的宣傳應該降低顧客和競爭對手誤解價格措施或背後動機的可能性。誤解價格和價格變動都會造成傷害，不管是競爭對手還是企業本身先犯這個錯，兩種情況都可能引發價格戰。假設A公司希望引進一個取代舊款商品的新產品，但倉庫中仍有大量舊款商品。最簡單的解決方式也許是將舊款商品大幅降價，然後輔以大型的宣傳活動。然而在宣傳活動中，A公司忽略去提到這麼做目的，即用新款商品取代舊款商品，也沒有提到降價是為了清庫存。

如果A公司的運氣不錯，顧客會以極低的價格購買商品，將庫存清空。但競爭對手在缺乏額外資訊的情況下會如何應對如此激烈的降價行動？競爭對手很可能會認為這是攻擊或竊取市占率的行為。在這樣的情況下，競爭對手很有可能以大幅降價來進行報復。如果競爭對手真的降價，那A公司突然得面對兩個問題：第一，比預期賣出更少的舊款商品，這意味著無法清空庫存；第二，價格水準可能遭到永久破壞，需要以更低的價格引入新產品。

如果A公司改變作法，公布即將引進的新款商品，並說明降價只是清理現有庫存的短暫行動，那麼競爭對手的反應也許完全不同。如果競爭對手認為這樣的解釋可信

（A公司過去的行動發揮作用），那它們很可能會避免發起價格戰。同樣的行動可以被顧客和競爭對手以各種各樣的方式理解，帶來完全不一樣的反應，在這個例子是指短期的降價，比如降價三〇%。這讓發出訊號成為減少價格戰危機的有效措施。

我很簡單地總結我對價格戰的看法：世界上有聰明的產業，也有自我毀滅的產業。區別在於聰明的產業避免價格戰，而自我毀滅的產業深陷其中；聰明的產業能夠獲利，自我毀滅的產業蒙受損失或使獲利受損。問題是，只要出現一個自我毀滅的競爭對手，就能使整個產業都走向毀滅。這就是為什麼有個聰明的競爭對手會更好。

註釋

1. 二〇〇三年九月法蘭克福國際車展（International Automobile Show in Frankfurt）的聲明。
2. 西蒙顧和執行長喬治・泰克（Georg Tacke）提供的評論，他跟我說他與文德林・魏德金的談話。
3. “Sportwagenhersteller Porsche muss sparen”, *Frankfurter Allgemeine Zeitung*, January 31, 2009, p. 14.
4. “Hoffnung an den Hochöfen”, *Handelsblatt*, February 12, 2009, p. 12.
5. *The Wall Street Journal*, June 12, 2009, p. B1.
6. Geoff Colvin, “Yes, You Can Raise Prices”, *Fortune*, March 2, 2009, p. 19.
7. “Congress Passes $2 Billion Extension of 'Cash for Clunkers' Program”, *ABC News*, August 6, 2009
8. “Driving Out of Germany, to Pollute Another Day”, *The New York Times*, August 7, 2009

9. 這個舉動讓人想起居家修繕連鎖商店 Praktiker 的口號：「除了寵物食品，所有商品一律八折」。Praktiker 固定打八折對銷售影響很小的主要原因是消費者已經疲乏。（見第10章）相對的，Hela 很少提供折扣，所以提供二〇%的折扣證實非常有效，特別是在經濟危機期間。
10. *Frankfurter Allgemeine Zeitung*, January 31, 2013, p. 11.
11. *Produktion*, April 23, 2012.
12. "Unter einem schlechten Stern", *Handelsblatt*, March 20, 2013, p. 20.
13. Hermann Simon and Martin Fassnacht, *Preismanagement*, 3_{rd} Edition, Wiesbaden: Gabler 2008.
14. Klaus Meitinger, "Wege aus der Krise", *Private Wealth*, March 2009, pp. 26-31.
15. "Industry Trends in a Downturn", *The McKinsey Quarterly*, December 2008.
16. Julie Jargon, "Slicing the Bread but not the Prices", *The Wall Street Journal*, August 18, 2009.
17. John Jannarone, "Panera Bread's Strong Run", *The Wall Street Journal*, January 23, 2010.
18. *The Wall Street Journal*, June 11, 2009, p. B2.
19. 〈全球訂價研究〉有來自五十個國家兩千七百一十三位經理人回覆。
20. Simon-Kucher & Partners, Global Pricing Study 2012, Bonn 2012.
21. Oliver Heil, *Price Wars: Issues and Results*, University of Mainz 1996.
22. Simon-Kucher & Partners, Global Pricing Study 2012, Bonn 2012.
23. Roger More, "How General Motors Lost its Focus – and its Way", *Ivey Business Journal*, June 2009.
24. David Sedgwick, "Market Share Meltdown", *Automotive News*, November 4, 2002.
25. "GM is Still Studying the $100,000 Cadillac", *Automotive News*, May 17, 2004.
26. Shira Ovide, "Price War Erupts in Cloud Services", *The Wall Street Journal Europe*, April 17, 2014, p. 20.

27. Presentation by the author: "How to Boost Profit Through Power Pricing" at the World Marketing & Sales Forum, Madrid, November 22, 2008.
28. *The Wall Street Journal*, April 27, 2005, p. 22.

10
執行長需要做什麼？

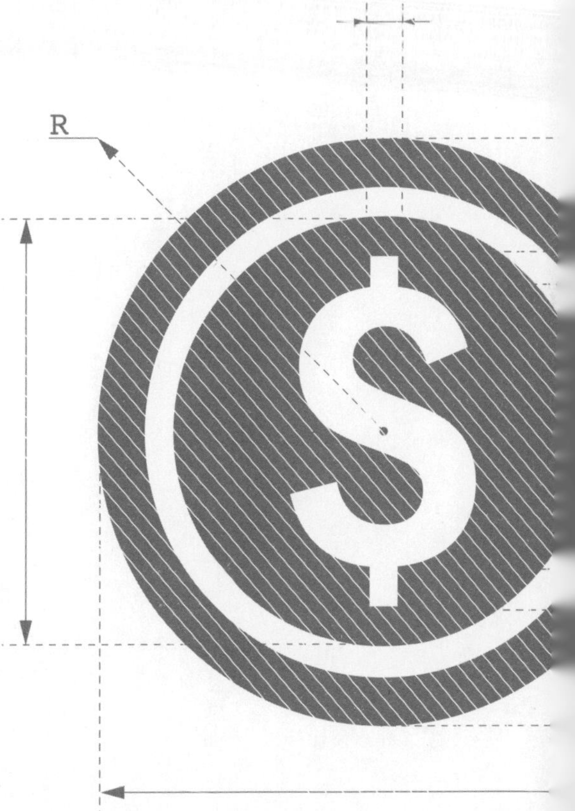

如果一家公司的執行長直接要我建議該如何盡可能地利用價格，我會說什麼呢？這不是一個反問句。我常聽到這個問題，而且我發現執行長並不想聽到「那得視你的情況而定……」或「這真的很複雜」為開頭的答案。這些他們早就知道了，他們需要更深入的答案。

有個在年營收超過五百億美元的跨國公司升任的執行長正面臨一個難題。他解釋公司在市占率上面臨著史無前例的巨大壓力，關鍵點在於，「固有觀念」已經深深根植於企業文化中。他提到這在數十年前這並沒有什麼問題，但是現在，公司服務的成熟市場數量遠遠超過新增市場數量。

「所以我該做點什麼呢？」他問，「你有什麼靈丹妙藥嗎？」

我承認我確實沒有，任何人都沒有，但是我有一個答案。

「用一個嚴格的獲利定位來領導公司，」我說，「並且牢記價格是最有效的獲利引擎。」

「說起來容易，做起來難。」他回應，這讓我想像前任執行長會公開指責他失去市占率的樣子，「這是很困難的。」他說。

我建議他每天重複「獲利咒語」，愈頻繁愈好。當然，他每次講的時候自己會聽到，但別人只能聽到一兩次，並不會感到厭煩。他也需要用一致、恰當的行動來遵循自己說的話。最重要的一個措施是，區域經理的誘因機制要嚴格地連結獲利，而不是連結營收、成交量或市占率等指標上。

還有一個戰略要素，必須加強言行間的聯繫。公司不應該發起任何價格戰，不應該回應競爭對手每個侵略性舉動。在公司處於市場領導地位的國家和地區，應該透過一致的宣傳活動強調價格和價值重要性，保持價格領導者地位。

儘管長期獲利導向更加重要，這個執行長在短期可能需要一些成就。不過目標還是將公司的注意力和活力堅決導引到長期獲利導向。這需要聚焦在價值創造上。價格最重要的要素永遠是對消費者的價值。

「好的訂價有三個先決條件：創造價值，量化價值與傳遞價值。」我的結論是，「那就是你該得到的價格，這是一個獲利事業需要的價格。最後，也是最重要的一點，避免價格戰。」

如果一家公司能抗拒價格戰的誘惑，並且消除市占率損失的恥辱感，就可以提升整個產業的獲利情況。這家公司的子公司在波蘭排名第二，新的區域經理結束了價格戰，為漲價之路布局，市場的領導者也跟進。這個成功標誌著執行長首次沒有因為失去市占率而批評一位區域經理，也向其他的區域經理傳達一個有力的訊號。

價格與股東價值的關係

我們早在第1章就學到，獲利最大化是訂價唯一有意義的目標。談到獲利最大化時，經常會限定在某個期間，比如一年或一季以內。實際上，規劃的週期應該更長一些，而且不用局限在一個期間內。短期導向是資本主義最具爭議的地方，特別是上市公司固定每季都要計算業績。

經營階層應該聚焦於長期獲利最大化，這等於是說一家公司應增加股東價值，上市公司則是指應該要增加市值。因為價格是最有效的獲利引擎，這自動會導出，在經營階層為提高股東價值的努力中，訂價扮演著決定性的角色。這使得訂價成為管理高層至關重要的問題。如果一家公司的訂價會帶動獲利，而獲利會帶動股東價值增加，執行長怎能不把訂價視為最優先的處理事項呢？

不幸的是，訂價在很多執行長眼裡並不是最優先處理的事項。微軟前執行長史蒂夫．鮑爾默（Steve Ballmer）說過，訂價「真的很重要」，但是很多人「沒有想清楚這一點」。[1]在整個投資界，訂價也不是最優先處理的事項。儘管近年來價格更頻繁地提及，你還是很少在一些評論、股票分析報告或者類似文件中看到它。巴菲特的評論是例外，他說：「評估一家企業唯一重要的決定因素是訂價能力。」[2]即使是一般以提高公司價值為目標的私募基金，在接手公司後也很少利用訂價。相反的，他們通常會聚焦於削減成本或提高銷量。在內部削減成本可以直接看見成效；嘗試提高銷量通常不會得到消費者的負面回饋。但是漲價會危及消費者關係，而且訂價的成效經常也無法直接看到。這種風險趨避（risk aversion）和對效果缺乏控制的感覺，使得訂價措施被認為是不如削減成本和提高銷量的選項。同樣的思維也適用於總經理和高階經理人，他們很少承諾訂價。我們知道，當公司執行長與多數高階經理人親自參與價格管理時，這家公司會賺取更高的獲利。迄今為止，大部分高階經理人實際放到訂價上的注意力很有限。

價格的槓桿效應

市值與稅後獲利的關係可以用本益比（price-earning ratio）來表示。比如在二〇一四年五月十六日，構成道瓊工業指數（DJIA）的三十家公司平均本益比是十六．

六倍。[3]換句話說，市場估計對這些公司的價值是平均獲利的十六・六倍。本益比可能隨著時間劇烈波動，但十六・六這個數字大致符合道瓊工業指數成分股的長期平均水準。

在圖5-2中，我們呈現漲價二%對於上市公司獲利能力的急遽影響。假設這個漲價措施會堅持下去，而且本益比保持不變，就可以算出漲價二%對於公司市值的影響。表10-1顯示圖5-2所列舉的公司結果。選定公司的本益比是十七・九三倍，比目前的道瓊工業指數本益比略高。

如果Sony成功讓整個產品組合漲價二%，市值會增加四百二十七億三千萬美元。平均來看，表10-1中的公司平均市值會增加四百八十八億八千萬美元，增幅二六・七%（在目前平均市值一千八百二十八億美元計算）。如此小幅的價格增加對公司價值帶來的長期影響理應引起高階經理人和企業老闆的興趣，並作為相關績效指標。這些數字讓人印象深刻，顯示出訂價在提高公司價值上的巨大潛力。我懷疑有多少領導者或企業主意識到價格的槓桿效應，真的不在意透過專業的訂價去激勵組織去利用這個效應。

下面的例子證明價格和獲利對股東價值的影響並不只是理論或做夢，完全是真實存在。一家私募基金準備出售持有五年的世界級停車場經營商，這個私募基金之前已經

表 10-1　永久漲價 2%後的市值成長

公司	市值（10億美元）	本益比	永久漲價2%的市值增加（10億美元）
威瑞森電信	124.1	18.7	246.37
英國石油公司	272.0	7.6	136.57
艾克森美孚	671.0	10.7	100.89
沃爾瑪	241.7	14.0	94.90
雀巢	458.8	18.0	59.99
AT&T	211.6	14.6	55.40
豐田汽車	131.2	13.2	45.09
美國銀行	120.9	46.4	43.24
Sony	18.1	107.0	42.73
奇異	237.4	13.8	38.46
IBM	407.0	12.6	38.44
CVS Caremark	77.9	14.1	36.88
Cardinal Health	22.0	12.8	33.26
寶僑	262.7	20.1	31.05
蘋果	484.0	14.1	27.25
西門子	95.6	14.0	26.95
三星電子	207.2	10.3	26.94
波音公司	73.8	14.7	23.19
波克夏海瑟威	117.6	17.6	19.36
安聯保險	62.6	9.2	18.60
日立	22.6	13.5	17.56
福特汽車	48.5	9.2	17.13
通用汽車	38.2	8.9	14.06
BMW	61.4	9.4	14.00
Volkswagen	102.1	3.7	13.59

透過削減成本和增加更多車庫等傳統方式耗盡所有的獲利成長潛力。然而，它並沒有在價格上採取任何系統的行動。

當一個周密的研究顯示漲價的潛力，尤其是在大城市時，這家公司立刻採取行動。它們採取差異化的方法，根據單一停車場的吸引力、利用率以及競爭地位漲價，而不是採取統一、全面的漲價措施。私募基金把新的價格寫進出租合約裡，因此每年穩定增加一千萬美元的額外營收。漲價措施實施幾個月之後，這個私募基金以十二倍的本益比賣掉公司。因為合約保證可以增加一千萬美元的獲利，一舉將公司的價值提高一億兩千萬美元，這意味著比漲價前的預期得到多一億兩千萬美元。這個例子顯示漲價可以迅速且大幅地提高公司的價值。

價格和市值的關係

股票市場被認為是對一家公司最客觀的評估員，股價被認為會反映出市場上所有的可用資訊，這引發訂價行為如何影響股價的問題。據我所知，目前還沒有人對這些影響進行有代表性的研究。其中一個原因可能是，一家公司的產品價格資訊很少出現在標準的公司報告裡。比較起來，不尋常的價格行為常常會突然造成股價的重大變化。接下來我們來看一些例子，它們顯示出訂價對股價造成劇烈而突發的影響。

萬寶路的降價悲劇

一九九三年四月二日星期五，世界最大香煙品牌萬寶路（Marlboro）創辦人菲利普・莫里斯（Philip Morris），宣布萬寶路香煙在美國市場大幅降價。目標是抵禦市占率不斷成長的不知名競爭對手。菲利普莫里斯的股價在那天下跌二六%，市值蒸發一百三十億美元，而且帶動其他主要消費產品公司股價的下挫，比如可口可樂和雷諾納貝斯克（RJR Nabisco），當天道瓊工業指數則下跌二%。

《財星》雜誌將「萬寶路星期五」描述成「巨人萬寶路跌下馬的一天」。投資者將降價理解為菲利普莫里斯在與不知名的競爭對手鬥爭的過程中，發出已經無法維持高價而軟弱和讓步的訊號。一九五四年上市的萬寶路人（Marlboro Man）一直是全球著名、最大的市場標誌，卻輸掉了價格戰。投資者們將這次失敗視為領導品牌行銷失敗的訊號。一九九三年美國主要消費產品公司的市值下降造成廣告支出略微下降，這是自一九七〇年以來首次下降。這個事件被認為是「品牌之死」，也被認為是重視產品價值多過行銷的新生代消費群體崛起的訊號。

改變低價策略的後果

Praktiker 是一家歐洲居家修繕連鎖商店，在二〇〇七年中擁有兩萬五千名員工與數百間商店，年營收大約為五十億美元，股價超過四十美元。多年來利用「除了寵物食品，所有商品一律八折」的口號，成為德國居家修繕產業第二大的連鎖商店。隨後，Praktiker 發起各種針對特定產品的折扣活動，如「所有帶有插頭的產品一律七五折」。[4] Praktiker 的另一句口號是「用價格說話」。Praktiker 自我定位為居家修繕產業的廉價供應商，並透過這些口號來塑造相應的公司形象。

Praktiker 激進的價格策略最終引火自焚。二〇〇八年底，它的股價跌到十三美元以下。強力折扣的策略讓 Praktiker 迷失方向，最終不得不放棄這個策略。這家公司在二〇一〇年發出險招，在年底發起「所有商品一律八折」的活動，這卻導致股價再次急挫。到了二〇一三年春季，股價只有一．九美元左右。圖10-1顯示二〇〇七年至二〇一三年的股價下跌走勢。

Praktiker 的經營階層因為低估「打折文化」轉型的複雜性而飽受批評，批評者提

圖 10-1　Praktiker 的股價下跌

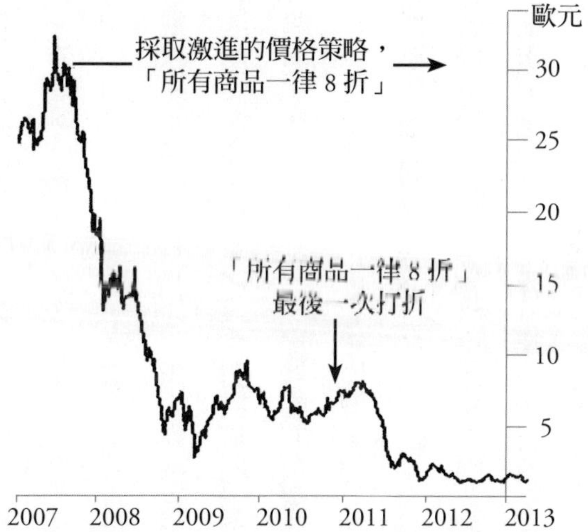

資料來源：www.onvista.de

到：「人們愈來愈清楚公司的重新定位需要花很長的時間和大量的金錢，使得品牌的信任感隨之消失。」[5]另有一份報導說：「那個把神奇方程式改寫為『除了寵物食品，所有商品一律八折』的人根本不懂這究竟意味著什麼。Praktiker 是一家沒有靈魂的公司。」[6]值得注意的是，正當 Praktiker 搖搖欲墜的時候，居家修繕產業反而欣欣向榮。從二〇〇八年至二〇一〇年，德國居家修繕產業的營收從十三億美元上升至兩百四十七億美元，而 Praktiker 則在二〇一三年宣告破產並停止營業。

Woolworth 超市董事長迪特・欣德爾（Dieter Schindel）曾提到自家超市也飽受「Praktiker 症狀」的困擾。Woolworth 在二〇〇九年四月宣告破產，然後在歐洲試圖東山再起。在新理念的引導下，公司有意識地決定不向「Praktiker 症狀」屈服。它不再持續進行大幅的折扣，只對四百多種產品提供直接、永久的折扣。[7]

這則故事的教訓在於：在確定一家公司是否要走純粹的低價路線之前，應該要考慮對獲利的潛在影響，以及之後會對股價的影響。根據這個結論應該可以觀察到：一旦對消費者做出承諾，公司試圖改變策略的舉動都可能導致災難性的後果。

價格戰的毀滅性影響

鉀肥是重要的肥料添加物，全球市場在俄羅斯的烏拉爾（OAO Uralkali）、加拿大的 Potash 與德國的 K＋S 等三家企業主導下一直相安無事。鉀肥的價格一直穩定在每噸四百美元左右。然而在二〇一三年七月月底，烏拉爾宣布打破「非正式價格聯盟」的三大行動之後，股價因此失控。為了執行新的「銷量大於價格」策略，[8]烏拉爾宣稱明年會把產量提高三〇％，為中國（全世界最大的鉀肥消費市場）提供更優惠的價

圖 10-2　烏拉爾的股價下跌

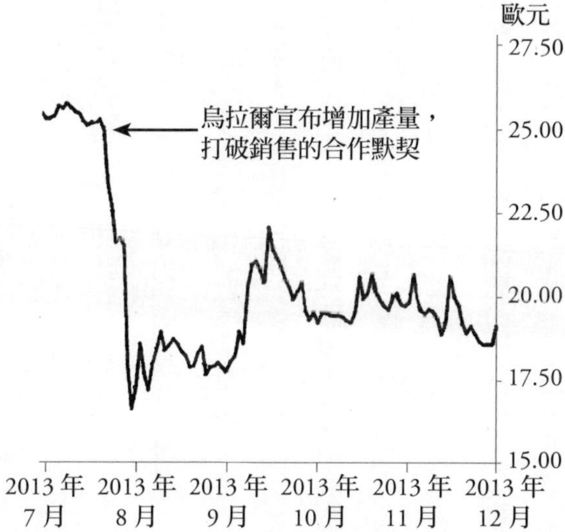

格，並中斷與白俄羅斯姐妹公司的聯合銷售組織關係。[9]

這對烏拉爾的股價立即產生龐大的影響，如圖10-2所示。在兩天內，烏拉爾的股價下跌二四%。其他競爭對手遭遇相似的命運：Potash的股價下跌二三%，K+S則下跌三〇%。K+S公司的前景看來特別危險，有個分析團隊預測鉀肥會下探每噸兩百八十八美元，這個價位接近K+S的生產成本。在烏拉爾發表聲明之後，另一個分析團隊預測K+S的獲利會下降八四%。幾個月之後，烏拉爾和一家中國財團簽署六個月的交易協議，以每噸三百零五美元的價格供應鉀肥，比二〇一三年上半年的價格低了大概一五%，創了鉀肥的新低價。[10]

因驕傲而翻船

Netflix 是一家 DVD 影片出租店。每月支付一定的費用，你就可以租看任意數量的 DVD。它們會寄送影片，而你也可以在看完影片後寄還。透過這種創新性的商業模式，Netflix 迫使在美國擁有數千家店面的大型 DVD 連鎖出租店百視達在二〇〇九年宣告破產。隨後，Netflix 逐漸深入電影串流服務，並保持簡單的訂價模式：每月固定收取較低的訂閱費。二〇一〇年以後，這家公司成為網路影片出租市場的明星。到了二〇一一年夏天，它以兩千五百萬的用戶人數獨占鰲頭，幾乎沒有對手。

如此成功的公司會因驕傲而翻船並不讓人意外。二〇一一年七月十二日，Netflix 宣布漲價六〇%，原因是影片的授權成本大幅增加。然而，授權成本對 Netflix 的用戶來說一點意義都沒有。雖然用戶的反應是負面的，但從人數比例來看，Netflix 並沒有因此失去大量的用戶。不過投資人就沒有那麼高的容忍度了，他們的抨擊更為猛烈，導致在接下來的三個月裡，公司的股價暴跌約七五%。

圖 10-3 Netflix 宣布產品大幅漲價後的股價走勢

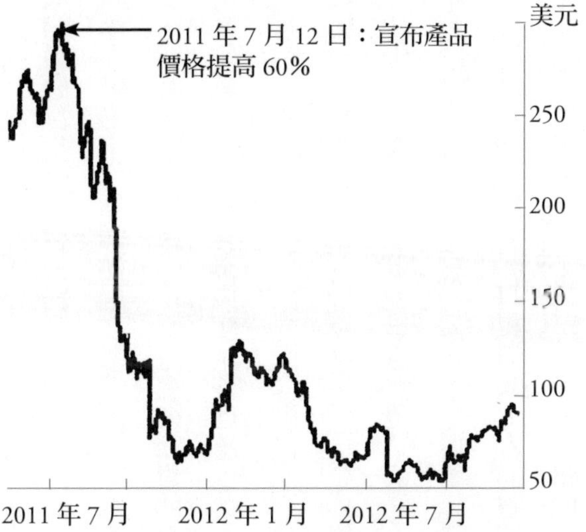

Netflix 的市值曾一度高達一百六十億美元，最後跌至五十億美元以下。影片供應商取消他們的授權協議。本來就股價就不好的 Netflix，在亞馬遜和蘋果公司的雙重夾擊之下就更加不堪一擊了。[11] 圖 10-3 顯示二〇一一年七月之後價格上漲的三個月裡 Netflix 的股價變化。這則故事的教訓是：應該要避免以傲慢的姿態訂價，尤其是在惹人嫉妒的成功之後。

取消折扣的失敗嘗試

二〇一一年六月，連鎖百貨公司傑西潘尼（J. C. Penny）宣布蘋果前高階主管羅恩・強生（Ron Johnson）將接任執行長，十一月一日開始生效。強生並不是一個從零售商內部提拔上來的普通經理人，他是讓蘋果商店獲得驚人成功背後的推手。從二〇〇〇年蘋果商店開業以來，他一手培養並壯大規模。在強生接任之前，傑西潘尼百貨公司有大約三分之二的商品都是以五折以上的折扣出售。在沒有事先測試潛在影響下，傑西潘尼在二〇一二年二月一日大幅漲價。它取消幾乎所有的促銷活動，同時大幅升級產品，引進更多昂貴的品牌，這些商品在傑西潘尼一百多家專賣店銷售。有人質疑沒有事先測試市場反應時，強生回應說：「在蘋果，我們從不測試。」[12]

二〇一二年，傑西潘尼的營收下降三%，但因為執行「升級」策略反而導致成本增加。這些因素使傑西潘尼的稅後獲利從二〇一一年的三億七千八百萬美元，變為二〇一二年的虧損一億五千兩百萬美元。這家百貨公司在二〇一一年宣布聘請強生的時候，股價反應正面。從圖10-4可以看到，宣布實施新價格戰略之後，股價下跌得非常厲害。在二〇一二年一月三十日至二〇一三年四月二日，公司股價從四十一・八一美元驟降至十四・六七美元，跌了六五%。同時期的道瓊工業指數反而上漲一六%，這足以說明一切。但故事是怎麼收場的呢？強生在二〇一三年四月被解雇，直到二〇一五

圖 10-4　傑西潘尼的股價

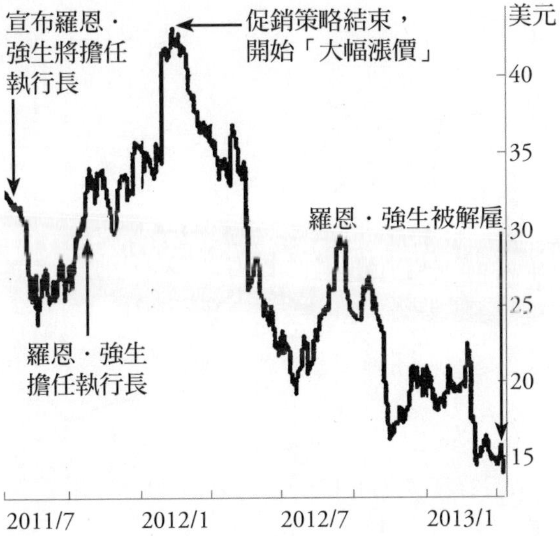

年，股價還是在十美元以下。

折扣與促銷的後果

二〇一一年第三季，時尚零售品牌 Abercrombie & Fitch（A&F）發起一場折扣與促銷活動。執行長邁克・傑弗里斯（Mike Jeffries）說，降價促銷活動，外加兩位數的成本上升，「對我們的獲利帶來很大的壓力」。不管是漲價計畫還是取消打折活動，似乎只有在購物季之後才可行，因此公司預計獲利在二〇一二年底會下滑。

在二〇〇九年之後的金融危

圖 10-5　展開促銷後 A&F 的股價

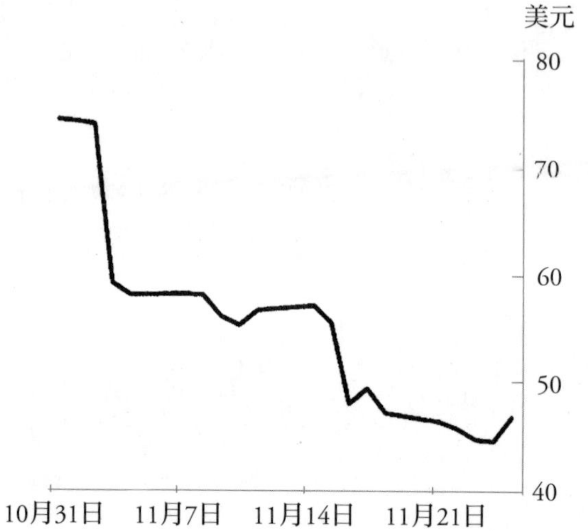

機期間，因為A&F堅定拒絕高姿態的促銷活動，營收大幅下降。二○一一年第三季的促銷活動的確大幅增加營收，但毛利變糟了。一家投資公司調降股票評等，而且零售業研究員寫道：「我們現在可以看到毛利比之前預期的還要糟糕。因此我們相信毛利恢復所需要的時間要比預期的長。特別是經營階層依然在國內通路採取積極的促銷。」[13]從圖10-5中可以看到，A&F的股價因為降價策略下跌超過三○%。到了二○一五年，它的股價一直在二十美元左右徘徊。

價格自律帶來的市值提升

現在來看一個正面的例子。美國的數據和語音服務市場一向以價格戰聞名。一家公司一旦在地面下安裝好網路電纜，就幾乎不會有變動成本。這樣一來，透過激進的價格來吸引顧客就顯得特別有誘惑力。一家處於領導地位的美國電信公司兩年來股價下跌六七%，終於對這個策略忍無可忍。西蒙顧和為這家公司設計一套全面性的價格計畫，幫助公司穩定價格。新計畫要求銷售團隊嚴格遵守價格設定。

在一個法說會上，公司宣布新策略已經初見成效。股價當天就明顯上漲，六個月內就漲了一倍。圖10-6顯示新方案引進前後的股價變化。一些競爭對手看到它的成功紛紛效仿，制定自己的價格自律計畫，就成為價格領導策略的教科書範例。

公司的經營階層對於股價上漲的評論是：「我們很滿意持續進行的價格自律效果。第三季的市場表現反映出產業的正面發展，包括持續適當的遏止價格下跌。」分析師也紛紛讚許這種新的價格自律方法：「資費上漲是整體趨勢的一部分，公司的價格壓力得到緩解，朝向一個更健康的訂價趨勢。更穩定的價格應該能幫助所有市場參與者。」

這些例子顯示價格措施對公司股價和市值有巨大的影響。有遠見的高階主管和投資者關係部門會以更嚴謹的態度看待訂價，並且更積極地傳達它的重要性。避免嚴重的

圖 10-6　某公司引進價格自律方案前後的股價變化

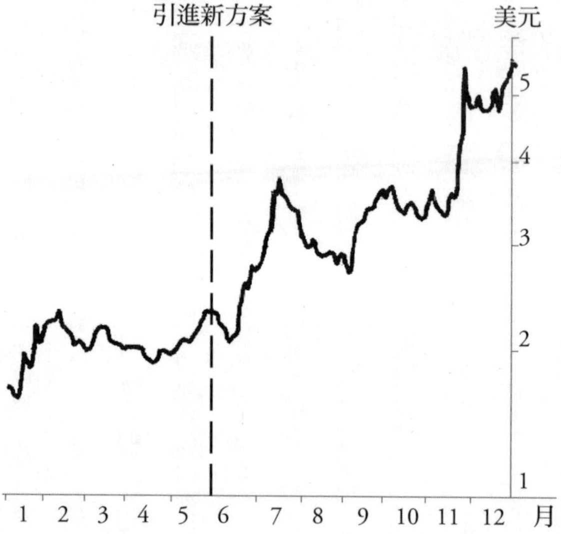

訂價錯誤甚至比找到正確的價格策略更重要。企業絕對必須避免犯下兩種錯誤：第一種是尋求突然的短期效應，例如：萬寶路香煙、傑西潘尼百貨公司和A&F；第二種則是錯誤的長期價格定位，如Prktiker's。採取正確的價格決定不會立即對股價效果，但等待是值得的。因為這類決定一般都不會受人注目，它們能幫助企業愈來愈接近想要的價格定位。但效果是不對稱的。一個糟糕的決定（如同前面提到的例子）卻能立即對股價造成毀滅性的影響。一個合理的價格決定通常需要一段時間才能充分顯示出效果。隨著股票市場慢慢地發現並認可這一點，公司的股價會穩健上漲。

分析師對訂價的研究

分析師報告對投資人扮演很重要的角色。在我說完上面的描述後，大家可能會認為在分析報告中，價格水準、價格競爭力（pricing competence）和訂價能力十分重要，實際上並非如此。我們很少在分析報告中看到關於價格的論述，常看到的都是一些瑣事，例如一家公司是高價供應商等。當投資報告談到訂價問題時，往往過於淺薄。

但自從金融危機之後，這種情況看起來正在慢慢改變。分析師開始注意訂價問題，這可能是受巴菲特關於訂價能力看法的影響。在投資界，沒有哪個人的話能有如此重的份量，與這麼多的觀眾。

一家大型銀行提供的分析報告證明這種趨勢正在改變。[14]這份標題為〈全球股市投資策略〉的報告對於價格和訂價能力對股價評估的影響既深且廣，值得複習其中幾個主要的論點。分析師總結訂價「非常重要」：根據現金流量折現法計算，價格增加一％，會使公平價值（fair value）增加一六％。」證實我們在書中重複提到的論點。

報告也從訂價能力對個別產業進行分析，有很強的訂價能力產業包括豪華汽車、奢侈品、菸草、高科技產品、投資銀行、軟體與維修保養產業。相對而言，有一些產業的訂價能力極為微弱，像是大眾市場的汽車產業、旅遊業、航空業、消費性電子產品（比如照相機），以及媒體產業。分析師也對個別公司的訂價能力進行評估，ＢＭＷ、帝國菸草公司（Imperial Tobacco）、戴姆勒公司、高盛銀行、甲骨文公司，以及ＳＡＰ都有很強的訂價能力，而太陽能電池廠Solarworld、標緻雪鐵龍公司（Peugeot Citroen）、飛雅特汽車（Fiat）、Nike，還有連鎖藥局CVS Caremark的訂價能力較弱。

毫無疑問，訂價能力、價格定位和價格競爭力對股東權益和股價評估都十分重要，有兩個原因解釋為什麼過去分析報告很少提及這些方面。首先，資產負債表和損益表沒有與價格有關的直接資訊，年報中也只是偶爾提到，而且這些內容沒有標準的格式，能方便比較多家公司。其次，訂價對股東權益的重要性並沒有被充分認識，訂價直接與間接透過資金成本等因素對股東權益產生影響。

對公司價值和股價最重要的驅動器是獲利和成長。那些年復一年保持良好獲利和成長性的公司能為股東創造價值，最受投資者歡迎。一九八二至二〇〇一年傑克・威爾許（Jack Welch）擔任執行長時，奇異的營收從兩千七百萬美元成長至一億三千萬美元。在營收年年穩定成長下，獲利成長了七倍。考慮到股票分割和股利的影響後，在這二十多年間的股價從〇．五三美元成長至二十七．九五美元，上漲高達五二七三％。這並不是曇花一現的情況，一九八七年至今，奇異一直是道瓊工業指數的成分股，奇異是唯一的一家。奇異一度是世界上最具價值的公司，後來被微軟和蘋果超越，這兩家公司擁有驚奇的高速成長性和高獲利能力。

引人注目的問題是：營收成長對公司價值的貢獻有多少？獲利又貢獻多少？可能有人會想這個問題已經被研究過數千次了，其實不然。已故的投資銀行家納撒尼爾．馬斯（Nathaniel J. Mass）是少數研究這個問題的人，二〇〇五年，他在《哈佛商業評論》發表文章，公布他的發現。[15]他發展一個指標，稱為「成長相對價值」（relative value of growth, RVG），這是指一％的營收成長對股東權益的貢獻除以相對於一％的獲利成長對股東權益的貢獻。成長相對價值是二表示，一％的營收成長對股東權益的貢獻是一％毛利成長貢獻的兩倍，毛利可以透過更高的價格或更低的成本來控制。但馬斯並沒有明確研究價格在股東權益中扮演的角色。如果我們想要弄清楚這個角色，就需要把成長再分解。

「成長」通常指營收成長，但營收成長來自不同的方式。如果在價格不變下，銷量成長五％，那營收會成長五％；如果價格增加五％而銷量不變，營收也會成長五％。公司的財報很少區隔這兩種不同的成長方式。就像我們從圖5-3中知道的一樣，這兩種不同的情況對獲利及股東權益的影響差別很大。引用圖5-3的例子，單純的價格成長能帶來五〇％的獲利成長，而單純的銷量成長只能帶來二〇％的獲利成長。事實上，這兩種不同類型的獲利引擎模式（銷量和價格）可能以任何組合出現（例如同時上升；一方上升，一方下降）。如果銷量和價格都上升，就像原油市場一樣，獲利和營收就會有非常強勁的成長。當價格下降，而單位產品銷量超乎比例地增加時，營收可以成長，反之亦然。

馬斯進行的研究並沒有區隔這兩種成長模式。他的分析隱含的假設是基於銷量成長。其實可以更加顯示銷量成長和價格增加之間的區別，但不幸的是這一點很難做到。年報和損益表沒有提供資料來深入分析。分析師應該嘗試在研究中總結出更多與訂價相關的數據，就像之前引用的股市報告一樣。致力於研究價格和股東權益的關係是迫切必要的。

私募基金的訂價策略

私募基金典型的商業模式是用一個有利的價格併購一家公司，然後盡可能快地提升獲利，成本控制往往是第一個目標。憑著經驗，私募基金投資人努力進行短期改造。另外，他們會處理成長性問題，往往專注在新的客群或進入新的市場，其中以外國市場居多。總之，併購者需要推動更多的改變。

所以我們在這裡談論銷量成長。私募基金通常不願透過漲價達到獲利成長。一個原因是這些投資人通常並不熟悉被併購公司所在的競爭市場，因此會把精力放在風險相對較低的舉措上。此外，私募基金派駐的人一般在資本合理化方面有豐富的經驗，但在行銷或拉高價格定位方面的經驗卻相對較少。儘管前面所提到的室內停車場例子證明價格調整在推動銷量和獲利的成長上多麼有潛力，但私募基金投資人並不總是能認識到這方面的潛力，因為這比削減成本更難量化。另一個原因是，價格調整類似創新流程，需要長期的準備。走一大步通常不能馬上實現你想到達的價格水準，一系列的小動作反而能在幾年的時間內幫助你達成目標。

私募基金在實地查核階段（due diligence phase）應該把未經深掘的價格潛力也考慮

進去。雖然要評估這方面的潛力往往不容易，尤其是在併購之前，但價格和訂價能力無疑是決定潛在股東價值的重要因素。一定不要忘記巴菲特對訂價能力的評論。

然而，私募基金的態度也開始有了轉變。德州太平洋集團（Texas Pacific Group）是全世界最大的私募基金之一，擁有超過五百億的投資資金。它非常重視訂價，經常聘請西蒙顧和擔任訂價顧問。愈來愈多的私募基金認識到訂價帶來的獲利和價值潛力，並開始系統地驗證。對於它們來說，價格定位的穩定性和持續性尤為重要。

高階主管扮演的關鍵角色

訂價屬於執行長的職責，這是再清楚不過的事，但實際情況卻非常不同。西蒙顧和仔細研究全世界最大的汽車供應商所有的交易訂單。在和汽車公司談判之前，這家供應商通常會在內部先設定可接受的最低價或者底價。我們發現這個供應商幾乎所有合約都是以最低價簽下來的。當我們把這件事放在供應商的執行長面前時，他暴怒了。他並不懂得訂價流程的細節，尤其在設定底價上，否則他不可能在聽到這些的時候如此驚訝。

一家工程技術公司的執行長覺得每一個新計畫的價格談判都要他親自審核實在太累了，因此他對銷售團隊設下規定：毛利低於二〇％的計畫都必須徵得他的同意。這聽上去很合理，不是嗎？一年之後他告訴我，銷售團隊不再要他審核任何計畫了，至今一切都很好。然後我問他現在的毛利大概多少。他回答：「都在二〇・一％。過去偶爾還有二四％或二五％，甚至更高，但現在沒有了。」這是單方面流程規定所導致的結果。當二〇・一％的毛利就能完美地滿足執行長的要求時，銷售團隊何必要和顧客困難談判，去尋求二五％的毛利呢？

如果你問那些高階主管價格的特定細節，例如與競爭對手或不同國家之間的價差，他們通常都會忽略你的問題。當然，我們不能期望高階主管掌握每個價格與背後的所有細節，但是他應該被告知基本的數據、流程和結果。

企業應該為高階主管提供價格相關的誘因嗎？原則上是可以的。如果經理人能成功讓產品價格的增加，趕上或超過通膨率，或是根據競爭對手的價格自我調整，或者減少折扣，就能得到一定的獎勵。有時企業可以制定明確的價格目標。豐田汽車就有一套比價系統，比較自家車款的價格與競爭車款的平均價格。在某些年份，豐田公司會針對經理人應該如何改變這些相對價格發出明確的指引。這類精準的目標是個很好的著眼點，可以鼓勵和回報理想訂價行為。

雖然我的確提倡要為銷售人員提供相應的誘因措施，然而，我一般不建議高階主管也享有類似的誘因。給予這種誘因的企業主或董事一般並不知道什麼價格措施能使股東價值達到最大。企業反而應該基於提高股東價值給予獎勵，而不應該價格之類的衡量標準當作個人獎勵。

豐田公司的例子還有另一個重要發現，那就是為高階主管創立價格指標非常有用。我認為相對價格是一個非常有意義的指標。不但可以用來計算個別產品的價格水準，還可以計算產品組合、業務部門、單個國家或者整家公司的價格水準。透過這些「關鍵訂價指標」（key pricing indicators），高階主管就能對公司的價格定位和調整進行基本的檢測。16

我堅持高階主管應該花更多的時間和精力在訂價工作上，但這並不意味著執行長應該介入價格談判。有些獨立的例子可能有必要參與，但這也有缺點。一家大型物流公司的執行長有一個習慣，就是每年都去拜訪顧客公司的執行長。這些執行長會固定談起價格問題，並嘗試從物流公司的執行長那裡搾取額外的折扣。這些會面削弱銷售團隊長年累月的努力成果。西蒙顧和建議這位執行長停止年度拜訪活動。他遵照我們的建議，公司的毛利也得以改善。

幸運的是，有些公司的執行長真的很重視訂價。其中一位就是保時捷的前執行長文德林・魏得金。他親自參與重要的價格決策，並精通所有的細節。極度專業的價格管理，包括執行長的親自參與，是保時捷能成為全世界獲利最多的汽車製造商其中一個原因。二〇一三年，保時捷的銷售報酬率從前一年的一七・五％上升至一八％。相比之下，其他公司的數字就相形見絀了。

奇異的高階主管也很重視訂價。二〇〇一年，奇異在每個子公司都設立訂價長（Chief Pricing Officier），直接向子公司的負責人報告。幾年之後，奇異的執行長傑夫・伊梅特（Jeff Immelt）注意到這個新職位帶來的正面影響。價格紀律有很大的改善，而公司在達成目標價格方面也有了更好的表現。訂價長也扮演指導的角色，確保在價格談判前有更充分的準備。總而言之，伊梅特說提升的毛利大幅超出預期。

「隱形冠軍」則是沒那麼多人知道，但是在所處的產業內卻是世界的市場領導者。這些冠軍還具備一個特徵：它們的執行長在價格方面的參與度很高。[17]因此高階經理人清楚業務相關的所有細節，這能幫助他們做出合理的判斷，並在相關的價格事件中扮演主導角色。這些隱形冠軍收取的價格往往比市場價格高一〇％至一五％，依然能成為全球市場領導者，它們的報酬率同樣比產業平均高大約二・四%。[18]要取得這種程度的成功，執行長在訂價中扮演的角色並不小。

西蒙顧和分別在二〇一一年與二〇一二年進行〈全球訂價研究〉，這個計畫說明並證實高階主管在訂價中扮演的關鍵角色。[19]二〇一二年的研究包括來自五十多個國家不同產業的兩千七百一十三名經理人，深入了解高階主管在訂價中所扮演的角色。結果顯示，與高階主管不太積極參與訂價的公司相比，高階主管對訂價十分感興趣的公司明顯表現更出色。執行長高度參與訂價的公司：

- 訂價能力高出三五%；
- 執行漲價措施的成功機率高出一八%；
- 漲價之後，毛利高出二六%。這說明他們並不是純粹把更高的成本轉嫁給顧客。
- 三〇%的公司設有專門的訂價部門，而這些部門反過來對獲利有額外正面的影響。

這項研究顯示，擁有強大訂價能力的公司，報酬率高出二五%。雖然在理解這些結論的時候要注意其中的因果關係，但是這些發現的確支持「執行長參與訂價工作能帶來更高獲利」的說法。再一次強調：訂價是執行長的任務！

註釋

1. "Be all-in, or all-out: Steve Ballmer's advice for startups", The Next Web, March 4, 2014.
2. Statement by Warren Buffett before the Financial Crisis Inquiry Commission (FCIC) on May 26, 2010.
3. Market Data Center, *The Wall Street Journal*, May 16, 2014.
4. *Frankfurter Allgemeine Zeitung*, March 18, 2009, p. 15.
5. Hagen Seidel, "Praktiker: Es geht um 100 Prozent", *Welt am Sonntag*, July 31, 2011, p. 37.
6. Bernd Freytag, "Magische Orte", *Frankfurter Allgemeine Zeitung*, December 29, 2011, p. 11.
7. "Woolworth will zurück zu seinen Wurzeln", *Frankfurter Allgemeine Zeitung*, July 2, 2012, p. 12.
8. Lukas I. Alpert, "Uralkali Signs Potash Deal With China", *The Wall Street Journal*, January 20, 2014.
9. "Uralkali bringt Aktienkurse in Turbulenzen", *Frankfurter Allgemeine Zeitung*, July 31, 2013.
10. Lukas I. Alpert, "Uralkali Signs Potash Deal With China", *The Wall Street Journal*, January 20, 2014.
11. 要了解這個例子的詳細資訊，請見 George Stahl, "Netflix Shares Sink 35% after Missteps", *The Wall Street Journal*, October 26, 2011, p. 1；以及哈佛商學院 Netflix 的個案研究。二〇一四年，Netflix 的市值是五五億美元。
12. Dana Mattioli, "For Penney's Heralded Boss, the Shine is Off the Apple", *The Wall Street Journal*, February 25, 2013, p. A1.

13. *The Wall Street Journal*, November 17, 2011.
14. Credit Suisse, Global Equity Strategy, October 18, 2010.
15. Nathaniel J. Mass, “The Relative Value of Growth”, *Harvard Business Review*, April 2005, pp. 102-112.
16. “Viele Preiskriege basieren auf Missverständnissen”, Interview with Georg Tacke, *Sales Business*, January-February 2013, pp. 13-14.
17. 見 Hermann Simon, *Hidden Champions of the 21st Century*, New York: Springer 2009.
18. Hermann Simon, *Hidden Champions – Aufbruch nach Globalia*, Frankfurt: Campus 2012.
19. Simon-Kucher & Partners, Global Pricing Study, Bonn 2011 and 2012.

致謝

本書得以從德語原文翻譯成流暢的英文版，我要感謝來自現在式公司（Present Tense, LLC）的法蘭克・盧比（Frank Luby）和艾蕾娜・達菲（Elana Duffy）。他們除了翻譯和編輯，還提供全新的研究成果，鼓勵我增加更多的趣聞，以及「坦白的說明」，並質疑文章是否流暢，力求讓這本書更易閱讀。

對於文中各部分的想法、意見和評論，以及技術支援，我要感謝以下西蒙顧和的同事，包括：

德國波昂（Bonn）：Dr. Philip Biermann, Dr. Klaus Hilleke, Ingo Lier, Dr. Rainer Meckes, Kornelia Reifenberg, Dr. Georg Tacke, Dr. Georg Wubker

美國波士頓（Boston）：Juan Rivera

德國法蘭克福（Frankfurt）：Dr. Dirk Schmidt-Gallas

德國科隆（Cologne）：Dr. Gunnar Clausen, Dr. Martin Gehring, Dr. Karl-Heinz Sebastian, Dr. Ekkehard Stadie

英國倫敦（London）：Mark Billige

西班牙馬德里（Madrid）：Philip Daús

德國慕尼黑（Munich）：Dr. Clemens Oberhammer

義大利米蘭（Milan）：Dr. Enrico Trevisan, Dr. Danilo Zatta

美國紐約（New York）：Michael Kuehn, Andre Weber

法國巴黎（Paris）：Kai Bandilla

美國舊金山（San Francisco）：Joshua Bloom , Matt Johnson Madhavan Ramanujam

巴西聖保羅（Sao Paulo）：Manuel Osorio

日本東京（Tokyo）：Dr. Jens Müller

奧地利維也納（Vienna）：Dr. Thomas Haller

國家圖書館出版品預行編目資料

精準訂價：在商戰中跳脫競爭的獲利策略／赫曼 . 西蒙（Hermann Simon）著 ; 蒙卉薇 , 孫雨熙譯 . -- 第一版 . -- 臺北市 : 天下雜誌 , 2018.01
面；　公分 . --（天下財經 ; 349）
譯自 : Confessions of the pricing man : how price affects everything
ISBN 978-986-398-313-2（平裝）

1. 價格策略

496.6　　106025038

精準訂價

在商戰中跳脫競爭的獲利策略

Confessions of the Pricing Man: How Price Affects Everything

作　　者／赫曼．西蒙（Hermann Simon）
譯　　者／蒙卉薇、孫雨熙
封面設計／ Javick 工作室
責任編輯／蘇鵬元

發 行 人／殷允芃
出版一部總編輯／吳韻儀
出 版 者／天下雜誌股份有限公司
地　　址／台北市 104 南京東路二段 139 號 11 樓
讀者服務／（02）2662-0332　　傳真／（02）2662-6048
天下雜誌 GROUP 網址／ http://www.cw.com.tw
劃撥帳號／ 01895001 天下雜誌股份有限公司
法律顧問／台英國際商務法律事務所．羅明通律師
總 經 銷／大和圖書有限公司　　電話／（02）8990-2588
出版日期／ 2018 年 1 月 31 日第一版第一次印行
　　　　　2018 年 11 月 27 日第一版第六次印行
定　　價／ 580 元

書號：BCCF0349P
ISBN：978-986-398-313-2（平裝）